别怕，Excel VBA 其实很简单

Excel Home 编著

人民邮电出版社
北京

图书在版编目（ＣＩＰ）数据

别怕，Excel VBA其实很简单 / Excel之家编著. -- 北京 : 人民邮电出版社, 2012.10（2021.12重印）
ISBN 978-7-115-28909-4

Ⅰ. ①别… Ⅱ. ①E… Ⅲ. ①表处理软件 Ⅳ. ①TP391.13

中国版本图书馆CIP数据核字(2012)第149668号

内 容 提 要

本书考虑到大多数读者没有编程基础的实际情况，用浅显易懂的语言和生动形象的比喻，并配合大量插画，介绍 Excel 中看似复杂的概念和代码、从简单的宏录制、VBA 编程环境和基础语法的介绍，到常用对象的操作与控制、Excel 事件的调用与控制、用户界面设计、代码调试与优化、都进行了形象的介绍。

本书适合想提高工作效率的办公人员，特别是经常需要处理、分析大量数据的相关人员，以及财经专业的高校师生阅读。

别怕，Excel VBA 其实很简单

◆ 编　　著　Excel Home
　责任编辑　马雪伶
◆ 人民邮电出版社出版发行　　北京市丰台区成寿寺路11号
　邮编　100164　　电子邮件　315@ptpress.com.cn
　网址　https://www.ptpress.com.cn
　涿州市京南印刷厂印刷
◆ 开本：787×1092　1/16
　印张：20.75　　2012 年 10 月第 1 版
　字数：445 千字　　2021 年 12 月河北第 38 次印刷

ISBN 978-7-115-28909-4

定价：59.90 元

读者服务热线：(010) 81055410　印装质量热线：(010) 81055316
反盗版热线：(010) 81055315
广告经营许可证：京东市监广登字20170147号

序

VBA，让效率飞起来

当加班成为常态，改变在所难免

十年前的我，加班是家常便饭的事，每天成堆的工作总是压得我喘不过气来，我和同事们就像一枚枚棋子，蜷缩在办公室里，在电脑前紧张地忙碌着，不知目睹了多少个华灯初上到灯火阑珊的夜晚。

2000年8月的一天我的目标是完成生产成本核算系统的最后一个报表模块的开发。有了它，就可以方便地查询和计算每一种产成品在任意一个工序上的成本明细项目，还可以在不同月份之间进行结转、对比。

我喜欢在晚上写程序，因为晚上安静，能让我的思路飞扬，让代码随着键盘声快速地推进，等待大功告成的那一刻出现。

你不会以为我**是程序员吧？**

不，事实上，我是财务部的成本主管。我就职于一家制造型企业，有IT部门，但是没有程序员。说白了，我就是千百万个成天和Excel表格“耳鬓厮磨”的一员。

我们公司的产品有几十种，涉及的材料有几千种，每个产品又有N道工序，每道工序由数量不等的作业人员进行生产。我的工作，就是计算和分析所有产成品和半成品的生产成本，包括材料、人工和杂费。计算依据主要包括生产部门提交的各产品工序的工时记录表，仓库提交的材料进销数据,HR部门提供的工资单明细。

这样的计算任务并不轻松，计算目标复杂，原始数据繁多，有些甚至不是电子文档，而且只有我一个人。再而且，时间非常紧张，因为每个月交报表的时间是固定的。

也许你想问，这么复杂的计算用Excel？你们公司难道**没有ERP吗？**

有的，而且声名不小，价格不菲。但在我看来，公司的ERP虽有一定的作用，不过却存在很多局限性，局部线条偏粗，又有些笨拙，很难给出我需要的结果。

所以，我**必须借助Excel**。

回想中学时的《政治》课本上说，资本家为了榨取更多的剩余价值，有两种方法：一是延长工作时间，二是提高生产效率。我现在清楚地认识到，为了及时准确地完成计算任务，方法同样有两个：加班，或者提高计算效率。

我当然不愿意加班。同时，加班的产出也是有限的，并不能解决任务重时间紧的根本性问题。

所以，我**必须提高效率**。

一次自动核算成本系统的开发经历，让我受益无穷

自从接了公司的生产成本核算系统这个活，我的Excel水平突飞猛进。从最初的焦头烂额，到现在的从容应对，我通过不断优化计算方法，完善成本核算模板，减轻工作量。

有人说，学好Excel可以以一当十。年轻的我凭着一腔热情，还真没有注意到：公司的产品规模在不断扩大，计算任务随之加重，我依然可以按时交报表。由于我舍得下力气去研究，直到后来协助工作的同事被上司调派去负责别的内容。

我的想法很简单，多做就是多学习，付出一定有回报。

我的成本核算模板，按产品区分，主要使用的是Excel的函数、公式和数据透视表，可以实现成本计算的半自动化——输入原始数据，结果自动生成。原始数据，一部分来源于上个月的成本数据，一部分从ERP中导出。

模板完善后，我的工作重心不再是计算，而是处理这样那样的原始数据。这是一件相当繁琐无聊的事情。导出、保存、打开、复制、粘贴、切换、关闭，奈何我200APM[1]的手速，因为涉及几百个文件的数据处理，至少得一两天时间，处理过程中还很容易出错。

问题是，公司的**产品数量一直在增加**，并处于变化中，这让我再次想起了“水管工的故事”。

于是，我决定继续挖掘Excel的潜力，其实也是我自身的潜力。两个月以后，我用Excel VBA代码替代了80%的成本原始数据处理工作。只要按一次键，数据就能乖乖地按规定的路线在几百个Excel文件之间流转，就像欢乐的浪花在美丽的小河中荡漾。

说真的，没有什么事情，比看着自己写的代码正常运行，让复杂无比的工作灰飞烟灭的感觉更有成就感了。

---

[1] APM，指每分钟击键次数。

了解到Excel VBA与众不同的威力后，我的激情再一次被点燃，我决定要自己写一个成本计算分析系统，我希望以后每个月的成本计算分析都是全自动的。

经过持续不断地学习和研究，我想，今天晚上，终于可以达成了这一目标了。

透视 VBA 的知与行

转眼间迈入2012年了。

我们都生活在信息社会中，生活在一个前所未见的充斥着海量数据的年代。无论是企业还是个人，每天都要接触无数以数据为载体的信息。

数据，甚至已经成为了企业或个人的替代品。

不相信?

一家你未曾亲身到访甚至未曾接触过其产品的企业，对你来说意味着什么？它无非会成为财务报表或统计报表上的一堆林林总总的数据，诸如生产规模、员工人数、利润水平……

一个你未曾谋面未曾听说的人，对你来说意味着什么？就好像进入婚恋网站搜索对象，这些陌生人只不过是个人指标数据的集合体，诸如身高、体重、职业、收入……

想要在这样一个时代生存，处理数据的能力是必须的，因为实在有太多数据要处理了。广大Excel的用户，尤其是Excel的重度用户肯定对此深有体会。

作为Excel Home的站长和一名培训讲师，我接触过许多各式各样的数据处理要求，也体验或亲身参与过许多基于Excel的解决方案。这些宝贵经验让我对Excel提供的各项功能有更深的理解。

在Excel中制作计算模型，主力军非函数与公式莫属。300多个不同功能的函数在公式中灵活组合，可以创造无数种算法，再加上数组和名称的配合使用，几乎可以完成绝大多数计算任务。

要论数据分析和报表生成的便捷，不得不提到数据透视表，这是Excel最厉害的本领，厉害在于其功能强大的同时，使用起来却非常简单。

但如果只会这两样，仍然会有很多时候感到束手束脚，究其根本在于以下几方面。

1. 函数和公式只能在其所在的位置返回结果，而无法操作数据表格的任意位置，更不能操作表格的任意属性（比如设置单元格的填充色，或删除单元格）。

2. 函数和公式、数据透视表都需要规范的数据源，但往往我们工作量最大之处就在于获取和整理原始数据。比较麻烦的情况之一就是原始数据很可能是位于某个文件夹下的几十份表格。

3. 使用函数和公式、数据透视表制作的解决方案，难以具备良好的交互性能。因为它们只能存在于单元格中，与普通数据是处于同一个平面的。

4. 对于业务流程较为复杂、数据项经常变化的计算很难处理。

5. 无法迅速省力地完成大量的重复操作。

所以，永远不要忘记Excel还有一个杀手级的功能——**VBA**。

VBA是什么，怎么用，在本书中会给出详细的答案。这里，我只想说，只有这个功能才真正让Excel成为了无所不能的数据处理利器，才让我们有机会可以彻底地高效办公。

很多人认为VBA很神秘，认为会写代码是自己不可能实现的事情。虽然我不能保证人人都能学会VBA，但我可以保证如果你能学会函数和公式，你也能学会VBA，因为它们的本质是相同的。函数和公式无非是写在单元格中的一种简短代码罢了。

所以，如果你曾经觉得自己连Excel函数和公式也搞不定，现在却能熟练地一口气写下好几个函数嵌套的公式，那么你学VBA不会有问题。

在我眼里，VBA就好像“独孤九剑”。这武功最大的特点是遇强则强，遇弱则弱。如果你每天面对的数据非常有限，计算要求也很简单，那么用VBA就是高射炮打蚊子了。但如果你是Excel重度用户，经常需要处理大量数据，而Excel现有功能无法高效完成计算任务时，就可以考虑让VBA上场，一举定乾坤。

今时不同往日，互联网的发展使得技术和经验的分享非常方便。如果说十年前你想用VBA实现任何一个小功能都需要先掌握全部语法，然后一行一行代码自己写的话，那么现在Excel Home上有太多太多现成的实现不同目标的VBA代码，许多代码甚至已经到了拿来即用的程度。

所以，如果你的时间非常有限，也没有兴趣成为一个Excel开发者，你只需要快速地学习掌握Excel VBA的基本语法，然后到互联网上去淘代码来用到自己的工作中。如果你投入的时间多一点点，你会发现你很快就能看懂别人的代码，然后做出简单的修改后为自己所用。这个过程，是不是和你当年学Excel函数和公式的经历很类似?

等你做到这一步，你会发现原来公司里那个很厉害的会写代码的Excel高手的秘密武器原来是这样的啊，以后可以少请他吃饭以换取他为你写个小功能了……

因为工作的关系，我接触过很多信息化工具，也了解过一些编程语言，我发现所有工具的本质是相通的。每种工具都有其优缺点，有其专属的场合。这种专属并非指不可替代，而是说最佳选择。

因此，我不赞成VBA至上的观点，因为尽管VBA无所不能，但如果我们事事都写代码，那还要Excel本身的功能干嘛？我也反对VBA无用的观点，你暂时用不上怎么能说明此工具无用？甚至说，你根本就不会用这工具，怎么知道你用不上？

用VBA，是为了更高效。不用，也是因为同样的目的。

但是，会了VBA，你将拥有高效的更多种选择。不会，你就没有。**这一点，高效人士都懂的。**

Excel Home创始人、站长　周庆麟

前言

本书以培养学习兴趣为主要目的，遵循实用为主的原则，深入浅出地介绍Excel VBA的基础知识。书中摒弃了枯燥乏味的科技说明文风格，避开难学少用的粗枝繁叶，利用生动形象的比拟和浅显易懂的语言去描述Excel VBA中看似复杂的概念和代码，借用实用的例子来了解编程的思路和技巧，为读者提供练习和思考的空间，讲练结合，让读者亲自体验VBA编程的乐趣及方法。

本书配套示例文件和视频教程，请用手机扫描二维码，回复28909获取。

阅读对象

如果你是使用Excel的工作人员，长期以来被无穷的数据折磨得头昏脑涨，希望通过学习VBA找到高效的解决方法；如果你是在校大中专院校学生，有兴趣学习Excel VBA，为今后的职业生涯先锻造一把利剑；如果长期以来你一直想学VBA，却始终入门无路，那都是本书最佳的阅读对象。

当然，在阅读本书之前，你得对Windows操作系统和Excel有一定的了解。

写作环境

VBA虽然依附于Office软件，但它本身是一门独立的编程语言，因此，VBA在不同版本Office中的用法几乎没有差异。

为照顾多数Excel 2003用户的使用习惯，本书以Windows XP和Excel 2003为写作环境。但使用Excel 2007和Excel 2010的用户不必担心，因为书中涉及的知识点，绝大多数在Excel 2007和Excel 2010中同样适用。

后续服务

在本书的编写过程中，尽管作者团队始终竭尽全力，但仍无法避免存在不足之处。如果您在阅读过程中有任何意见或建议，敬请您反馈给我们，我们将根据您提出的宝贵意见或建议进行改进，继续努力，争取做得更好。

如果您在学习过程中遇到困难或疑惑，可以通过以下任意一种方式和我们互动。

- 您可以访问Excel Home技术论坛，这里有各行各业的Office高手免费为您答疑解惑，也有海量的图文教程；

- 您可以免费观看或下载Office专家精心录制的总时长数千分钟的各类视频教程，并且视频教程随技术发展在持续更新；
- 您可以免费报名参加Excel Home学院组织的超多在线公开课；
- 您可以关注新浪微博@ExcelHome和QQ空间ExcelHome，随时浏览精彩的Excel应用案例和动画教程等学习资料，数位小编和热心博友实时和您互动；
- 您可以关注微信公众号：iexcelhome，我们每天都会推送实用的Office技巧，微信小编随时准备解答大家的学习疑问。成功关注后发送关键字“大礼包”，会有惊喜等着您！

致谢

本书由周庆麟策划及统稿，由罗国发进行编写。感谢美编马佳妮完成了全书的精彩插画，这些有趣的插画让本书距离“趣味学习，轻松理解”的目标更进了一步。

Excel Home论坛管理团队和Excel Home免费在线培训中心教管团队长期以来都是Excel Home图书的坚实后盾，他们是Excel Home中最可爱的人。最为广大会员所熟知的代表人物有朱尔轩、林树珊、刘晓月、吴晓平、方骥、杨彬、朱明、郗金甲、黄成武、孙继红、王建民、周元平、陈军、顾斌等，在此向这些最可爱的人表示由衷的感谢。在本书正式出版前，有幸邀请到多位Excel Home会员进行志愿预读，他们以高超的技术和无比的细心，帮助我们对书稿做出了进一步的完善。本次预读活动由吴晓平和赵文妍负责，团队成员为（排名不分先后）陈智勇、刘冠、潘新水、曲天非、邵武、向绪霞、许春富、燕铁艳、叶兆锋、张建元和张敏。在此，特向预读团队表示最真诚的感谢！

衷心感谢Excel Home的百万会员，是他们多年来不断的支持与分享，才营造出热火朝天的学习氛围，并成就了今天的Excel Home系列图书。

Excel Home 简介

Excel Home是微软在线社区联盟成员，是一个主要从事研究、推广以Excel 为代表的Microsoft Office软件应用技术的非营利性网站。自1999年由Kevin Zhou（周庆麟）创建以来，目前已成长为全球最具影响力的华语Excel资源网站之一，拥有大量原创技术文章、视频教程、Addins加载宏及模板。

Excel Home社区是一个颇具学习氛围的技术交流社区。截止到2012 年8 月，注册会员人数逾200 万，同时也产生了26 位Office方面的MVP（微软全球最有价值专家），中国大陆地区的Office MVP 被授衔者大部分来自本社区。现在，社区的版主团队包括数十位祖国大陆及港澳台地区的Office 技术专家，他们都身处各行各业，并身怀绝技！在他们的引领之下，越来越多的人取得了技术上的进步与应用水平的提高，越来越多的先进管理思想转化为解决方案并被部署。

Excel Home是Office 技术应用与学习的先锋，通过积极举办各种技术交流活动，开办完全免费的在线学习班，创造了与众不同的社区魅力并持续鼓励技术的创新与进步。网站上的优秀文章在微软（中国）官网上同步刊登，让技术分享更加便捷。另一方面，原创图书的出版加速了技术成果的传播共享，从2007 年至今，Excel Home 已累计出版Office技术类图书数十本，在Office 学习者中赢得了良好的口碑。

Excel Home 专注于Office 学习应用智能平台的建设，旨在为个人及各行业提升办公效率、将行业知识转化为生产力，进而实现个人的知识拓展及企业的价值创造。无论是在校学生、普通职员还是企业高管，在这里都能找到您所需要的。创造价值，这正是Excel Home 的目标之所在。

Let's do it better!

目录

第1章 走进Excel VBA的世界

1.1 不会Excel的人，真伤不起 /2

1.1.1 做不完的表 /2

1.1.2 神速的“超人” /2

1.1.3 你是怎样做工资条的 /3

1.2 走自己的“录”，让别人重复去吧 /5

1.2.1 什么是宏 /5

1.2.2 用宏录下Excel操作 /6

1.2.3 让录下的操作再现一遍 /8

1.3 还可以怎样执行宏 /9

1.3.1 给宏设置快捷键 /9

1.3.2 将宏指定给按钮 /11

1.3.3 将宏指定给常用工具栏按钮 /13

1.4 是谁“挡住”了宏 /15

1.4.1 宏为什么不能工作了 /15

1.4.2 怎样修改宏安全级 /16

1.5 VBA，Excel里的编程语言 /18

1.5.1 录制宏不能解决的问题 /18

1.5.2 让工资条一“输”到底 /19

1.5.3 VBA编程，让你的表格更加灵活 /21

1.5.4 什么是VBA /21

1.5.5 宏和VBA有什么关系 /21

第2章 开始VBA编程的第一步

2.1 揭开神秘面纱背后的真面目 /23

2.1.1 程序保存在哪里 /23

2.1.2 应该怎样编写程序 /24

2.2 程序里都有什么 /25
2.2.1 代码 /25
2.2.2 过程 /26
2.2.3 模块 /26
2.2.4 对象 /26
2.2.5 对象的属性 /26
2.2.6 对象的方法 /27
2.2.7 关键字 /27
2.3 VBA 的编程环境——VBE /27
2.3.1 打开 VBE 编辑器 /27
2.3.2 主窗口 /30
2.3.3 菜单栏 /30
2.3.4 工具栏 /30
2.3.5 工程资源管理器 /31
2.3.6 属性窗口 /32
2.3.7 代码窗口 /32
2.3.8 立即窗口 /32
2.4 试写一个简单的 VBA 程序 /33
2.4.1 添加或删除模块 /34
2.4.2 动手编写程序 /36
2.5 解除疑惑，一“键”倾心 /37

第3章 Excel VBA基础语法

3.1 语法，编程的基础 /40
3.1.1 这个笑话很凉快 /40
3.1.2 VBA 也有语法 /40
3.1.3 学习 VBA 语法难吗 /41
3.2 VBA 里的数据类型 /41
3.2.1 打酱油的故事 /41
3.2.2 走进 Excel 的商店 /42
3.2.3 VBA 中有哪些数据类型 /43

3.3 存储数据的容器：常量和变量 /45
3.3.1 常量和变量 /45
3.3.2 使用变量 /45
3.3.3 使用常量 /55
3.3.4 使用数组 /55
3.4 集合、对象、属性和方法 /68
3.4.1 对象，就像冰箱里的鸡蛋 /68
3.4.2 对象的属性 /71
3.4.3 对象的方法 /72
3.5 连接的桥梁，VBA 中的运算符 /73
3.5.1 算术运算符 /73
3.5.2 比较运算符 /74
3.5.3 连接运算符 /76
3.5.4 逻辑运算符 /77
3.5.5 应该先进行什么运算 /78
3.6 内置函数 /80
3.6.1 VBA 中的函数 /80
3.6.2 VBA 中有哪些函数 /80
3.7 控制程序执行，VBA 的基本语句结构 /82
3.7.1 If…Then 语句 /82
3.7.2 Select Case 语句 /86
3.7.3 For…Next 语句 /89
3.7.4 Do While 语句 /93
3.7.5 Do Until 语句 /95
3.7.6 For Each…Next 语句 /96
3.7.7 其他的常用语句 /98
3.8 Sub 过程，基本的程序单元 /99
3.8.1 关于 VBA 过程 /100
3.8.2 编写 Sub 过程需要了解的内容 /100
3.8.3 从另一个过程执行过程 /102
3.8.4 过程的作用域 /103
3.9 自定义函数，Function 过程 /105

3.9.1 试写一个函数 /106
3.9.2 使用自定义函数 /107
3.9.3 怎么统计指定颜色的单元格个数 /108
3.9.4 声明函数过程，规范的语句 /113
3.10 合理地组织程序，让代码更优美 /113
3.10.1 代码排版，必不可少的习惯 /114
3.10.2 怎样排版代码 /114
3.10.3 注释，让代码的意图清晰明了 /116

第4章 常用对象

4.1 与 Excel 交流，需要熟悉的常用对象 /121
4.1.1 VBA 编程与炒菜 /121
4.1.2 VBA 是怎么控制 Excel 的 /123
4.1.3 应该记住哪些对象 /124
4.2 一切由我开始，最顶层的 Application 对象 /125
4.2.1 ScreenUpdating 属性 /125
4.2.2 DisplayAlerts 属性 /128
4.2.3 EnableEvents 属性 /130
4.2.4 WorksheetFunction 属性 /133
4.2.5 给 Excel 梳妆打扮 /134
4.2.6 她和她的孩子们 /136
4.3 管理工作簿，了解 Workbook 对象 /138
4.3.1 Workbook 与 Workbooks /138
4.3.2 认识 Workbook，需要了解的信息 /141
4.3.3 实际操作，都能做什么 /143
4.3.4 ThisWorkbook 与 ActiveWorkbook /146
4.4 操作工作表，认识 Worksheet 对象 /147
4.4.1 认识 Worksheet 对象 /147
4.4.2 操作工作表 /149
4.4.3 Sheets 与 Worksheets /157
4.5 核心，至关重要的 Range 对象 /158

4.5.1 多种方法引用 Range 对象 /159
4.5.2 还可以怎样得到单元格 /165
4.5.3 操作单元格，还需要了解什么 /176
4.5.4 亲密接触，操作单元格 /177
4.6 不止这些，其他常见的对象 /182
4.6.1 名称，Names 集合 /182
4.6.2 单元格批注，Comment 对象 /185
4.6.3 给单元格化妆 /186
4.7 典型的技巧与示例 /189
4.7.1 创建一个工作簿 /189
4.7.2 判断工作簿是否打开 /190
4.7.3 判断工作簿是否存在 /191
4.7.4 向未打开的工作簿中录入数据 /191
4.7.5 隐藏活动工作表外的所有工作表 /192
4.7.6 批量新建工作表 /192
4.7.7 批量对数据分类 /193
4.7.8 将工作表保存为新工作簿 /195
4.7.9 快速合并多表数据 /195
4.7.10 汇总同文件夹下多工作簿数据 /196
4.7.11 为工作表建立目录 /198

第5章 Excel 事件

5.1 让 Excel 自动响应你的行为 /200
5.1.1 让 Excel 自动问好 /200
5.1.2 事件，VBA 里的自动开关 /201
5.1.3 事件过程 /202
5.1.4 编写事件过程 /203
5.2 Worksheet 事件 /204
5.2.1 关于 Worksheet 事件 /204
5.2.2 常用的 Worksheet 事件 /204
5.2.3 Worksheet 事件列表 /209

5.3 Workbook 事件 /210
5.3.1 关于 Workbook 事件 /210
5.3.2 常用的 Workbook 事件 /210
5.3.3 Workbook 事件列表 /212
5.4 别样的自动化 /213
5.4.1 MouseMove 事件 /213
5.4.2 不是事件的事件 /216
5.5 典型的技巧与示例 /219
5.5.1 一举多得，快速录入数据 /219
5.5.2 我该监考哪一场 /222
5.5.3 让文件每隔一分钟自动保存一次 /225

第6章 用户界面设计

6.1 在 Excel 中自由地设计界面 /228
6.1.1 关于用户界面 /228
6.1.2 控件，必不可少的调色盘 /228
6.2 使用控件，将工作表当作画布 /231
6.2.1 在工作表中使用窗体控件 /231
6.2.2 在工作表中使用 ActiveX 控件 /233
6.2.3 窗体控件和 ActiveX 控件的区别 /236
6.3 与用户交互，简单的输入输出对话框 /236
6.3.1 InputBox 函数 /236
6.3.2 Application 对象的 InputBox 方法 /238
6.3.3 MsgBox 函数 /241
6.3.4 Application 对象的 FindFile 方法 /246
6.3.5 Application 对象的 GetOpenFilename 方法 /247
6.3.6 Application 对象的 GetSaveAsFilename 方法 /251
6.3.7 Application 对象的 FileDialog 属性 /252
6.4 构建用户窗体，自己设计交互界面 /253
6.4.1 关于用户窗体 /253
6.4.2 添加一个用户窗体 /254

6.4.3 设置窗体的属性 /255
6.4.4 在窗体上添加控件 /256
6.4.5 显示窗体 /258
6.4.6 关闭窗体 /261
6.4.7 使用控件 /262
6.4.8 用键盘控制控件 /264
6.5 改造 Excel 现有的界面 /265
6.5.1 更改标题栏的程序名称 /265
6.5.2 显示或隐藏菜单栏 /266
6.5.3 显示或隐藏工具栏 /267
6.5.4 设置窗口 /269
6.5.5 其他设置 /270
6.6 典型的技巧或示例 /270
6.6.1 设计一张调查问卷 /270
6.6.2 职工信息管理界面 /280
6.6.3 一个简易的登录窗体 /285

第7章 代码调试与优化

7.1 VBA 中可能会发生的错误 /292
7.1.1 编译错误 /292
7.1.2 运行时错误 /293
7.1.3 逻辑错误 /294
7.2 VBA 程序的 3 种状态 /295
7.2.1 设计模式 /295
7.2.2 运行模式 /295
7.2.3 中断模式 /295
7.3 Excel 已经准备好的调试工具 /295
7.3.1 让程序进入中断模式 /296
7.3.2 为程序设置断点 /298
7.3.3 使用 Stop 语句 /300
7.3.4 使用立即窗口 /301

7.3.5 使用本地窗口 /302
7.3.6 使用监视窗口 /303
7.4 错误处理的艺术 /305
7.4.1 Go Error GoTo 标签 /305
7.4.2 On Error Resume Next /306
7.4.3 On Error GoTo 0 /307
7.5 让代码跑得更快一些 /308
7.5.1 合理地使用变量 /309
7.5.2 避免反复引用相同的对象 /310
7.5.3 尽量使用函数完成计算 /312
7.5.4 去掉多余的激活和选择 /312
7.5.5 合理使用数组 /312
7.5.6 关闭屏幕更新 /314

第1章
走进 Excel VBA 的世界

VBA就像一座神秘的城堡，对很多人来说都是神秘的。很多人想走进VBA的世界，却始终找不到打开大门的钥匙。

什么是 VBA？
怎样学习 VBA？

面对这些问题，让我们从身边开始，一起探索，一起解答。

1.1 不会Excel的人，真伤不起

1.1.1 做不完的表

数据采集、数据处理、数据分析……这是小张每天都在做的工作。老板的需求和基础数据一样每天都在改变，而小张做表的速度却永远也跟不上老板敏捷的思维。

不同的数据，相同的操作。小张感叹：“和数据打交道的日子，真烦！”

单位来了新同事，接手小张平时的工作。

1.1.2 神速的“超人”

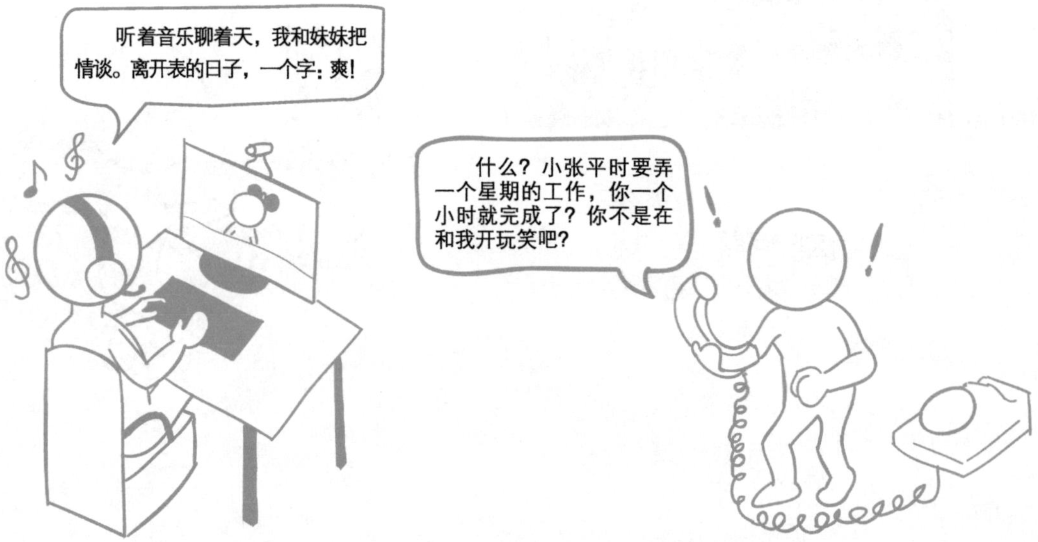

终于告别上万条的数据，离开乱七八糟的报表，脱离“苦海”的日子，小张的日子要多舒心有多舒心。可是……

电话里，老板那可以撑爆整幢大楼的赞扬声和新同事腼腆的笑容，让小张心里很不是滋味："一个小时和一星期，中间的差距不仅只是时间。不会Excel的人，真伤不起！"

1.1.3　你是怎样做工资条的

小张决定向新同事取取经……

那些表你是怎么做的？能不能分享一下你的方法？

同事打开一张工资表，如图1-1所示，让小张把它做成工资条，如图1-2所示。

	A	B	C	D	E	F	G	H	I	J
1	工号	部门	姓名	职务	底薪	平时加班	节假日加班	应发金额	扣除	实发金额
2	A001	办公室	罗林	经理	3500	500	250	4250	180	4070
3	A002	办公室	赵刚	助理	3000		300	3300	150	3150
4	A003	办公室	李凡	职工	2500	300		2800	170	2630
5	A004	办公室	张远	职工	2600		288	2888	135	2753
6	A005	办公室	冯伟	职工	2300	450	403	3153	120	3033
7	A006	办公室	杨玉真	职工	2500	320		2820	120	2700
8	A007	人力资源部	孙雯	经理	3450	300		3750	90	3660
9	A008	人力资源部	华楠燕	助理	3150		100	3250	135	3115
10	A009	人力资源部	赵红君	职工	2800	260		3060	148	2912
11	A010	人力资源部	郑楠	职工	2750	230		2980	150	2830
12	A011	人力资源部	李妙楠	职工	2300			2300	120	2180
13	A012	人力资源部	沈妙	职工	2250	100		2350	160	2190
14	A013	销售部	王惠君	经理	3200		150	3350	130	3220
15	A014	销售部	陈云影	助理	3100	300		3400	110	3290
16	A015	销售部	吕芬花	职工	2500	100	80	2680	90	2590
17	A016	销售部	杨云	职工	2600	120		2720	80	2640

图 1-1　工资表

	A	B	C	D	E	F	G	H	I	J
1	工号	部门	姓名	职务	底薪	平时加班	节假日加班	应发金额	扣除	实发金额
2	A001	办公室	罗林	经理	3500	500	250	4250	180	4070
3	工号	部门	姓名	职务	底薪	平时加班	节假日加班	应发金额	扣除	实发金额
4	A002	办公室	赵刚	助理	3000		300	3300	150	3150
5	工号	部门	姓名	职务	底薪	平时加班	节假日加班	应发金额	扣除	实发金额
6	A003	办公室	李凡	职工	2500	300		2800	170	2630
7	工号	部门	姓名	职务	底薪	平时加班	节假日加班	应发金额	扣除	实发金额
8	A004	办公室	张远	职工	2600		288	2888	135	2753
9	工号	部门	姓名	职务	底薪	平时加班	节假日加班	应发金额	扣除	实发金额
10	A005	办公室	冯伟	职工	2300	450	403	3153	120	3033
11	工号	部门	姓名	职务	底薪	平时加班	节假日加班	应发金额	扣除	实发金额
12	A006	办公室	杨玉真	职工	2500	320		2820	120	2700
13	工号	部门	姓名	职务	底薪	平时加班	节假日加班	应发金额	扣除	实发金额
14	A007	人力资源部	孙雯	经理	3450	300		3750	90	3660
15	工号	部门	姓名	职务	底薪	平时加班	节假日加班	应发金额	扣除	实发金额
16	A008	人力资源部	华楠燕	助理	3150		100	3250	135	3115

图 1-2　工资条

工资条，每个月都在做的吧？把你的方法先给我说说。

将工资表制成工资条，不就是在每条工资记录前添加相同的表头吗？复制，粘贴就是了。

小张熟练地拿起鼠标，选中工资表头所在行→复制→选中第二条工资记录所在行→单击右键→插入复制单元格。

完成后，又按同样的操作进行第三条，第四条……

新同事看完后，笑了："如果是1000条记录的工资表，这样做需要多久？"

小张苦笑，也只能苦笑。

工作的内容不少，但都是重复的操作。而这种重复不但枯燥而且费时，尽管小张天天时时刻刻都在做表，却永远也跟不上老板的节奏。

1.2 走自己的“录”，让别人重复去吧

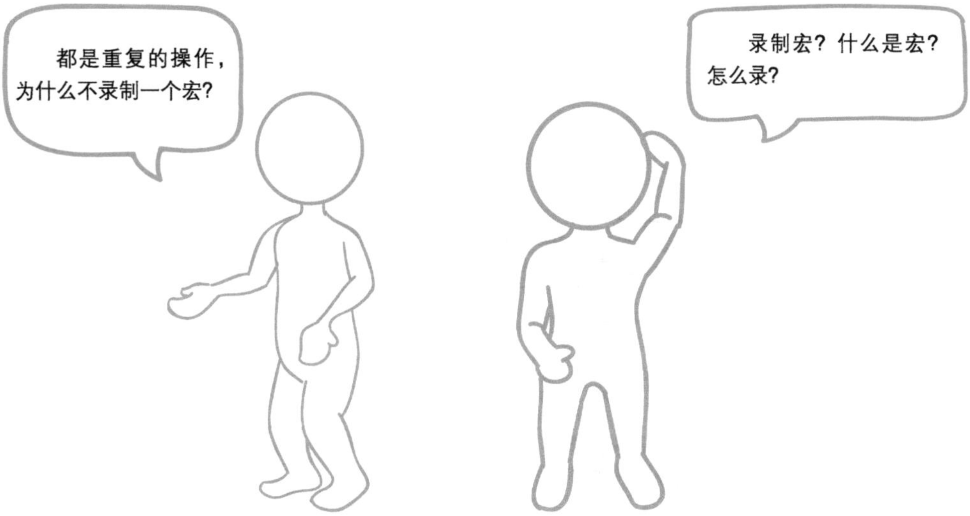

新同事的建议让小张感到很茫然。

面对小张满脑子的疑问，新同事耐心地给他解释，并示范操作过程……

1.2.1 什么是宏

就像用摄像机录下来的视频，在Excel里，宏就是Excel用户使用宏录制器录下的一组操作。

选中工资表头所在行→复制→选中工资记录所在行→单击右键→插入复制单元格，这是小张制作工资条时重复的操作。

1.2.2 用宏录下 Excel 操作

录制宏前需要进行一些简单的设置，如图1-3所示。

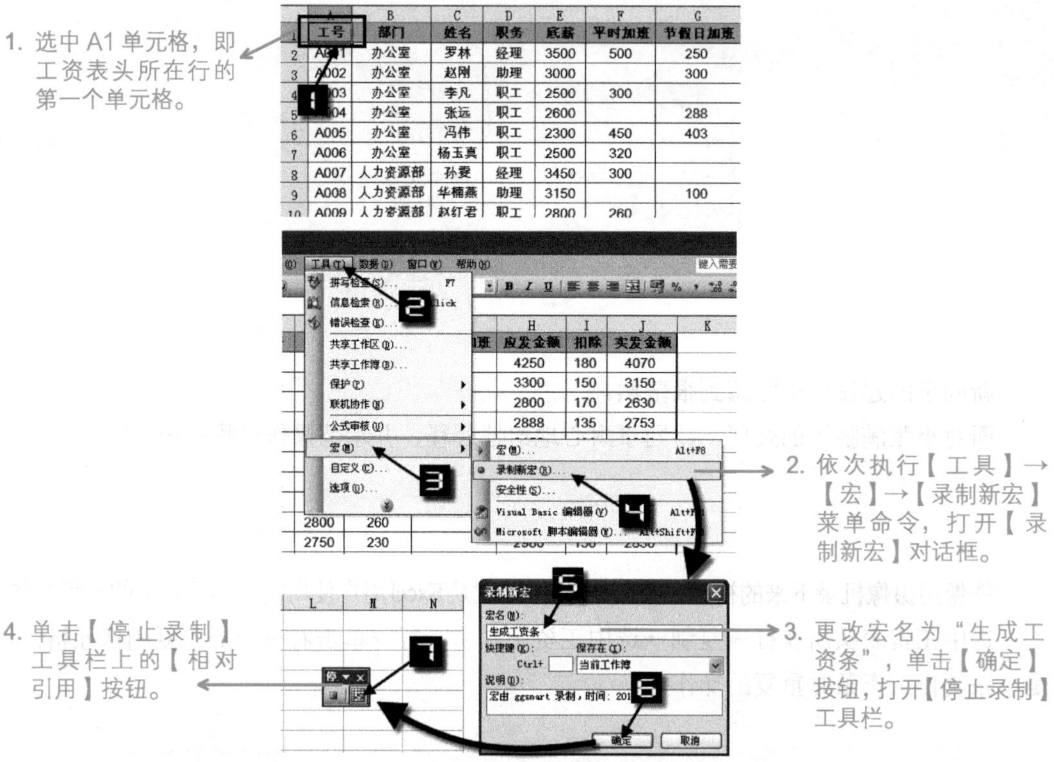
1. 选中A1单元格，即工资表头所在行的第一个单元格。
2. 依次执行【工具】→【宏】→【录制新宏】菜单命令，打开【录制新宏】对话框。
3. 更改宏名为“生成工资条”，单击【确定】按钮，打开【停止录制】工具栏。
4. 单击【停止录制】工具栏上的【相对引用】按钮。
录制新宏
宏名(M):
生成工资条
快捷键(K):
保存在(I):
当前工作簿
确定
取消

图1-3 录制宏前的设置

完成上述设置后就可以录制宏了，如图1-4所示。

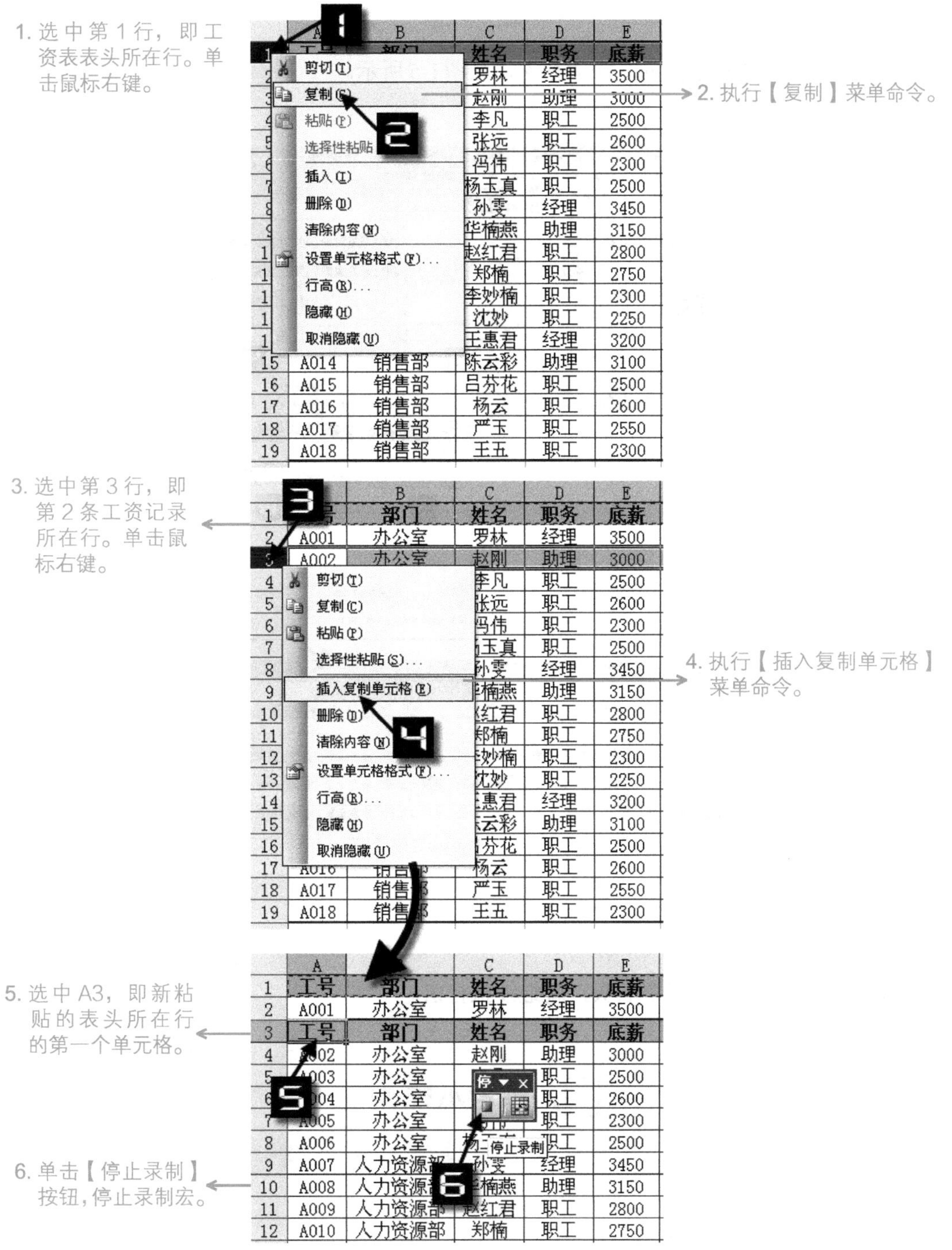

1. 选中第 1 行，即工资表表头所在行。单击鼠标右键。
2. 执行【复制】菜单命令。
3. 选中第 3 行，即第 2 条工资记录所在行。单击鼠标右键。
4. 执行【插入复制单元格】菜单命令。
5. 选中 A3，即新粘贴的表头所在行的第一个单元格。
6. 单击【停止录制】按钮，停止录制宏。

图 1-4　用宏录下 Excel 操作

这样，宏就录制好了。

1.2.3 让录下的操作再现一遍

录制完成后，通过下面的方法运行宏，如图1-5所示。

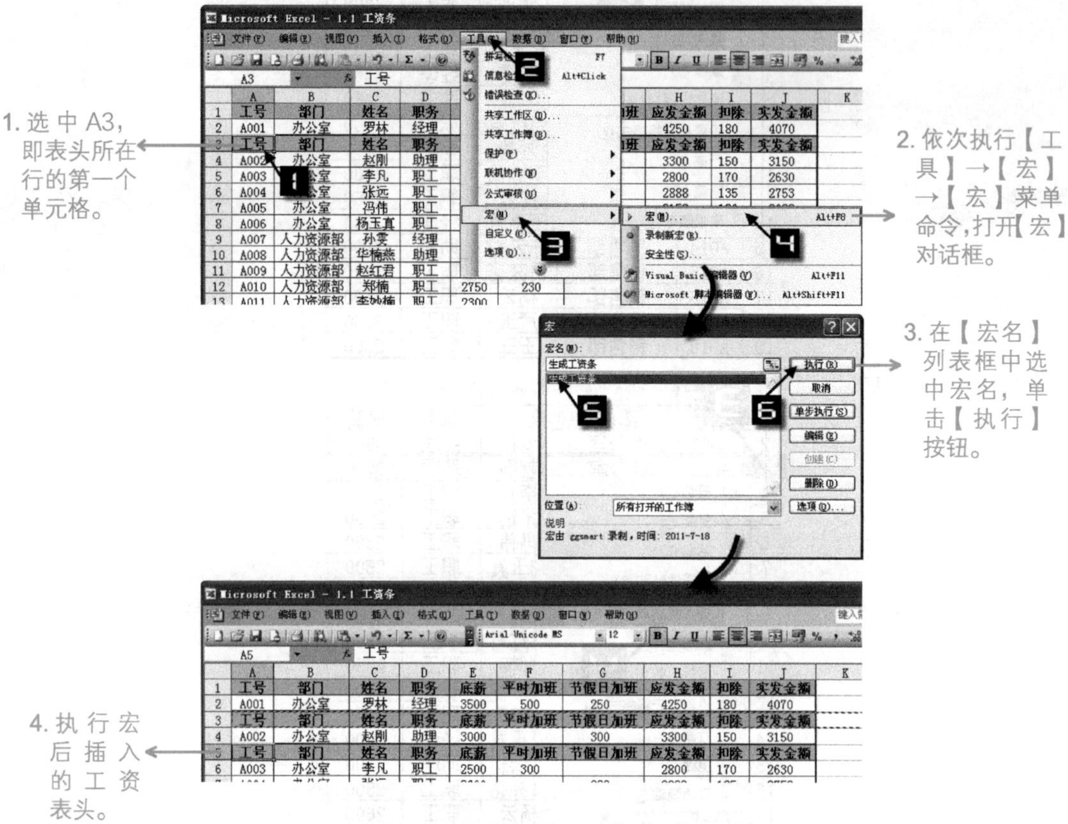

1. 选中A3，即表头所在行的第一个单元格。
2. 依次执行【工具】→【宏】→【宏】菜单命令，打开【宏】对话框。
3. 在【宏名】列表框中选中宏名，单击【执行】按钮。
4. 执行宏后插入的工资表头。

图1-5 执行宏

如果要继续插入新的工资表头，就继续执行宏。

练习小课堂

学会使用录制和执行宏代替手工完成重复操作后，小张很高兴。他发现工作中很多问题都可以借助宏来提高工作效率。

可是，他不明白相对引用和绝对引用的区别，你能分别录制不同的宏，执行它们，找到它们之间的区别吗?

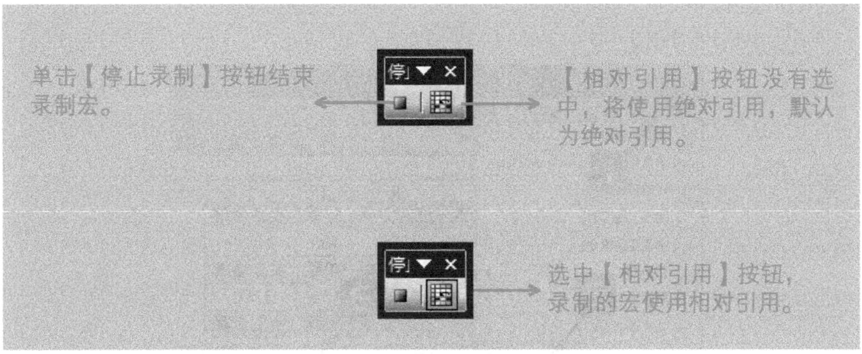

单击【停止录制】按钮结束录制宏。
停
【相对引用】按钮没有选中，将使用绝对引用，默认为绝对引用。
停
选中【相对引用】按钮，录制的宏使用相对引用。

参考答案

绝对引用：如果使用绝对引用，在执行宏的过程中，无论选中了哪个单元格，宏都在特定的单元格中执行录制的操作。

相对引用：如果使用相对引用，在执行宏的过程中，将以活动单元格为A1单元格，宏在相对于活动单元格的特定单元格中执行录制的操作。如果你想让录制的宏可以在任意区域中使用，就使用相对引用。

1.3 还可以怎样执行宏

【宏】对话框里的“执行”按钮就是运行宏的开关。不够方便，不够快捷，是这个开关的缺点。如果你不喜欢这个开关，可以选择其他执行宏的方法。

1.3.1 给宏设置快捷键

录制宏前，可以在【录制新宏】对话框里为宏设置快捷键，如图1-6所示。

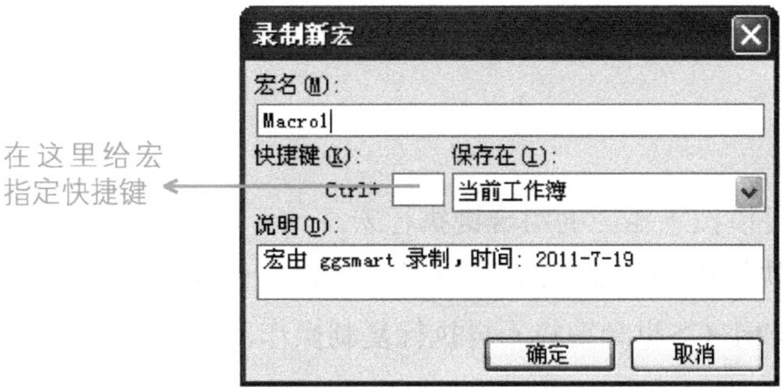

在这里给宏指定快捷键

宏由 ggsmart 录制，时间: 2011-7-19

图1-6 录制宏前为宏设置快捷键

也可以在录制宏后进行设置，如图1-7所示。

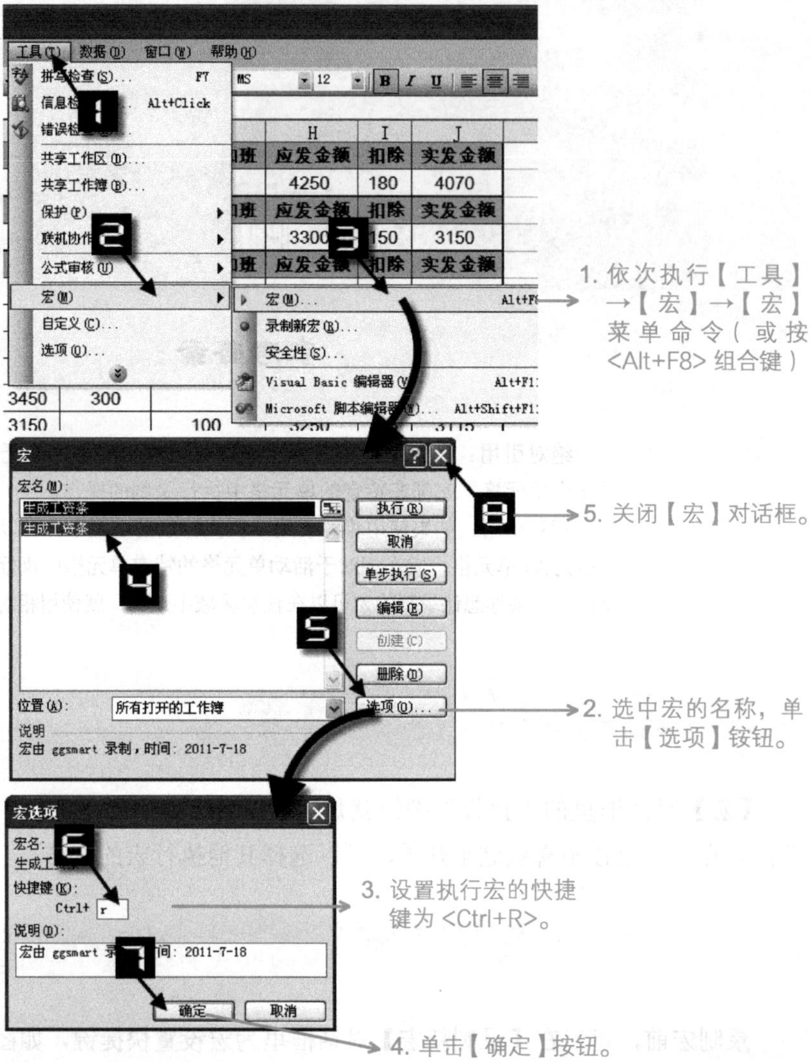

图1-7　录制宏后给宏设置快捷键

给宏设置快捷键后，就可以按下相应的组合键执行宏。

注意：因为给宏指定的快捷键会覆盖Excel默认的快捷键。例如：把<Ctrl+C>指定给某个宏，那在Excel中按下<Ctrl+C>组合键将不再执行复制操作。

1.3.2 将宏指定给按钮

不便记忆，不易上手。快捷键虽快却不实用。
无论出于什么目的，都应尽量让设计的表格显得直观一些。

拿过电视机的遥控板，扫一眼就知道该按下哪个按钮来加减声音，按下哪个按钮来调节频道。

如果你担心忘记为宏设置的快捷键，可以绘制一块直观形象的“遥控板”，通过单击按钮来执行宏。图1-8所示为将宏指定给按钮的方法。

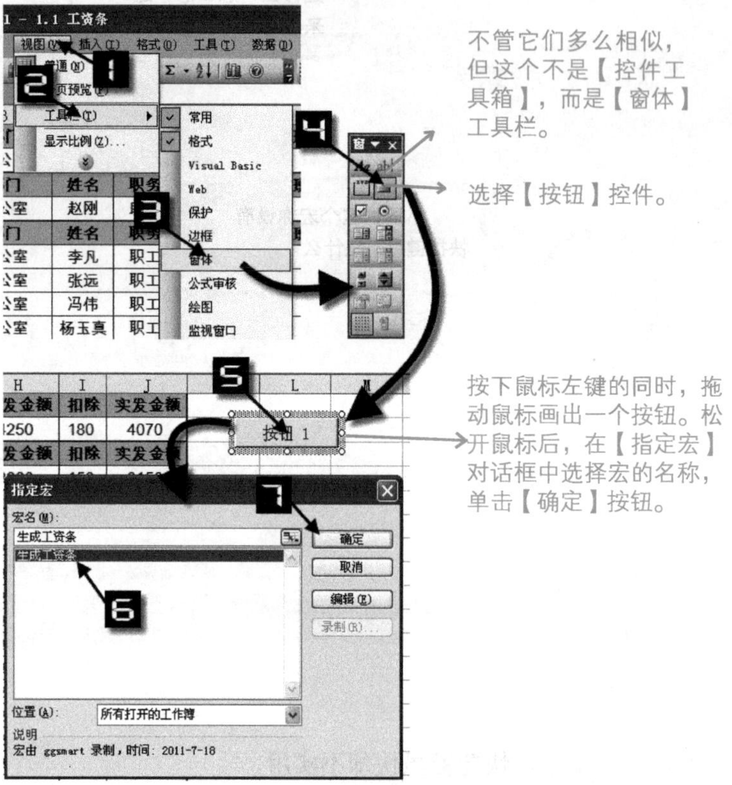

图1-8　将宏指定给按钮

如果是已经添加的按钮，可以用鼠标右键单击它，在右键菜单中执行【指定宏】菜单命令打开【指定宏】对话框，再将宏指定给按钮，如图1-9所示。

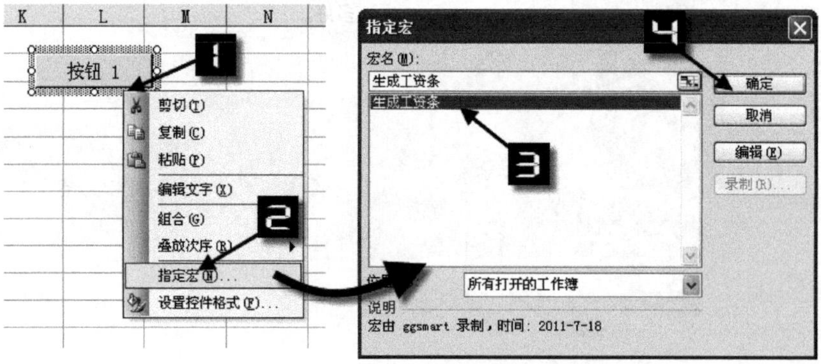

图1-9　打开指定宏对话框

当按钮呈编辑状态（如果不是编辑状态，可以先用鼠标右键单击它）时，单击按钮表面，更改标签为“生成工资条”，调整按钮的大小和位置，完成后单击按钮外的任意区域退出对按钮的编辑，如图 1-10 所示。

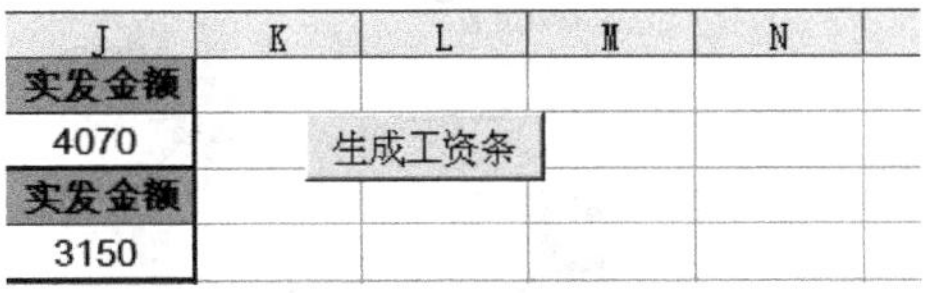

图 1-10　更改标签后的按钮

完成上述设置后即可单击按钮执行宏，如图 1-11 所示。

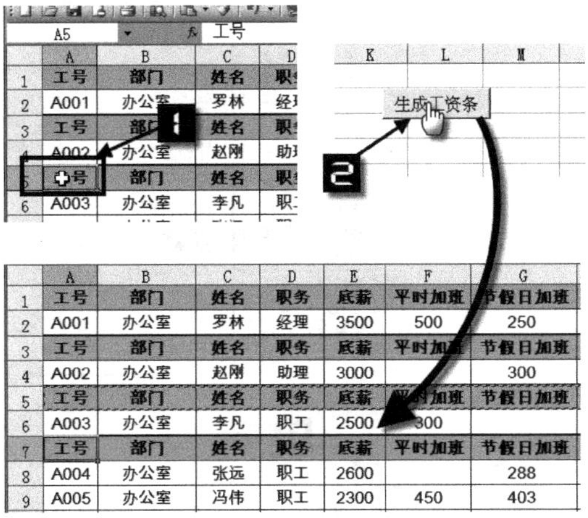

图 1-11　单击按钮执行宏

还可以用同样的方法将宏指定给图片或自选图形等。

1.3.3　将宏指定给常用工具栏按钮

将宏指定给常用工具栏按钮的操作步骤如图 1-12 所示。

1. 依次执行【工具】→【自定义】菜单命令打开【自定义】对话框，选择【命令】选项卡，在【类别】列表框中选择“宏”，在【命令】列表框中选择“自定义按钮”。

2. 按下鼠标左键，将按钮拖曳到常用工具栏中的适合位置。

3. 右键单击按钮，执行“指定宏”菜单命令打开【指定宏】对话框，为按钮指定宏。

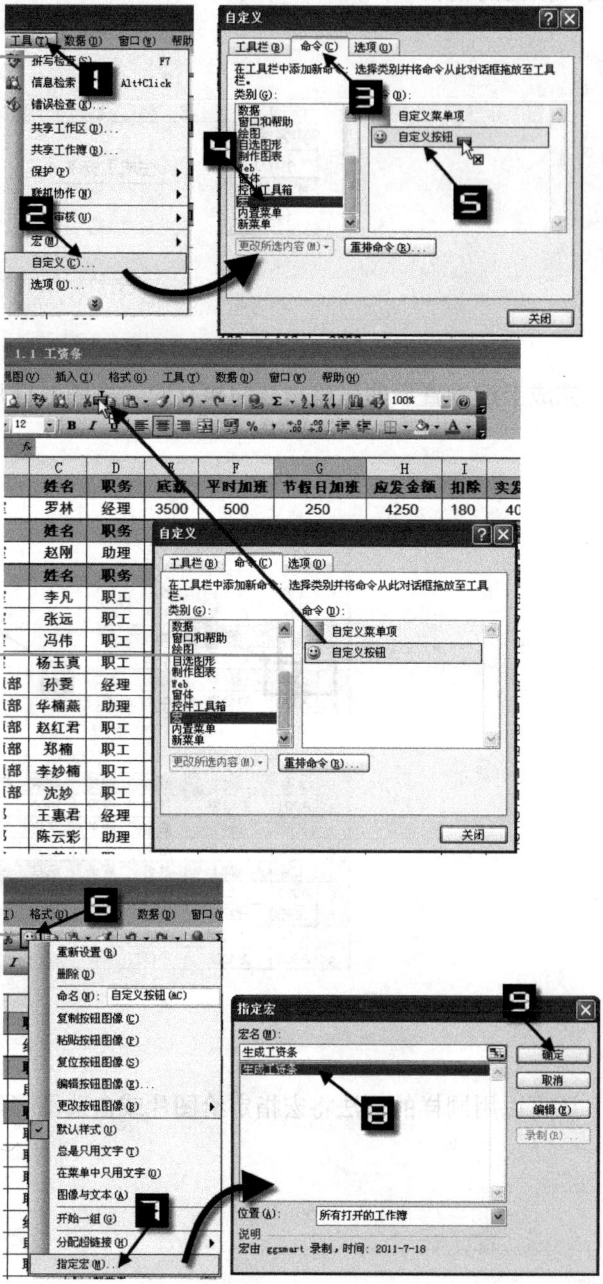

图1-12　将宏指定给自定义工具栏按钮

还可以在右键菜单中对按钮进行其他的设置，如更改按钮的名称、图像等，如图1-13所示。

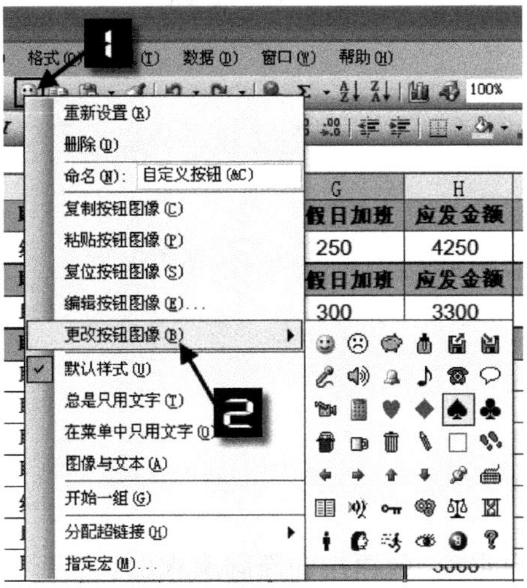

图 1-13 设置自定义按钮

完成后关闭【自定义】对话框，就可以单击自定义的按钮执行宏了。

1.4 是谁“挡住”了宏

1.4.1 宏为什么不能工作了

有时，打开一个保存有宏的工作簿或试图执行一个宏时，Excel会显示如图1-14所示的对话框，而并不执行宏。

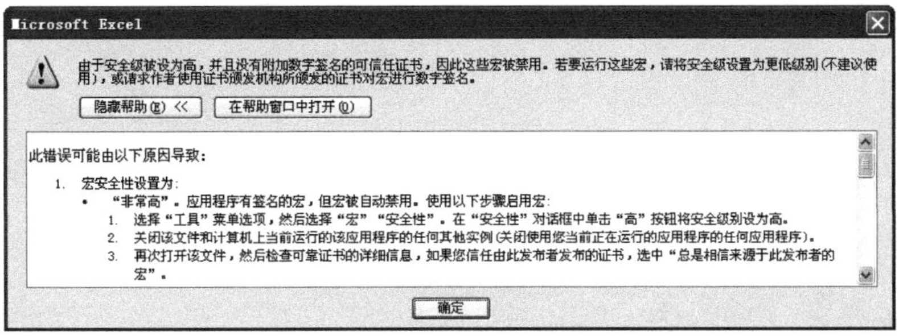

图 1-14 禁用宏的提示对话框

这是小张遇到的一个新问题，他再次向新同事求助。

1.4.2 怎样修改宏安全级

修改宏的安全级的操作如图1-15所示。

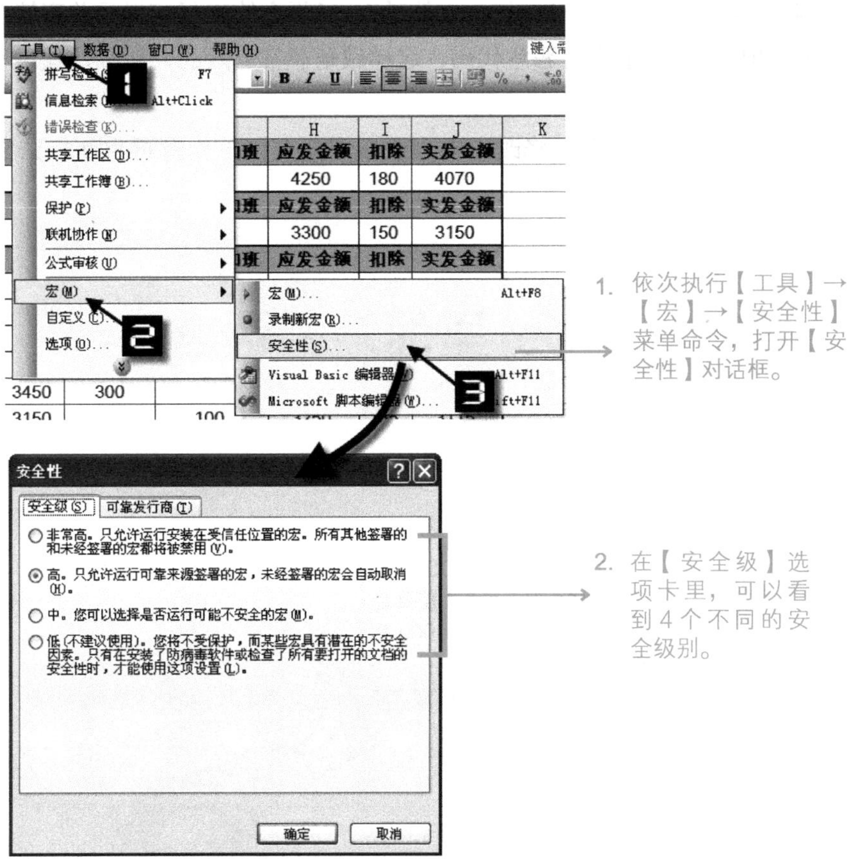

图 1-15　打开【安全性】对话框

如果希望录制的宏或编写的VBA程序得到运行的机会，应将安全级设置为“中”或“低”。

如果设置为“中”，每次打开文件时，Excel都会显示【安全警告】对话框，让用户选择启用或禁用宏，如图1-16所示。

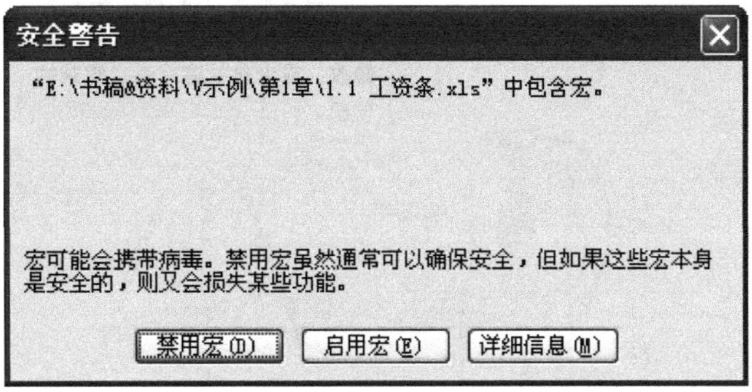

图 1-16　打开文件时的安全警告对话框

如果将安全级设置为“低”，打开文件时Excel不会给出任何提示并直接启用工作簿里所有的宏，如果工作簿里带有恶意代码，这样做是非常危险的，所以，建议将安全级设置为“中”。

注意：在Excel 2003中，修改宏安全级后需要关闭工作簿再重新打开它，修改才能生效。

1.5 VBA,Excel里的编程语言

1.5.1 录制宏不能解决的问题

尽管可以录下用户在Excel里的操作，但却不能满足用户所有的需求。

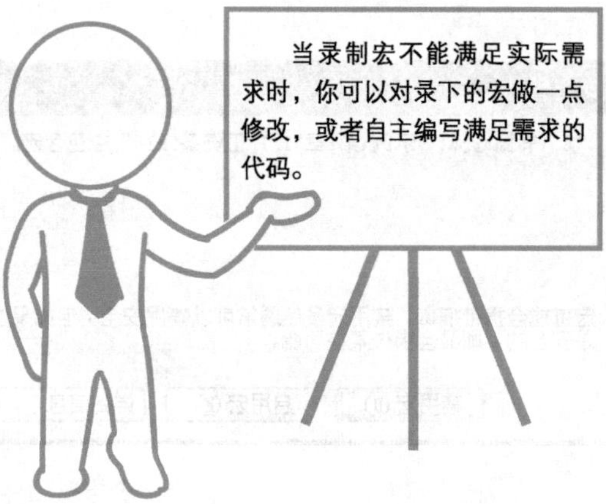

1.5.2　让工资条一“输”到底

Step 1： 查看已经录制的宏，见图1-17。

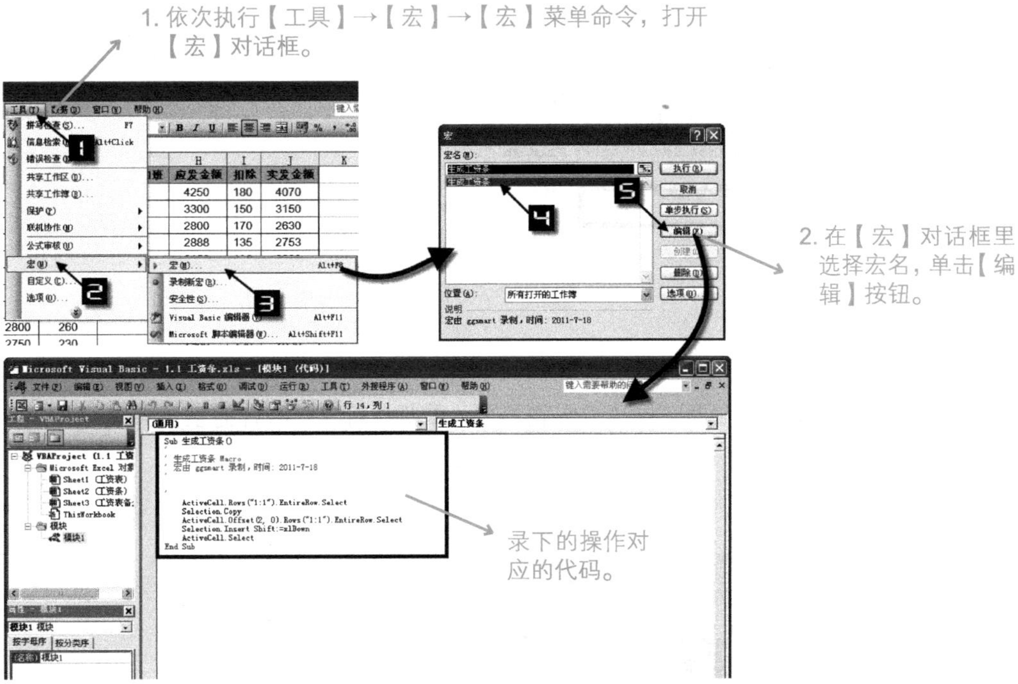

1. 依次执行【工具】→【宏】→【宏】菜单命令，打开【宏】对话框。
2. 在【宏】对话框里选择宏名，单击【编辑】按钮。
录下的操作对应的代码。
Sub 生成工资条()
ActiveCell.Rows("1:1").EntireRow.Select
Selection.Copy
Selection.Insert Shift:=xlDown
ActiveCell.Select
End Sub

图1-17　录制的宏

Step 2： 在第一行代码“Sub 生成工资条()”的后面添加两行新代码：

```
Dim i As Long
For i = 2 To 1000
```

如果工资表记录是 200 行，就将 1000 改为 200。

在最后一行代码“End Sub”的前面添加一行代码：

```
Next
```

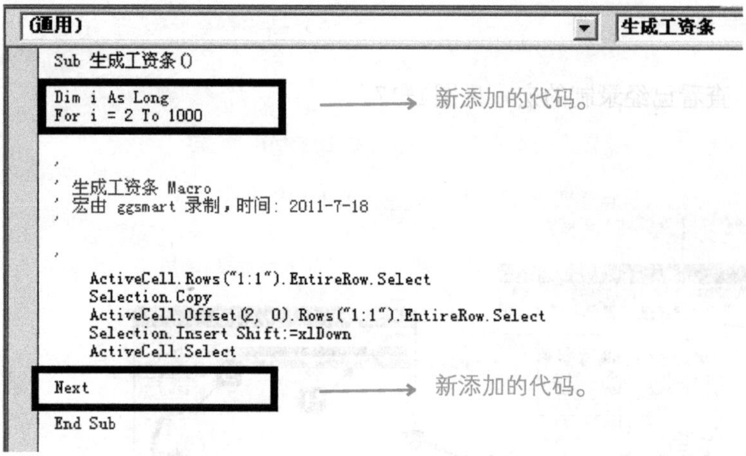
(通用)
生成工资条
Sub 生成工资条()
Dim i As Long
For i = 2 To 1000
'
' 生成工资条 Macro
' 宏由 ggsmart 录制，时间：2011-7-18
'
'
ActiveCell.Rows("1:1").EntireRow.Select
Selection.Copy
ActiveCell.Offset(2, 0).Rows("1:1").EntireRow.Select
Selection.Insert Shift:=xlDown
ActiveCell.Select
Next
End Sub
新添加的代码。
新添加的代码。

图1-18　修改后的宏

Step 3：关闭窗口，返回Excel工作表界面，重新执行宏，所有的工资条就全部完成了，如图1-19所示。

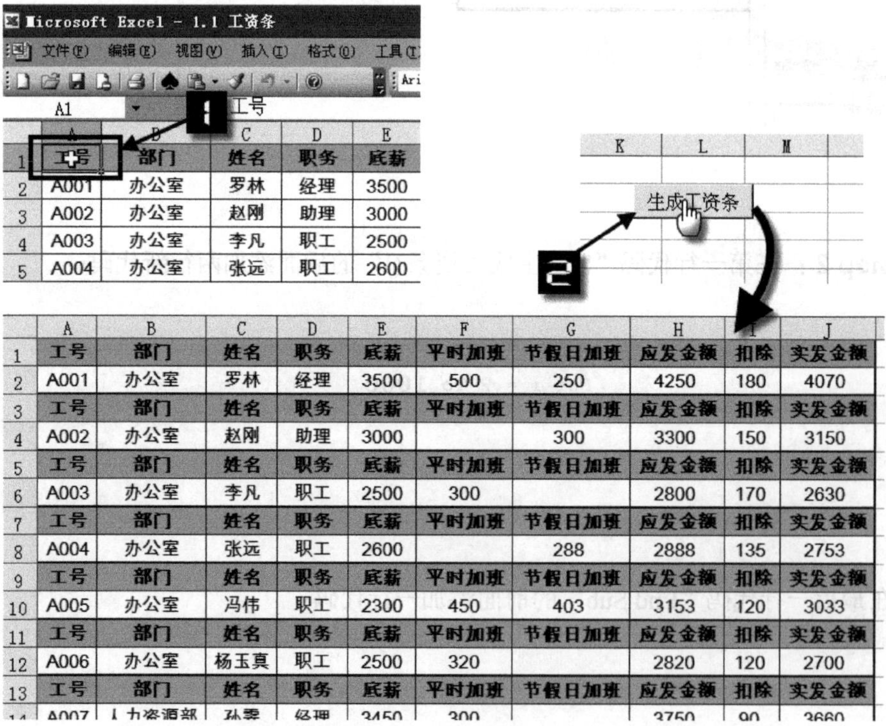
Microsoft Excel - 1.1 工资条
文件(F) 编辑(E) 视图(V) 插入(I) 格式(O) 工具(T)
A1
工号
生成工资条

	A	B	C	D	E
1	工号	部门	姓名	职务	底薪
2	A001	办公室	罗林	经理	3500
3	A002	办公室	赵刚	助理	3000
4	A003	办公室	李凡	职工	2500
5	A004	办公室	张远	职工	2600

	A	B	C	D	E	F	G	H	I	J
1	工号	部门	姓名	职务	底薪	平时加班	节假日加班	应发金额	扣除	实发金额
2	A001	办公室	罗林	经理	3500	500	250	4250	180	4070
3	工号	部门	姓名	职务	底薪	平时加班	节假日加班	应发金额	扣除	实发金额
4	A002	办公室	赵刚	助理	3000		300	3300	150	3150
5	工号	部门	姓名	职务	底薪	平时加班	节假日加班	应发金额	扣除	实发金额
6	A003	办公室	李凡	职工	2500	300		2800	170	2630
7	工号	部门	姓名	职务	底薪	平时加班	节假日加班	应发金额	扣除	实发金额
8	A004	办公室	张远	职工	2600		288	2888	135	2753
9	工号	部门	姓名	职务	底薪	平时加班	节假日加班	应发金额	扣除	实发金额
10	A005	办公室	冯伟	职工	2300	450	403	3153	120	3033
11	工号	部门	姓名	职务	底薪	平时加班	节假日加班	应发金额	扣除	实发金额
12	A006	办公室	杨玉真	职工	2500	320		2820	120	2700
13	工号	部门	姓名	职务	底薪	平时加班	节假日加班	应发金额	扣除	实发金额
14	A007	人力资源部	孙雲	经理	3450	300		3750	90	3660

图1-19　一次性生成所有工资条

1.5.3 VBA 编程，让你的表格更加灵活

不管你是否知道应该怎样修改和使用录制的宏，但从小张的故事里，应该看到了修改前与修改后的宏在工作效率上的差别。

实际上，在运行宏的过程中，我们总希望能自主地判断和选择需要执行的操作或计算，而录制的宏并不能满足类似的需求。这就要求我们对宏进行适当的修改，甚至自己动手编写满足需要的代码，即：使用 VBA 编程。

1.5.4 什么是 VBA

VBA（Visual Basic For Application）是一种编程语言，是建立在 Office 中的一种应用程序开发工具。可以利用 VBA 有效地扩展 Excel 的功能，设计和构建人机交互界面，打造自己的管理系统，帮助 Excel 用户更有效地完成一些基本操作、函数公式等不能完成的任务，从而提高工作效率。

同你的名字一样，VBA 也只是一个名字，一种编程语言的名字。

1.5.5 宏和 VBA 有什么关系

VBA 是编程语言，宏是用 VBA 代码保存下来的程序。

录制的宏只是 VBA 里最简单的程序，正因为如此，录制的宏存在许多的缺陷：如无法进行判断和循环，不能显示用户窗体，不能进行人机交互……

要想打破这些局限，让自己的程序更加自动化和智能化，仅仅掌握录制和执行宏是远远不够的，还需要掌握 VBA 编程的方法，自主地编写 VBA 程序。

这就是我们学习 VBA 的目的。

第2章 开始VBA编程的第一步

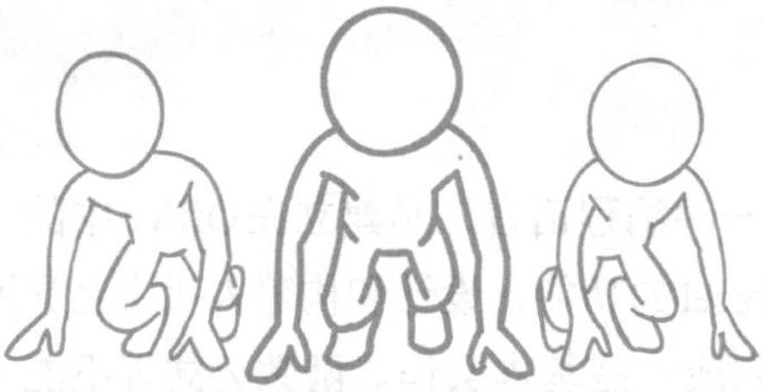

优秀的运动员总是非常注重起跑的第一步。

准确的姿势，恰到好处的起跑时间，再加上中间的努力拼搏，总能带给运动员优秀的成绩。

比赛的最终赢家不但有过硬的运动天赋，而且一定经过长期学习和坚持训练的过程。

想成为一名优秀的VBA编程者，最先应该了解什么？让我们一起来学习。

2.1　揭开神秘面纱背后的真面目

从小张的故事里走出来，我们正式开始学习 Excel VBA。

既然录制的宏就是 VBA 程序，那让我们打开第 1 章 1.2.2 小节中录制的宏所在的工作簿文件，一起研究研究。

2.1.1　程序保存在哪里

参照图 2-1 所示的操作，可以查看宏对应的代码。

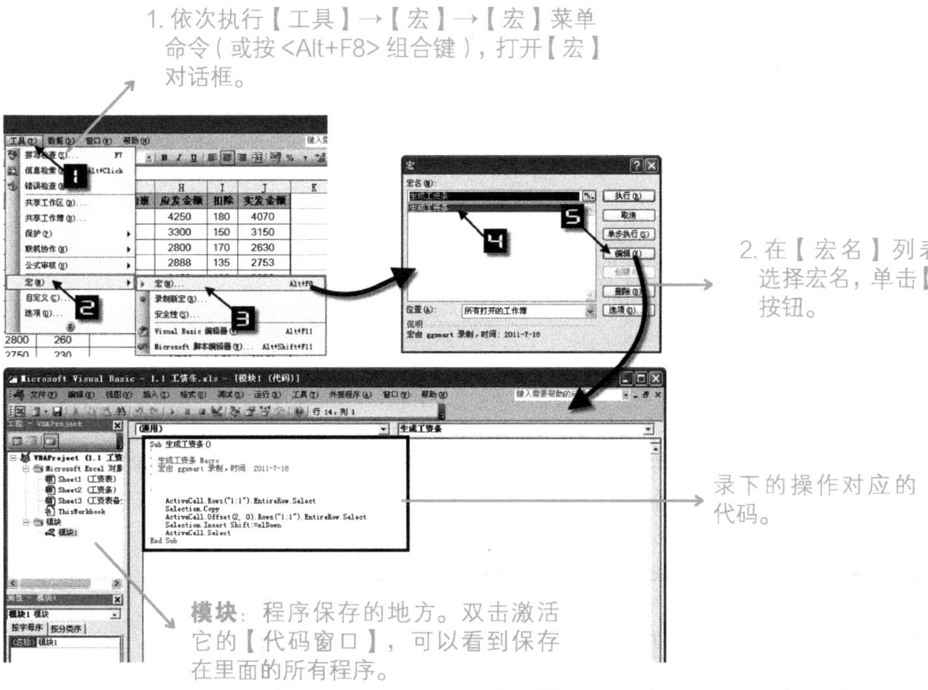
1. 依次执行【工具】→【宏】→【宏】菜单命令（或按 <Alt+F8> 组合键），打开【宏】对话框。
2. 在【宏名】列表框中选择宏名，单击【编辑】按钮。
录下的操作对应的代码。
模块：程序保存的地方。双击激活它的【代码窗口】，可以看到保存在里面的所有程序。

图 2-1　查看录制的宏

这个窗口是 VBE 窗口，打开它，在右面的【代码窗口】中可以看到一串代码，这就是使用宏录制器录下来的操作，以代码的形式保存在模块里。

练习小课堂

动手录几个不同的宏，比一比，宏的代码有什么共同的地方？把你总结的结论写下来，然后再继续后面的内容。

2.1.2 应该怎样编写程序

应该怎样编写一个VBA程序?
无论你使用宏录制器录下的是什么操作，得到的代码都是以“Sub 宏名”及一对空括号开头，以“End Sub”结尾，中间绿色文字是对宏的说明，其余代码是要完成的操作。

图2-2所示为录制宏得到的程序。

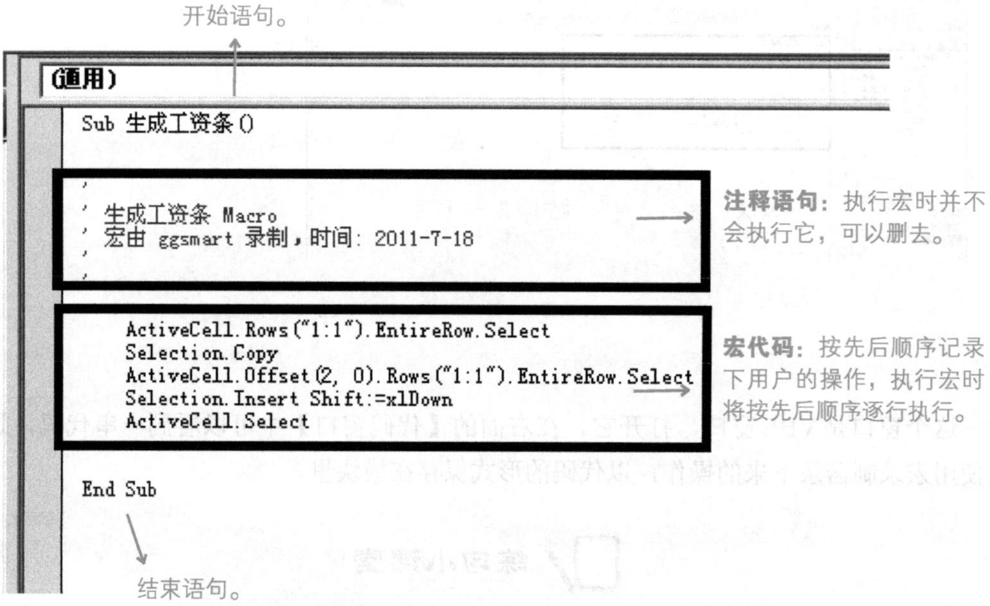

' 生成工资条 Macro
' 宏由 ggsmart 录制，时间：2011-7-18

注释语句：执行宏时并不会执行它，可以删去。
宏代码：按先后顺序记录下用户的操作，执行宏时将按先后顺序逐行执行。

图2-2　录制宏得到的程序

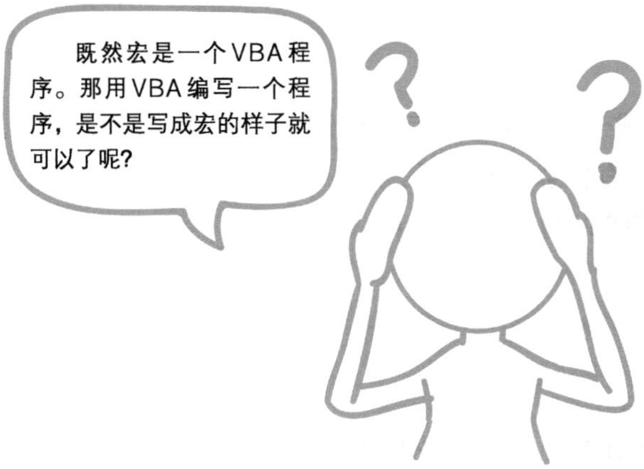

2.2 程序里都有什么

为了在编程时能更加得心应手，有必要先花点时间了解一下在编程的过程中，会反复提到的一些概念。也可以下载本书提供的教学视频，观看视频来了解。

2.2.1 代码

VBA 的程序由代码组成，可以通过录制宏或自主编写得到 VBA 代码。

2.2.2 过程

用VBA代码把完成一个任务的所有操作保存起来就是一个VBA过程。一个过程可以有任意多的操作，可以有任意长的代码。

在本书中，只介绍Sub过程和Function过程。

2.2.3 模块

模块是保存过程的地方，一个模块可以保存多个不同类型的过程。

2.2.4 对象

用代码操作和控制的东西即为对象，如工作簿、工作表、单元格、图片、图表、透视表等。

2.2.5 对象的属性

每个对象都有属性，属性是对象包含的内容或特点。

从对象的属性，可以了解该对象具有的性质和特点。如字体的颜色，颜色就是字体的属性；按钮的宽度，宽度就是按钮的属性。从对象的属性还可以了解到这个对象包含了哪些其他的对象。如Sheet1工作表的A1单元格，A1单元格就是Sheet1工作表的属性；A1单元格的内容，内容就是A1单元格的属性。

在书写时，对象和属性之间用点(.)连接，对象在前，属性在后，如A1单元格的内容，用汉字表达为：A1.内容

写成代码为：

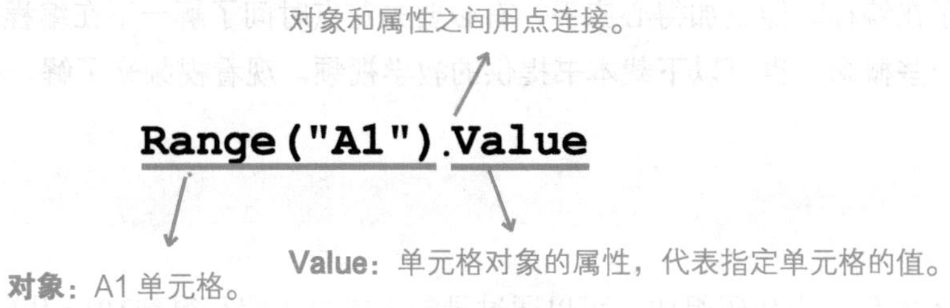
对象和属性之间用点连接。
Range("A1").Value
对象：A1单元格。
Value：单元格对象的属性，代表指定单元格的值。

对象的某些属性也是对象，属性和对象是相对而言的。

2.2.6 对象的方法

每个对象都有方法，方法是指在对象上执行的某个动作。如选中 A1 单元格，“选中”是在 A1 单元格这个对象上执行的操作，就是 A1 单元格的方法。

对象和方法之间也用点 (.) 连接，对象在前，方法在后，如选中 A1 单元格写成代码为：

Select：单元格对象的方法，表示在 AI 单元格上执行的是选择操作。

```
Range("A1").Select
```

2.2.7 关键字

关键字是 VBA 中的保留字或符号，如语句名称、函数名称、运算符等都是关键字。

2.3 VBA 的编程环境——VBE

在第 2 章 2.1.1 小节中打开的窗口就是编写 VBA 程序的地方—— VBE（Visual Basic Editor），了解 VBA 程序中经常提到的概念后，我们再花一点时间来熟悉它。

2.3.1 打开 VBE 编辑器

要进入 VBE，首先必须启动 Excel 程序，启动 Excel 后，要切换到 VBE 窗口，常用的方法有以下几种。

方法一： 按<Alt+F11>组合键。

方法二： 依次执行【工具】→【宏】→【Visual Basic 编辑器】菜单命令，如图 2-3 所示。

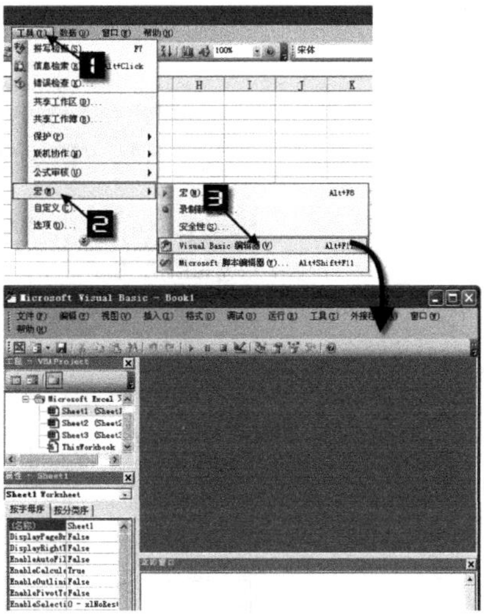

图 2-3 利用菜单命令打开 VBE

方法三：右键单击工作表标签，执行【查看代码】菜单命令，如图 2-4 所示。

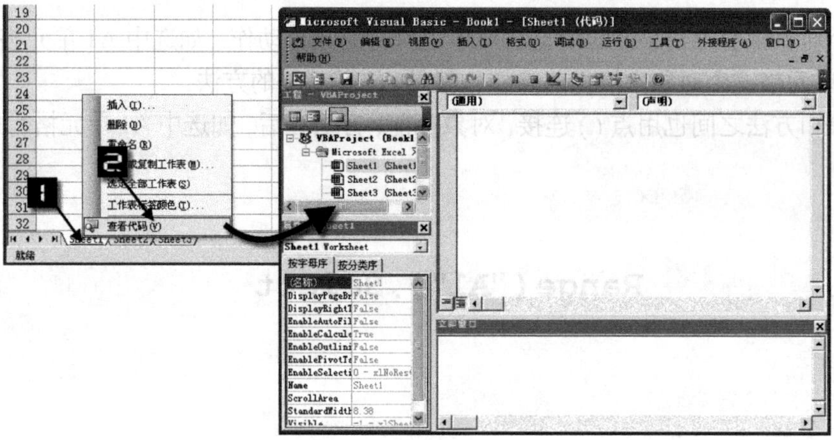

图 2-4　利用右键菜单打开 VBE

方法四：单击【Visual Basic】工具栏中的【Visual Basic 编辑器】按钮，如图 2-5 所示。

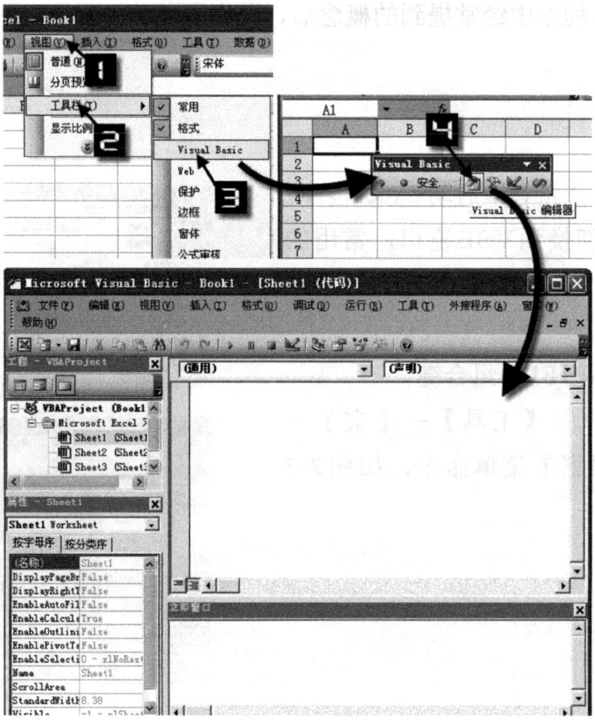

图 2-5　利用 Visual Basic 工具栏打开 VBE

方法五：单击【控件工具箱】中的“查看代码”按钮，如图2-6所示。

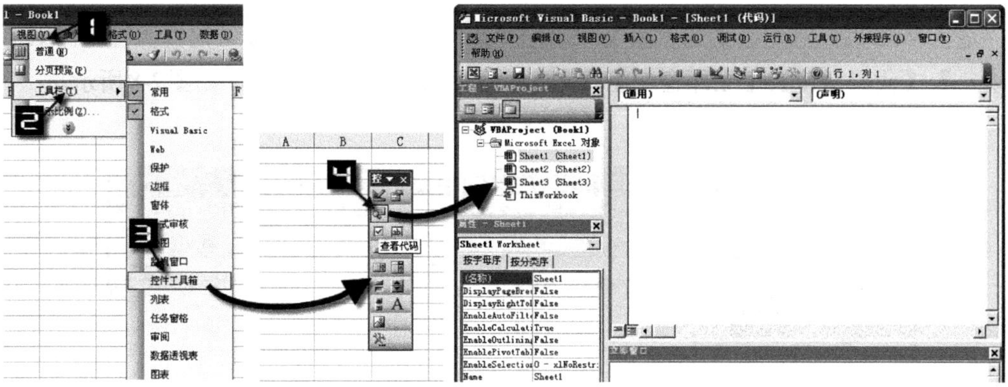

图2-6　利用控件工具箱打开VBE

方法六：利用【控件工具箱】新建一个ActiveX控件，双击控件打开VBE窗口，如图2-7所示。

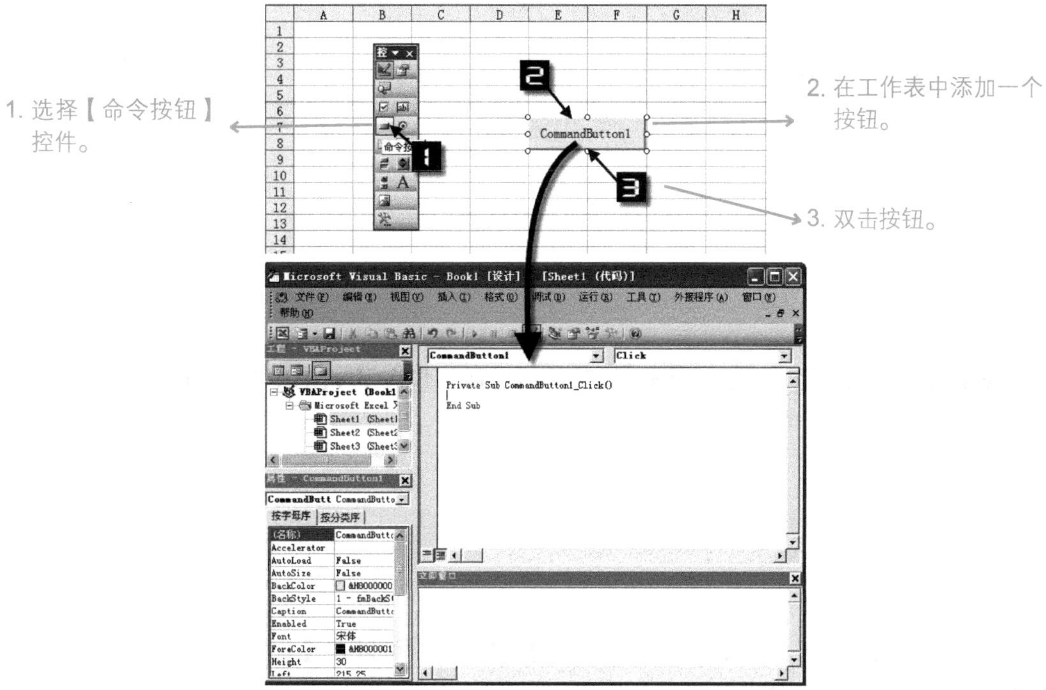

图2-7　利用控件打开VBE

2.3.2 主窗口

进入VBE后，首先看到的就是VBE的主窗口，主窗口通常由【工程资源管理器】、【属性窗口】、【代码窗口】、【立即窗口】、【菜单栏】和【工具栏】组成，如图2-8所示。

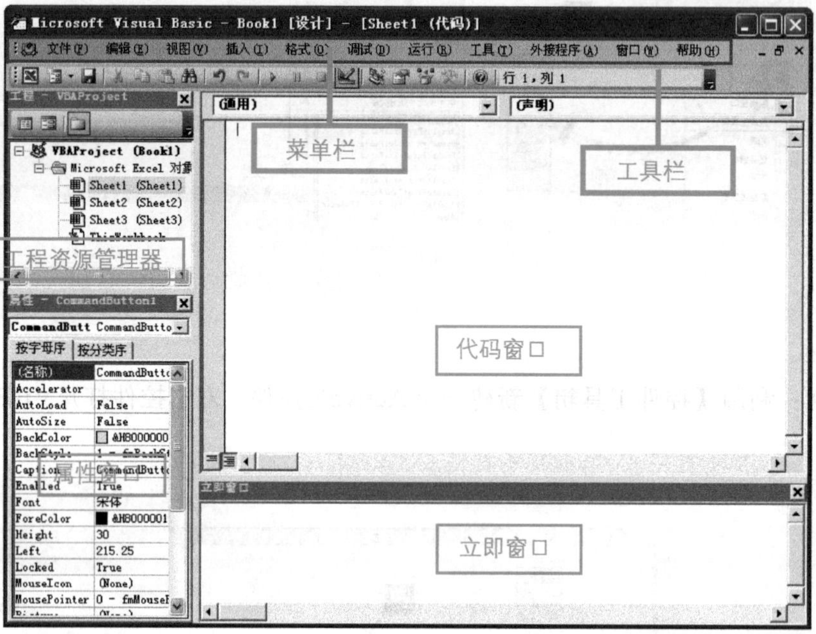

图2-8 VBE的主窗口

2.3.3 菜单栏

VBE的【菜单栏】和Excel 2003的菜单栏类似，包含了VBE中各种组件的命令。

2.3.4 工具栏

默认情况下，【工具栏】位于【菜单栏】的下面，可以在【视图】→【工具栏】菜单里显示或隐藏它，如图2-9所示。

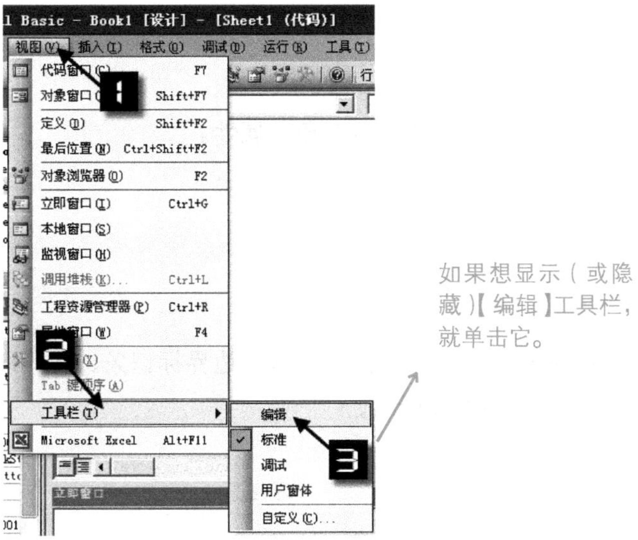

图2-9　显示或隐藏工具栏

2.3.5　工程资源管理器

在【工程资源管理器】中可以看到所有打开的Excel工作簿和已加载的加载宏，一个Excel的工作簿就是一个工程，工程名称为“VBA Project(工作簿名称)”。【工程资源管理器】中最多可以显示工程里的4类对象，即Excel对象（包括Sheet对象和ThisWorkbook对象）、窗体对象、模块对象和类模块对象，如图2-10所示。

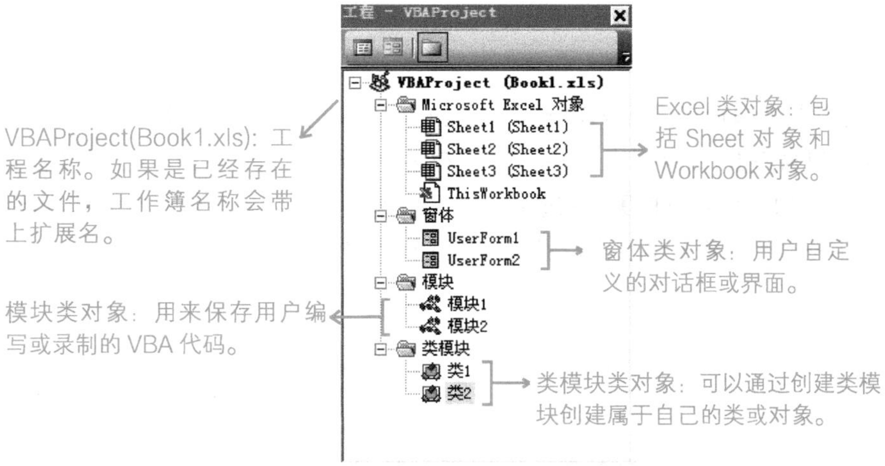

图2-10　工程资源管理器

但并不是所有工程里都包含这类对象，新建的Excel文件只有Excel类对象。

2.3.6 属性窗口

可以在【属性窗口】中查看或设置对象的属性。

2.3.7 代码窗口

【代码窗口】由对象列表框、过程列表框、边界标识条、代码编辑区、过程分隔线和视图按钮几部分组成，如图2-11所示。

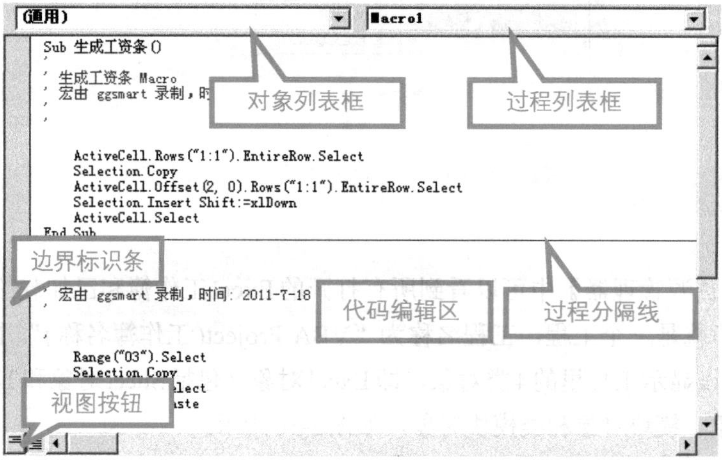
(通用)
Macro1
对象列表框
过程列表框
边界标识条
代码编辑区
过程分隔线
视图按钮
Sub 生成工资条 ()
' 生成工资条 Macro
' 宏由 ggsmart 录制，时
ActiveCell.Rows("1:1").EntireRow.Select
Selection.Copy
ActiveCell.Offset(2, 0).Rows("1:1").EntireRow.Select
Selection.Insert Shift:=xlDown
ActiveCell.Select
' 宏由 ggsmart 录制，时间: 2011-7-18
Range("O3").Select
Selection.Copy

图2-11 代码窗口栏

【代码窗口】是编辑和显示VBA代码的地方，【工程资源管理器】中的每个对象都拥有自己的【代码窗口】，如果想将VBA程序写在某个对象里，首先应在【工程资源管理器】中双击以激活它的【代码窗口】。反过来，如果想查看某个对象里保存有哪些程序，也必须先在【工程资源管理器】中双击以激活它的【代码窗口】。

2.3.8 立即窗口

在【立即窗口】中直接输入命令，回车后将显示命令执行后的结果，如图2-12所示。

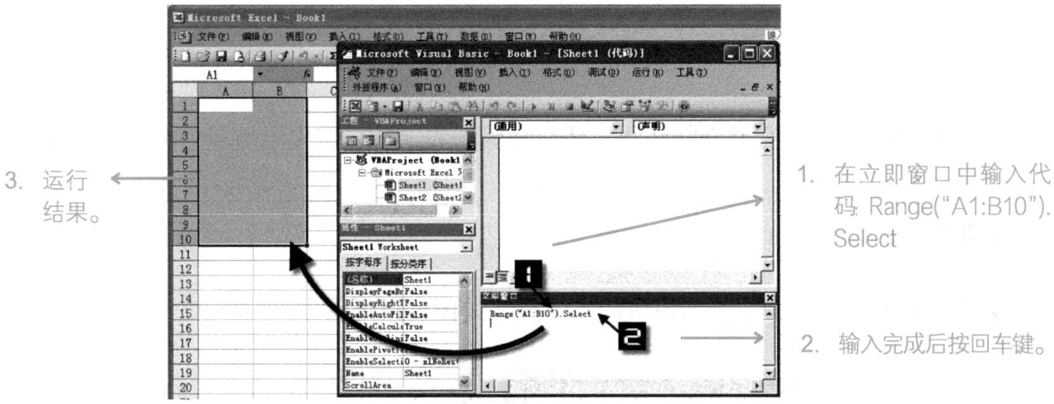

图2-12　使用立即窗口执行代码

【立即窗口】一个很重要的用途是调试代码，相应的内容请参阅第 7 章 7.3.4 小节。

如果打开 VBE 窗口后，【立即窗口】（或其他窗口）没有显示，可以在【视图】菜单中设置显示它，如图 2-13 所示。

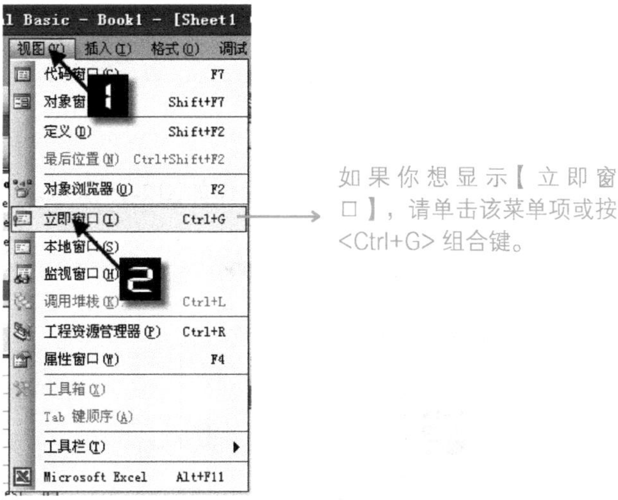

图2-13　利用视图菜单显示窗口

2.4　试写一个简单的 VBA 程序

运行 Excel 程序，新建一个工作簿，进入 VBE，让我们动手编写一个简单的程序，当程序运行后，用一个对话框说出现在的心情。

2.4.1 添加或删除模块

因为VBA程序一般保存在模块里，所以在编写程序前，应先添加一个模块来保存它。

◆ 添加模块

方法一：利用菜单命令插入模块的具体操作如图2-14所示。

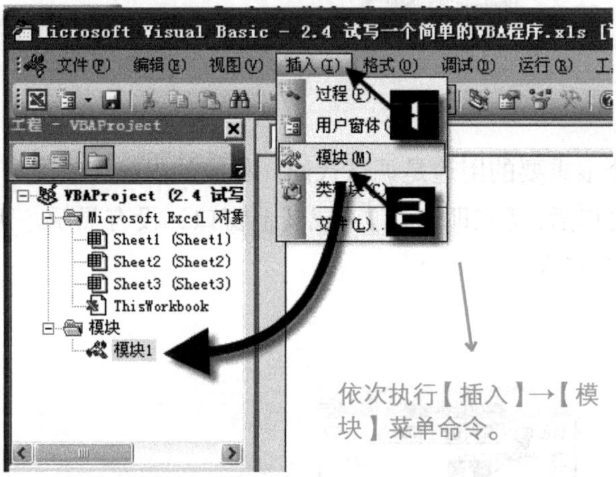

依次执行【插入】→【模块】菜单命令。

图2-14 利用菜单命令插入模块

方法二：利用右键菜单插入模块的具体操作如图2-15所示。

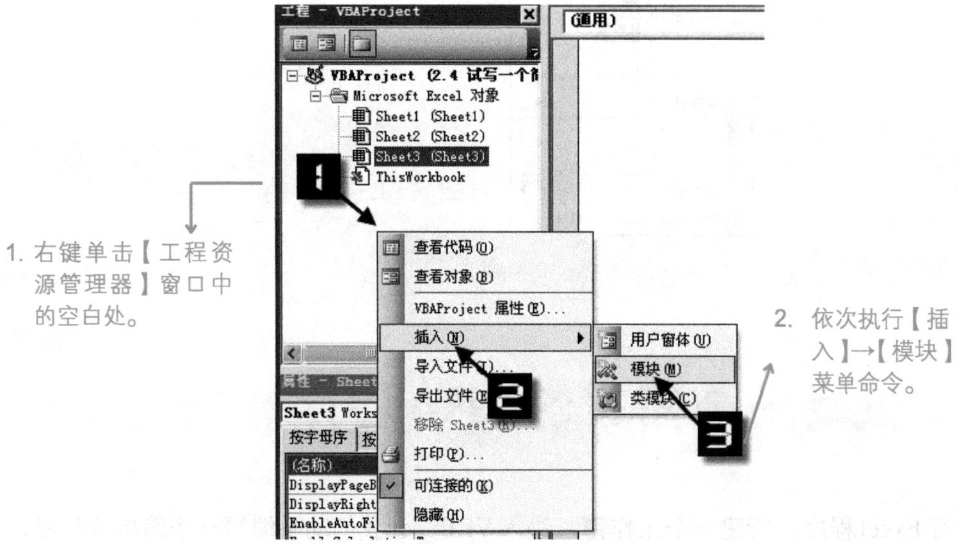

1. 右键单击【工程资源管理器】窗口中的空白处。
2. 依次执行【插入】→【模块】菜单命令。

图2-15 利用右键菜单插入模块

练习小课堂

怎样添加用户窗体和类模块？试一试，然后再继续后面的内容。

参考答案

方法一：右键单击【工程资源管理器】中的空白处，在【插入】菜单选择要插入的对象；

方法二：单击菜单栏中的【插入】菜单，选择要插入的对象。

方法参照2.4.1小节中插入模块的方法。

◇ 删除模块

如果工程中有多余的模块，可以删除它。

方法一：利用文件菜单移除模块的具体操作如图2-16所示。

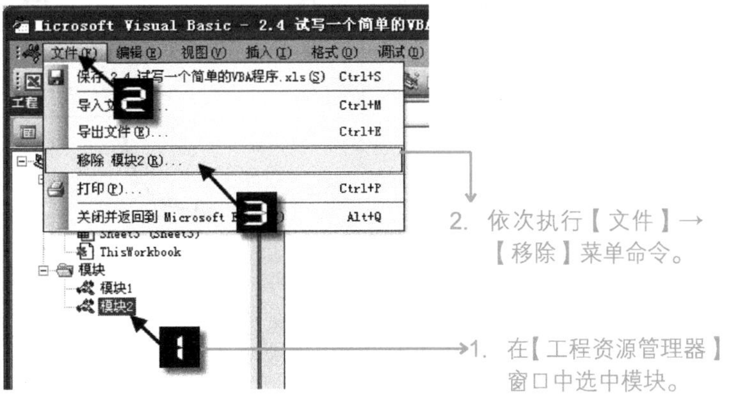

图2-16　利用文件菜单移除模块

方法二：利用右键菜单移除模块的具体操作如图2-17所示。

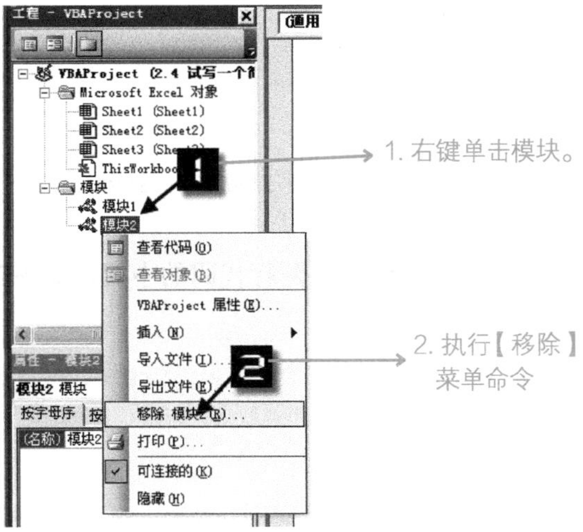

图2-17　利用右键菜单移除模块

注意： 删除模块后，同时也将删除保存在该模块中的所有程序。

2.4.2 动手编写程序

Step 1：在代码窗口中添加一个空过程，如图2-18所示。

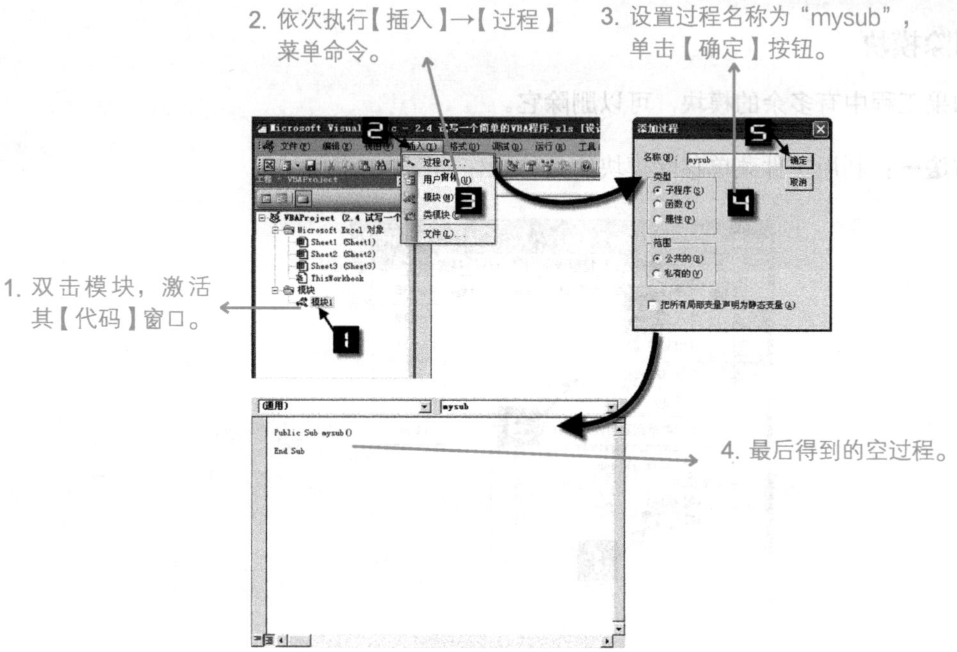
2. 依次执行【插入】→【过程】菜单命令。
3. 设置过程名称为“mysub”，单击【确定】按钮。
1. 双击模块，激活其【代码】窗口。
4. 最后得到的空过程。
Public Sub mysub()
End Sub

图2-18　插入空过程

```
Public Sub mysub()

End Sub
```

当然，你也可以在【代码窗口】中手动录入这些代码。

Step 2：将下面的代码写到前文两行代码的中间，如图2-19所示。

```
MsgBox "学习 VBA，我很高兴！ "
```

引号里的内容可以更改为你喜欢的内容。

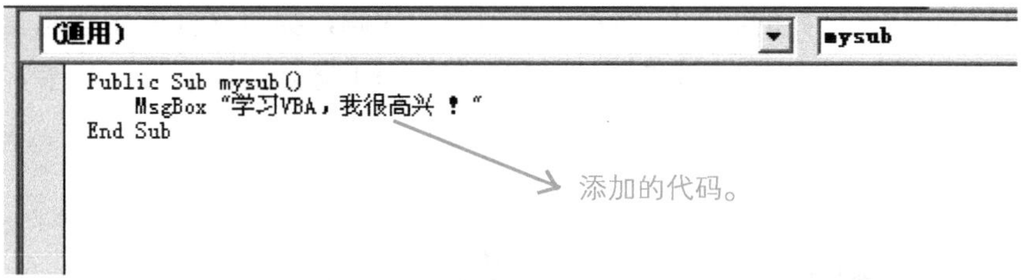

图2-19　添加代码后的过程

Step 3：运行过程，如图2-20所示。

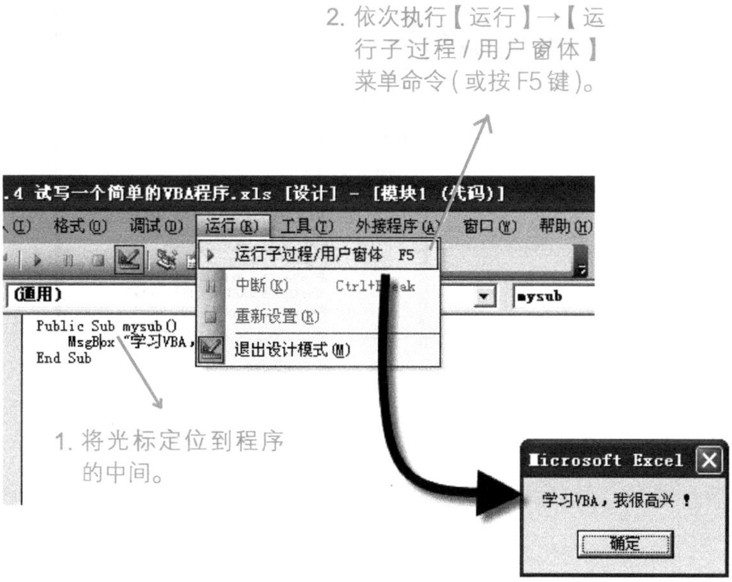

图2-20　运行程序

2.5　解除疑惑，一“键”倾心

对刚刚涉足VBA世界的我们，面对满眼陌生的代码，类似这样的困惑总是很多。如果你想知道类似MsgBox这样的关键字是什么意思，F1键会是你最的好帮手，如图2-21所示。

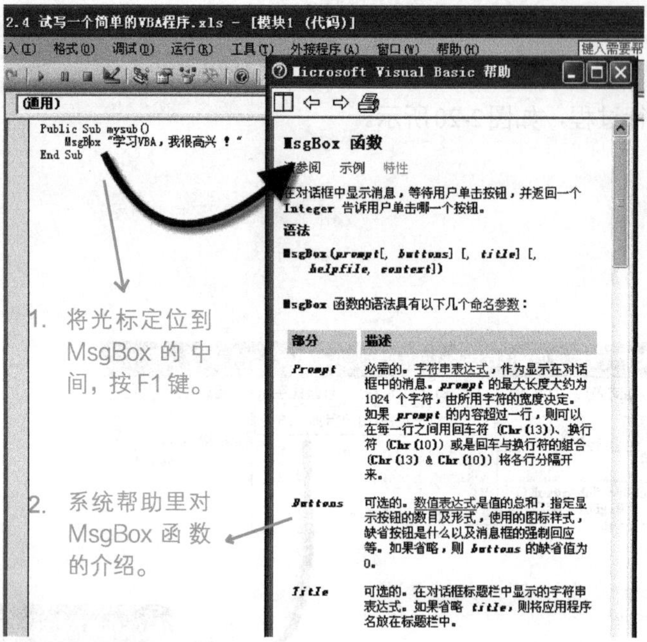

图2-21　利用F1键查询MsgBox函数的帮助信息

帮助是Excel VBA自带的一本百科全书，它能有效地帮助你解答在学习或编程过程中遇到的许多困惑。记住F1键，它是打开这本书的一把“金钥匙”。

第3章 Excel VBA 基础语法

厨师做菜有做菜的正确方法，一盘菜放一包盐肯定不行。

司机开车有应该遵守的规则，红灯亮了不停车肯定乱套。

踢足球不能用手，打篮球不能用脚。

无规矩不成方圆，做什么事都有应该遵循的法则。做菜咸了，汽车乱窜了，运动员开始抱着足球满球场乱跑了……这些都是不遵守规则的现象。

VBA编程也有必须遵循的规则，这一章，我们将一起了解VBA编程应该遵循的法则——VBA语法。

3.1 语法，编程的基础

3.1.1 这个笑话很凉快

什么是语法？

语文老师说："语法就是说话的方法，正确表达应该遵循的法则。"

语法告诉我们：是妈妈煎鸡蛋，不是鸡蛋煎妈妈。鸡蛋不能说两片，应说两个。

3.1.2 VBA 也有语法

写一个程序，就像写一篇作文，不遵循语法规则，肯定要闹笑话。

工作簿该怎么称呼，工作表该怎么表示，在 VBA 里都有规定，不是随心所欲的。

所以，学习 VBA 应先了解 VBA 语句的表达方式，只有这样，才能读懂并编写正确的代码。

3.1.3 学习 VBA 语法难吗

对很多一提到语法就头痛的人，这是最担心的一个问题。

学习 VBA 语法是一个打基础的过程，就像练习武功前先要日日夜夜地扎马步，练习唱歌前要天天吊嗓子。这样的过程对多数人来说是枯燥无味的,但同时又是必须的。

VBA 语法究竟难不难，就看你是否能坚持学下去。

3.2 VBA 里的数据类型

3.2.1 打酱油的故事

小A来到商店，“老板，打一斤酱油。”

老板：“……你拿菜篮子打酱油？”

离家不远，五分钟后。

“老板，打酱油。”

“拿个小小的花椒油瓶，你真有才。”

第三次，提着水桶……

……

选不对容器，打不回酱油。菜篮子装不了酱油；花椒油瓶装不下一斤酱油；水桶很大，能装酱油，但杀鸡却派上了牛刀……

3.2.2 走进Excel的商店

Excel就是一间“商店”，商店里摆着各种各样的数据，作为Excel的用户，每天都在重复着打酱油的故事。

职工编号、职工姓名、身份证号、出生年月、联系电话等，都是在Excel里天天打的酱油，如图3-1所示。

	A	B	C	D	E	F	G	H	I	J	K
1	职工编号	职工姓名	身份证号	性别	民族	出生年月	学历	联系电话	工作部门	部门职务	职称
2	Y0001	裴林	220221198300000000	男	汉族	1983-2	本科	13595012345	营业部	主管	主任
3	Y0002	王霞	510103198001014515	女	汉族	1980-1	大专	18785159144	营业部	主管	主任
4	Y0003	张丽	220221198042650312	女	汉族	1984-4	大专	13312285641	营业部	文书	担当
5	Y0004	蒋英	220221198109030001	女	汉族	1981-1	本科	15902619062	管理部	主任	担当
6	Y0005	苗艳	220221198101010002	女	汉族	1981-1	大专	13595009632	管理部	主任	担当
7	Y0006	李春	220221198101010002	女	汉族	1984-1	本科	13984112365	管理部	文书	担当
8	Y0007	[illegible]	[illegible]	男	汉族	[illegible]	本科	[illegible]	资材部	主管	担当

图3-1 Excel里的数据

酱油是液体，面条是固体，商店的老板知道应该把谁放在桶里，把谁放在纸箱里。

在Excel里，姓名、出生年月、基本工资这些不同的数据就像商店里不同的商品，为了便于区分，Excel把它们分为不同的类型。如文本、日期、数值等。

面对这些不同类型的数据，编写程序时，你得告诉Excel，应该选择哪种类型的容器来保存它们，如图3-2所示。

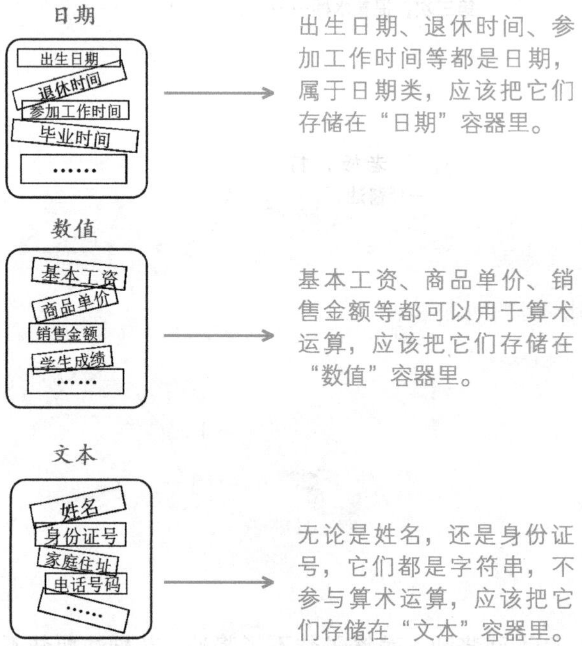

图3-2 Excel里的数据

3.2.3 VBA 中有哪些数据类型

数据类型就是对同一类数据的统称，如文本、日期、数值等。

VBA 里的数据类型有：字节型（Byte），整数型（Integer），长整数型（Long），单精度浮点型（Single），双精度浮点型（Double），货币型（Currency），小数型（Decimal），字符串型（String），日期型（Date），布尔型（Boolean）等，如表 3-1 所示。

表 3-1

VBA 中的数据类型

数据类型	存储空间（字节）	范围描述
Byte	1	保存 0 ～ 255 的整数
Boolean	2	保存逻辑判断的结果：True 或 False
Integer	2	保存 -32768 ～ 32767 的整数
Long	4	保存 -2147483648 ～ 2147483647 的整数
Single	4	负值范围：-3.402823E38 ～ -1.401298E-45 正值范围：1.401298E-45 ～ 3.402823E38
Double	8	负值范围： -1.79769313486232E308 ～ -4.94065645841247E-324 正值范围：4.94065645841247E-324 ～ 1.79769313486232E308
Currency	8	数值范围：-922337203685477.5808 ～ 922337203685477.5807
Decimal	14	不含小数时：+/-79228162514264337593543950335 包含小数时：+/-7.9228162514264337593543950335 最小非零数字：+/-0.0000000000000000000000000001
Date	8	日期范围：100 年 1 月 1 日～ 9999 年 12 月 31 日 时间范围：0:00:00 ～ 23:59:59
String(变长)	10 字节加字符串长度	0 到大约 20 亿个字符
String(定长)	字符串长度	1 到大约 65400 个字符
Object	4	对象变量，用来引用对象
Variant(变体型)		除了定长 String 数据及用户定义类型外，可以包含任何种类的数据。如果是数值，最大可达 Double 的范围；如果是字符，与变长 String 的范围一样
用户自定义		每个元素的范围与它本身的数据类型的范围相同

不同的数据类型告诉 Excel 应该以什么形式来保存它。

面对不同类型的数据，在编程时，应先告诉程序按什么数据类型来保存或处理它，如图 3-3 所示。

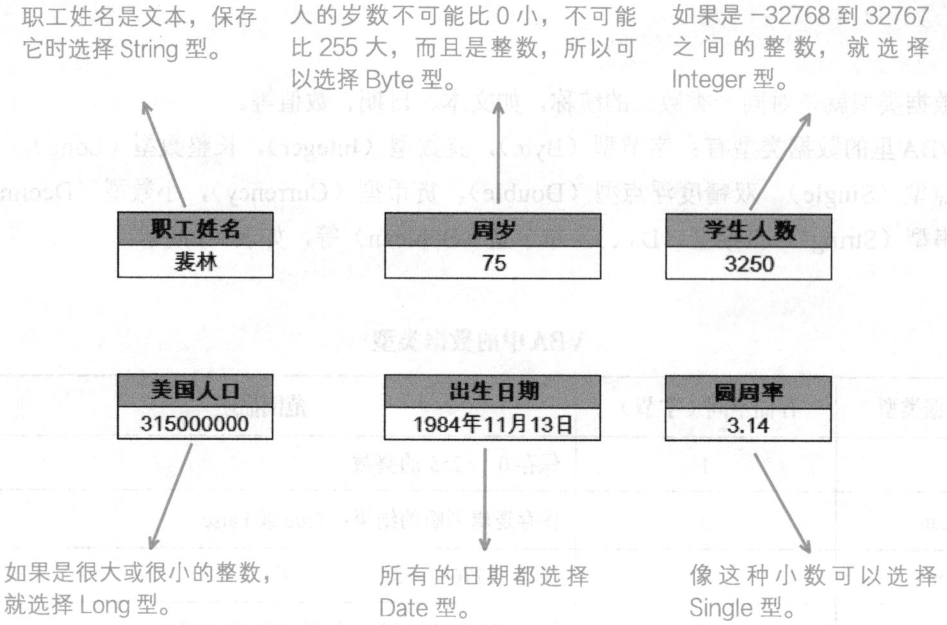

职工姓名是文本，保存它时选择 String 型。
人的岁数不可能比 0 小，不可能比 255 大，而且是整数，所以可以选择 Byte 型。
如果是 -32768 到 32767 之间的整数，就选择 Integer 型。
职工姓名
裴林
周岁
75
学生人数
3250
美国人口
315000000
出生日期
1984年11月13日
圆周率
3.14
如果是很大或很小的整数，就选择 Long 型。
所有的日期都选择 Date 型。
像这种小数可以选择 Single 型。

图3-3　不同的数据使用不同的数据类型

练习小课堂

表3-2是某单位建立员工工资档案时会用到的数据，你能为它们指定最合适的数据类型吗？

表 3-2

员工信息

字段名称	字段说明	举例	最佳数据类型
职工编号	三位数的编号	005	
职工姓名	职工的姓名	张一平	
出生日期	参加工作的年月日	2003-9-1	
基本工资	员工的基本工资，500 到 3000 之间，有小数	2532.5	
交通补贴	员工的交通补帖，0 到 200 之间，有小数	125.5	
加班天数	一个月的加班天数，整数	8	

3.3　存储数据的容器：常量和变量

3.3.1　常量和变量

常量和变量是VBA存储数据的两种容器。

一个酱油瓶可以打多次酱油，第一斤酱油用完了，拿到小卖部满满的一瓶又提着回来。变量就像酱油瓶，可以随时随地把里面原有的酱油倒掉，再装入新的酱油。

而常量就像袋装酱油的包装袋，一旦往里面装入酱油，就不能更换其他的酱油。

因此，无论存储什么类型的数据，变量都可以更换内容，重复使用，而常量不可以。这是变量和常量的区别。

3.3.2　使用变量

存储在变量里的数据可以更换，因此变量通常用来存储在程序运行过程中需要临时保存的数据或对象。

◇ 声明变量

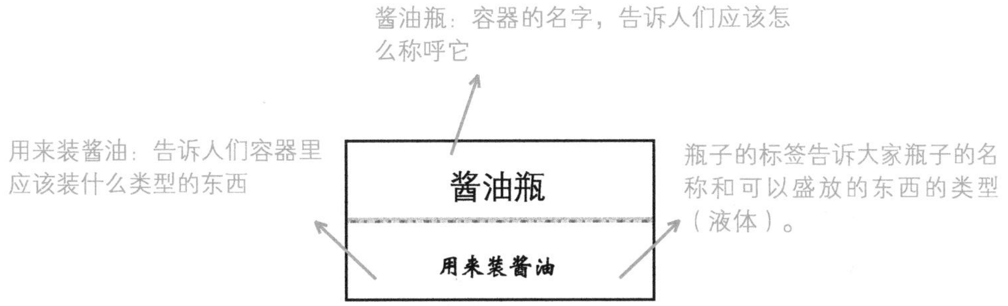

就像指定瓶子的名称和用途一样，声明变量就是指定变量的名称和可以存储的数据类型。可以用语句：

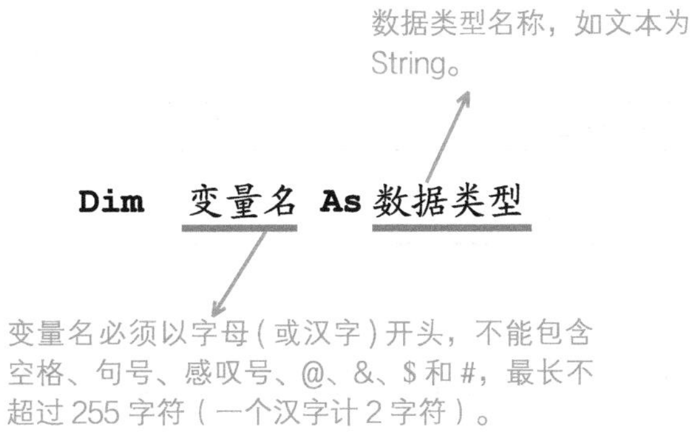

如：

```
Dim Str As String
```

语句声明一个 String 类型（变长）的变量，名称是 Str。声明变量后，可以把文本字符串存储在 Str 里，但 Str 不可以用来存储日期、数值或其他类型的数据。

声明为String（变长）的变量最长可以串储约20亿个字符，见表3-1，如果要声明定长的String变量，就在声明时指定它可以存储的数据的长度，如：

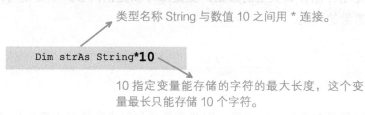

类型名称 String 与数值 10 之间用 * 连接。

```
Dim strAs String*10
```

10 指定变量能存储的字符的最大长度，这个变量最长只能存储 10 个字符。

指定变量的数据类型后，该变量只能存储指定类型的数据，而不能存储其他类型的数据。

◆ 使用变量类型声明符

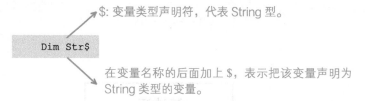

$: 变量类型声明符，代表 String 型。

```
Dim Str$
```

在变量名称的后面加上 $，表示把该变量声明为 String 类型的变量。

只有部分数据类型可以使用类型声明符，如表3-3所示。

表3-3

类型声明符

数据类型	类型声明字符
Integer	%
Long	&
Single	!
Double	#
Currency	@
String	$

◆ 声明多个变量

声明多个变量，可以写在同一个Dim后面，变量名之间用逗号隔开。

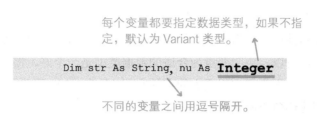

每个变量都要指定数据类型，如果不指定，默认为 Variant 类型。

```
Dim str As String, nu As Integer
```

不同的变量之间用逗号隔开。

也可以用不同的语句声明：

```
Dim str As String
Dim nu As Integer
```

使用单独的 Dim 语句声明变量。

◇ 如果不指定变量类型

```
Dim Str
```

只声明变量的名称而不指定数据类型，默认将该变量声明为 Variant 类型。

◇ 什么是 Variant

Variant类型也称为变体型。

之所以称为变体，是因为Variant类型的变量可以根据需要存储的数据类型改变自己的类型与之匹配。就像一个无穷大的大水缸，不管你有多少斤酱油都可以装在里面，不管是什么东西都可以装在里面。

◇ 为什么要声明变量类型

既然Variant是万能的数据类型，为什么不把所有变量都声明为Variant类型?

同上街打酱油一样，尽管大水缸可以装下任意多的酱油，但如果预先已经知道自己只打一斤酱油，你会不会选择背着大水缸去？

相比水缸，带着酱油瓶会走得更快。计算机也一样，运行程序时，数据占用的字节越小，程序运行就越快，所以，声明变量为合适的数据类型是一个好习惯。

Variant类型比其他数据类型占用更大的存储空间（见表3-1），因此，编写VBA程序时，除非必须需要，否则应避免声明变量为Variant类型。

◆ 强制声明所有变量

方法一：在模块的第一句手动输入代码："Option Explicit"。

设置了强制声明变量，如果执行的程序中有未声明的变量，程序不会运行，而且计算机会自动提醒你声明变量。
变量未定义

Step 1：插入一个模块，在代码窗口中输入下面的程序，如图3-4所示。

```
Option Explicit
Sub test()
    a = " 我是变量! "
    MsgBox a
End Sub
```

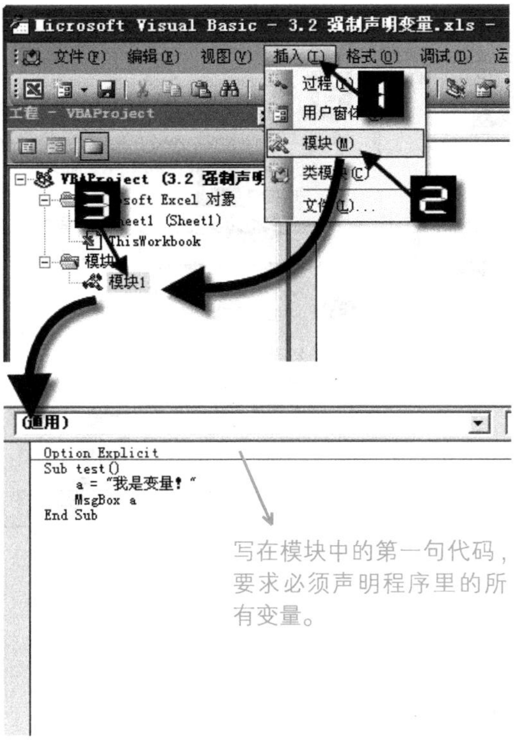

图3-4　强制声明变量

Step 2： 运行程序，出现提示，如图3-5所示。

图3-5　执行程序后出错

方法二： 按图3-6所示设置完成后，VBA会在每个模块的第一句自动写下“Option Explicit”而无需用户手动输入。

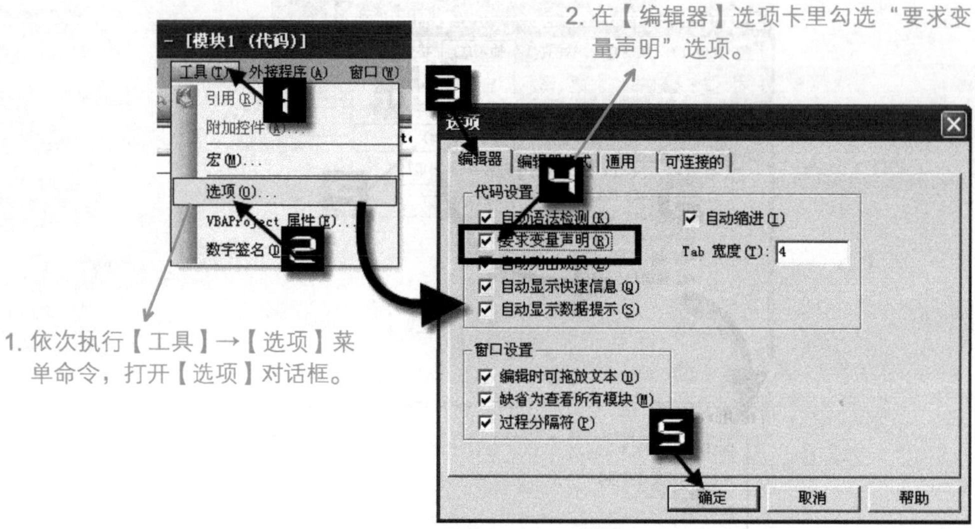

图3-6　设置强制声明变量

◆ 还可以这样声明变量

Public 变量名 **As** 数据类型

如果使用Public语句声明变量，变量将被声明为公共变量。

Private 变量名 **As** 数据类型

如果想把变量声明为私有变量，声明它时请使用Private语句声明它。

Static 变量名 **As** 数据类型

如果使用 Static 语句声明变量，变量将被声明为静态变量。在整个代码运行期间都会保留该变量的值。

如：

```
Public str As String
Private str As String
Static str As String
```

无论是使用 Dim 语句，还是这 3 种语句，声明的变量除了作用域不同，其余都是相同的。

◇ 变量的作用域

我家厨房里的酱油瓶只供我的家人使用，因为它只属于我家。村头的那口老井，谁都可以在里面打水，因为它是全村共有的。

酱油瓶和水井的作用域不同，决定了哪些人有资格使用它。

变量的作用域决定变量可以在哪个模块或过程中使用。VBA 中的变量有 3 种不同级别的作用域，如表 3-4 所示。

表 3-4

变量的作用域

作用域	描述
单个过程	在一个过程中使用 Dim 或 Static 语句声明的变量，作用域为本过程，即只有声明变量的语句所在的过程可以使用它。这样的变量称为本地变量
单个模块	在模块的第一个过程之前使用 Dim 或 Private 语句声明的变量，作用域为声明变量的语句所在模块里的所有过程，即该模块里所有的过程都可以使用它。这样的变量称为模块级变量
所有模块	在一个模块的第一个过程之前使用 Public 语名声明的变量，作用域为所有模块，即所有模块里的过程都可以使用它。这样的变量称为公共变量

图3-7～图3-9所示为不同类型的变量的声明语句。

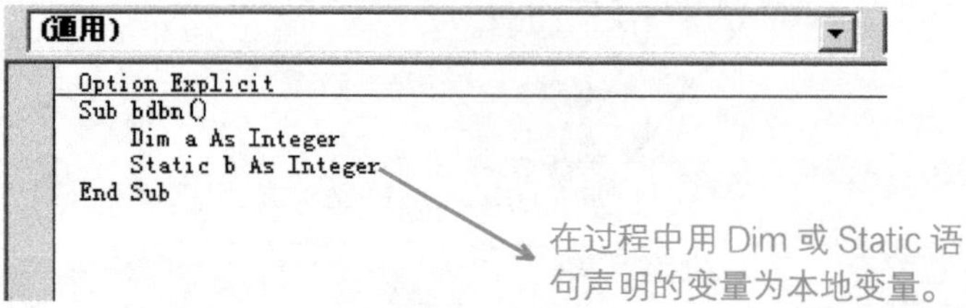
(通用)
Option Explicit
Sub bdbn()
Dim a As Integer
Static b As Integer
End Sub
在过程中用 Dim 或 Static 语句声明的变量为本地变量。

图3-7　声明本地变量

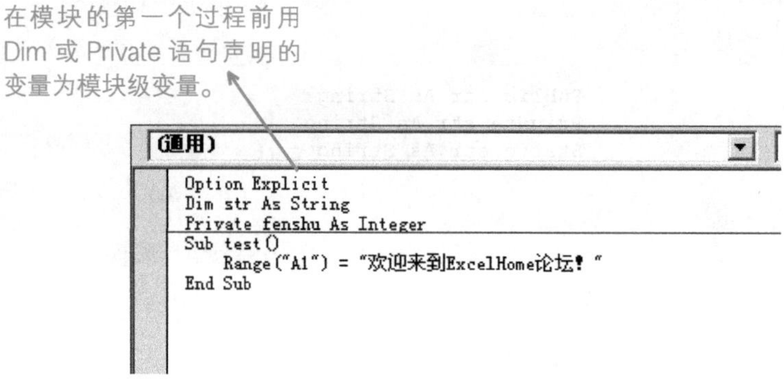
在模块的第一个过程前用 Dim 或 Private 语句声明的变量为模块级变量。
(通用)
Option Explicit
Dim str As String
Private fenshu As Integer
Sub test()
Range("A1") = "欢迎来到ExcelHome论坛!"
End Sub

图3-8　声明模块级变量

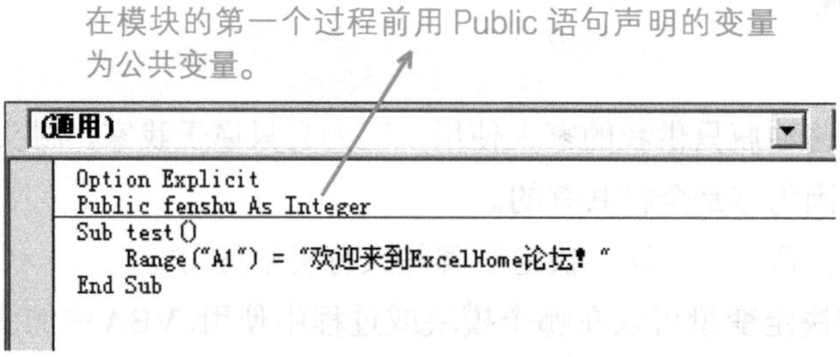
在模块的第一个过程前用 Public 语句声明的变量为公共变量。
(通用)
Option Explicit
Public fenshu As Integer
Sub test()
Range("A1") = "欢迎来到ExcelHome论坛!"
End Sub

图3-9　声明公共变量

注意：公共变量必须在模块对象中声明，在工作表、窗体等对象中，即使使用Public语句声明变量，该变量也只是模块级变量。

◆ 把数据存储到变量里

把数据存储到变量里，称为给变量赋值。

如果给文本、数值、日期等数据型变量赋值，语句为：

把等号右边的数据存储到等号左边的变量里。

[Let] 变量名称 = 数据

Let 可以省略，即语句可为：变量名称 = 数据。

给变量赋值后，当使用这个数据时，可以直接使用变量名称代替对应的数据。如：

如果数据是文本，要用英文双引号引起来；如果是日期，则将日期写在两个 # 之间，如：d=#2011-7-1#。

```
Sub szbn()
    Dim str As String                    '声明 str 变量为 String 型
    Let str = "一起来学 VBA"              '给变量赋值
    Range("A1").Value = str              '将变量值写入活动工作表的 A1 单元格
End Sub
```

Let 可以省略，直接写为：str = "一起来学 VBA"。

这个程序定义一个 String 型的变量，然后给变量赋值，最后把变量的值定入活动工作表的 A1 单元格中。运行程序，结果如图 3-10 所示。

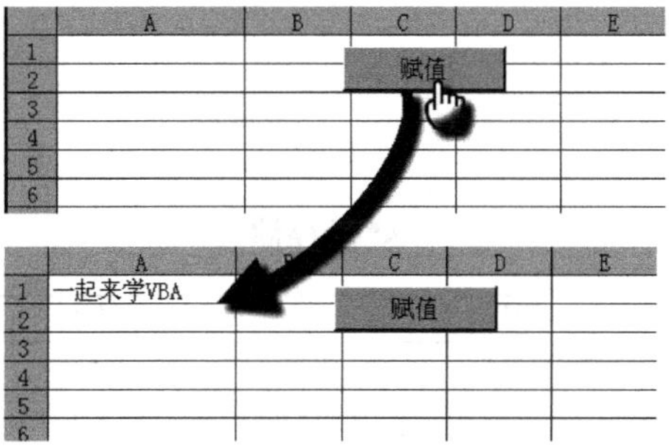

图 3-10　使用变量

如果给对象变量（Object 型，如单元格）赋值，语句为：

Set 变量名称 = 对象

Set 千万不能少。

如：

给对象变量赋值时，必须带上 Set。

```
Sub dxbn()
  Dim rng As Range                                  '声变 rng 为 Range 变量
  Set rng = Worksheets("Sheet1").Range("A1")        '给变量赋值
  rng.Value = "欢迎来到 ExcelHome 论坛！"            '将文本写入变量指代的单元格
End Sub
```

rng 变量表示 Worksheets("Sheet1").Range("A1") 引用的单元格。

这个程序在 Sheet1 工作表的 A1 单元格中输入文本“欢迎来到 Excel Home 论坛”，运行程序，结果如图 3-11 所示。

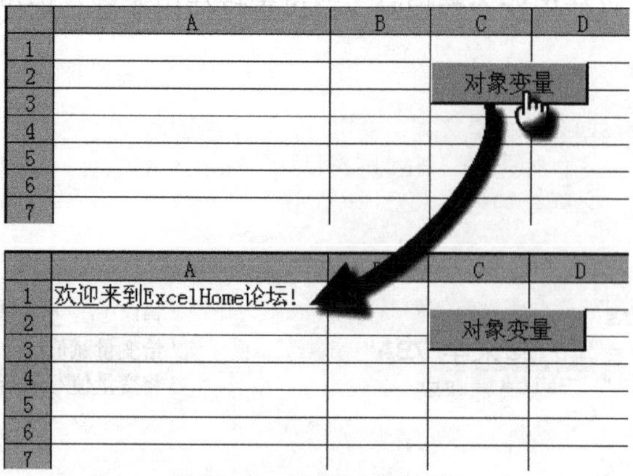

图3-11　使用对象变量

练习小课堂

如果要声明变量存储表3-5中的职工信息，请写出声明变量和给变量赋值的语句，把表格的内容补充完整吗?

表3-5

变量存储表

字段名称	字段说明	举例	声明变量	给变量赋值
职工编号	三位数字编号	005		
职工姓名	职工的姓名	张一平		
出生日期	参加工作的年月日	2003-9-1		
基本工资	员工的基本工资，500 到 3000 之间	2532.5		
交通补贴	员工的交通补帖，0 到 200 之间	125		
加班天数	一个月的加班天数（整数）	8		

参考答案

字段名称	字段说明	举例	声明变量	给变量赋值
职工编号	三位数字编号	005	Dim zgbh As String	zgbh = "005"
职工姓名	职工的姓名	张一平	Dim zgxm As String	zgxm = " 张一平 "
出生日期	出生的年月日	1978-9-1	Dim csrq As Date	csrq = #9/1/1978#
基本工资	员工的基本工资，500 到 3000 之间	2532.5	Dim jbgz As Double	jbgz = 2532.5
交通补贴	员工的交通补贴，0 到 200 之间（整数）	125	Dim jtbt As Integer	jtbt = 125
加班天数	一个月的加班天数（整数）	8	Dim jbts As Byte	jbts = 8

3.3.3 使用常量

常量通常用来存储一些固定的、不会被修改的值，如圆周率、个人所得税的税率等。

常量也需要声明，声明常量不但要指定常量的名称及数据类型，还要在声明的同时给常量赋值，并且赋值后的常量不能再重新赋值。

◇ 添加模块

Const 变量名称 As 数据类型 = 数值

常量的命名规则与数据类型，均同变量一样。

如：

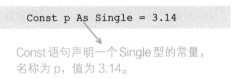

```
Const p As Single = 3.14
```

Const 语句声明一个 Single 型的常量，名称为 p，值为 3.14。

◇ 常量也有作用域

同声明变量一样，在过程的中间使用Const语句声明的常量为本地常量，只可以在声明常量的过程里使用；如果在模块的第一个过程之前使用Const语句声明常量，该常量将被声明为模块级常量，该模块里的所有过程都可以使用它；如果想让声明的常量在所有模块中都能使用，应在模块里的第一个过程之前使用Public语句声明它可参阅图3-7、图3-8、图3-9。

3.3.4 使用数组

◇ 什么是数组

数组也是变量，是同种类型的多个变量的集合。

1瓶酱油是1个变量，商店里，货架的第1层摆着5瓶酱油，如图3-12所示。

图3-12　货架上的酱油

5瓶酱油就是5个变量。因为5个变量都是酱油，所以可以把5个变量看成是由5个元素组成的一个数组，用“酱油”这个名称统一称呼它们。“酱油”是数组的名称，5是数组的元素个数。

◆ 怎么表示数组里的一个元素

客人让售货员去货架上取酱油：“左边第2瓶。”
售货员心里默数：“1、2，对，就是你。”

“第 2 瓶”，客人要的就是它。

索引号指明元素在数组里的位置，把它和其他元素区别开来。所以，客人要的这瓶酱油用VBA代码可以表示为：

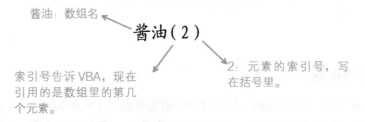

酱油：数组名

酱油(2)

索引号告诉 VBA，现在引用的是数组里的第几个元素。

2：元素的索引号，写在括号里。

如果想表示货架上的第4瓶酱油，代码为：

```
酱油（4）
```

如果想表示其他元素，不用改变数组名称，只更改索引号即可。

◆ 数组有什么特点

（1）数组共享同一个名字，即数组名；
（2）数组由多个同种类型的变量组成；
（3）数组中的元素按次序存储在数组中，通过索引号进行区分；
（4）数组也是变量。

练习小课堂

生活中很多地方都在使用数组。七年级（6）班有50个同学，你知道“七年级6班（12）”表示什么吗？如果想表示七年级（6）班第35位同学用VBA代码该怎么写？

参考答案

（1）“七年级6班(12)”表示七年级6班的第12位同学。

（2）七年级6班的第35位同学用VBA代码表示为：七年级6班(35)。

◇ 声明数组

数组有大小。数组的大小告诉VBA，这个数组最多可以存储多少个元素。

初一学生报名入学后开始分班级，校长说："七6班分50个学生"，50就确定了"七6班"这个数组的大小：这个班最多只能有50个同学。

校长的这个举动就是在声明数组。声明数组除了要指定数组名称及数据类型，还应指定数组的大小。

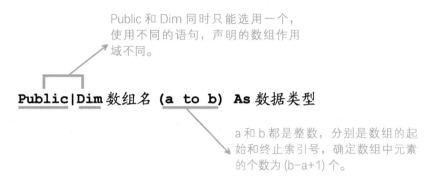

Public 和 Dim 同时只能选用一个，使用不同的语句，声明的数组作用域不同。

```
Public|Dim 数组名 (a to b) As 数据类型
```

a 和 b 都是整数，分别是数组的起始和终止索引号，确定数组中元素的个数为 (b−a+1) 个。

所以，"七6班"这个数组用VBA代码可以这样声明：

```
Dim 七6班 (1 To 50) As String
```

该语句声明一个 String 类型的数组，名称为"七 6 班"，可以存储 50 个元素。

◇ 给数组赋值

分班后，班主任老师拿着学生花名册开始给同学编学号。1号是张青，2号是邓成……50号是冯吉。这就是给数组赋值的过程。

给数组赋值，同给变量赋值一样。

如要把"孔丽"这个字符串赋给一维数组arr中的第20个元素，代码为：

```
arr(20) = "孔丽"
```

给数组赋值时，要分别给数组里的每个元素赋值，赋值的方法与给变量赋值相同。

给学生分班和编学号的过程可以用VBA代码写成：

给数组城第 1 个元素赋值，值为"张青"。

```
Dim 七6班(1 To 50) As String
七6班(1) = "张青"
七6班(2) = "邓成"
七6班(3) = "郭军"
'.......
七6班(50) = "冯吉"
```

声明数组时，也可以用一个自然数指定数组元素的大小，该自然数为数组的最大索引号，如：

相当于 Dim arr (0 to 49) As String

```
Dim arr(49) As String
```

如果使用一个自然数确定数组的大小，默认起始索引号为 0，数组共有（49−0+1），即 50 个元素。

但是，如果在模块的第一句写上“Option Base 1”，尽管只使用一个自然数确定数组的大小，数组起始索引号也是1，而不是0。

练习小课堂

试一试，用VBA代码声明一个10个元素的Integer类型的数组，并将1到10的自然数保存到数组里，你能做到吗?

参考答案

```
Sub sztest_1()
    Dim arr(1 To 10) As Integer
    arr(1) = 1
    arr(2) = 2
    arr(3) = 3
    arr(4) = 4
    arr(5) = 5
    arr(6) = 6
    arr(7) = 7
    arr(8) = 8
    arr(9) = 9
    arr(10) = 10
End Sub
```

或

```
Sub sztest_2()
    Dim arr(1 to 10) As Integer, i As Integer
    For i = 1 To 10
        arr(i) = i
    Next
End Sub
```

◇ 数组的维数

无论货架上的5瓶酱油，还是七6班的50个同学，都可以把它们看成是整整齐齐排成一个横排的元素。

第1个，第2个，第3个……第20个……第50个，总是可以这样引用它们。

像这样排成一个横排的数组，称为一维数组。除了一维数组，在VBA中还可以使用多维数组。

货架共有3层，每层5瓶酱油，这时，数组里的元素不再是排成一个横排而是三个，或者说，这个数组由三个一维数组组成，如图3-13所示。

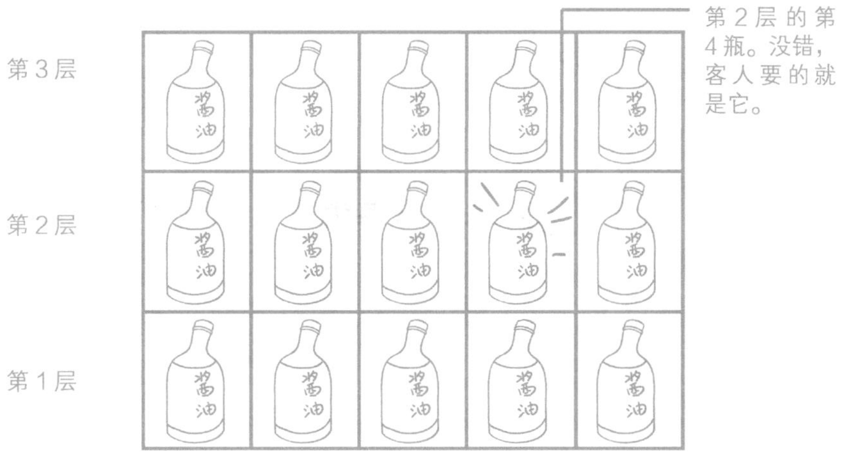

图3-13　三层货架上的酱油

这样由多个横排组成的数组称为二维数组，二维数组可以看成由多个一维数组组成。

买酱油的客人说：“我要第2层的第4瓶。”写成VBA代码就是：

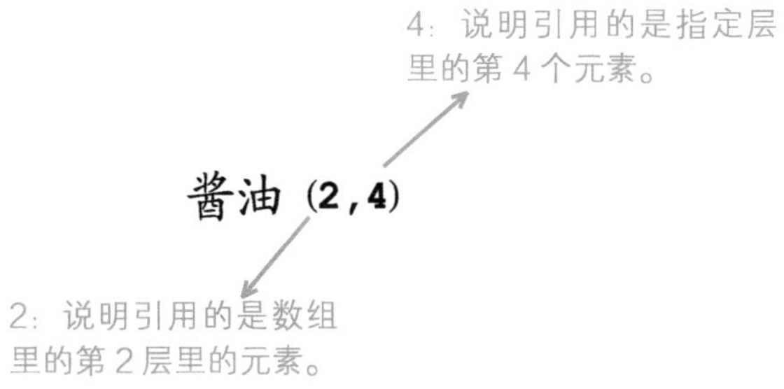

◆ 声明多维数组

货架有3层，每层20瓶酱油。如果要声明这个数组，语句为：

数组可以存储（3−1+1）×（20−1+1），即60个元素。

1 to 20: 说明数组里的每层可以存储（20−1+1）个元素。

Dim 酱油（1 to 3,1 to 20）

1 to 3: 说明这个数组有（3−1+1）层。

这个语句可以改写为：

数组可以存储(2−0+1)×(19−0+1)，即60个元素。

Dim 酱油（2,19）

等同于语句：Dim 酱油(0 to 2,0 to 19)

起始索引号默认为0，除非在模块的第一句写入"Option Base 1"语句。

练习小课堂

七年级有8个班，每班50个同学，你能声明一个名称为"七年级"的二维数组保存这8个班同学的姓名吗？如果要把七年级7班的第30个同学的姓名"张林"赋给数组里对应的元素，你知道代码应该怎么写吗？

参考答案

```
Sub dwsz()
    Dim 七年级 (1 To 8, 1 To 50) As String
    七年级 (7, 30) = "张林"
End Sub
```

如果有3个货架，每个3层，每层摆5瓶酱油，如图3-14所示。

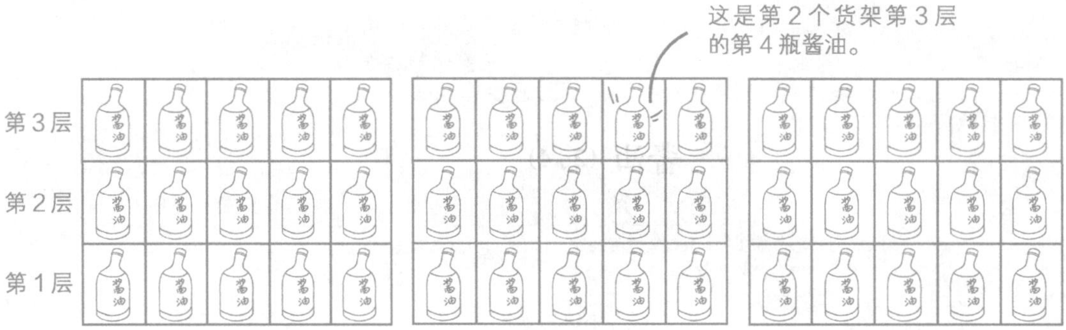
这是第2个货架第3层的第4瓶酱油。
第3层
第2层
第1层

图3-14　摆满3层货架上的酱油

“第2个货架第3层的第4瓶酱油。”这也是数组“酱油”里的1个元素，用VBA代码表示为：

酱油（2,3,4）

2：表示第 2 个货架；
3：表示第 3 层；
4：表示是第 4 瓶酱油。

这样的数组，可以视为由多个二维数组组成，称为三维数组。还有四维、五维，甚至更多维的数组。

在Excel里，写在一个单元格里的数据就像货架上的一瓶酱油，工作表中的一行就像一层货架，一张工作表或一个单元格区域就是一个多层的货架，两张工作表就是两个货架，两个工作簿就是放着相同货架的两个商店……

练习小课堂

如果1个学生姓名占1个单元格，把1个存储100个学生姓名的一维数组“七年级”写入Excel工作表的单元格里，会占多大的区域?

参考答案

因为1个单元格存储一个学生姓名，所以把存储100个学生姓名的一维数组写入Excel工作表中应占同一行里连续的100个单元格，如：A1:CV1区域。

◇ 声明动态数组

如果在声明数组时，不能确定会往这个数组里存储多少个元素，即不能预知数组的大小，可以在首次定义数组时括号内为空，写成：

```
Dim 数组名称 ()
```

然后在程序中使用ReDim语句重新指定它的大小。

如：A列有很多职工姓名，想把这些职工姓名存储在数组arr中，但预先并不知道A列的职工姓名有多少个，在定义数组时代码可以这样：

```
Sub dtsz()
    Dim arr() As String                                    '定义数组
    Dim n As Long
    '统计 A 列有多少个非空单元格
    n = Application.WorksheetFunction.CountA(Range("A:A"))
    ReDim arr(1 To n) As String                            '重新定义数组的大小
End Sub
```

使用 Dim 语句声明变量时，括号内的参数不能是变量，所以必须使用 ReDim 语句重新指定大小。

用这样的方式声明的数组称为动态数组。

注意：已经定义大小的数组同样可以用ReDim语句重新指定它的大小。

◆ 其他常用的创建数组的方式

方法一：使用Array函数创建数组

使用 Array 函数创建数组，定义变量时，变量类型必须为 Variant 型。

参数是一个用英文逗号（,）隔开的数值列表，有几个值，数组就有几个元素，如果没有参数，返回一个空数组。

```
Sub ArrayTest()
    Dim arr As Variant                                     '定义变量
    '将 1 到 10 十个自然数赋给数组 arr
    arr = Array(1, 2, 3, 4, 5, 6, 7, 8, 9, 10)
    MsgBox "arr 数组的第 2 个元素为：" & arr(1)
End Sub
```

使用 Array 函数创建的数组索引号默认从 0 开始，除非已经在模块中第一句写入了“Option Base 1”语句。

运行上述代码，结果如图3-15所示。

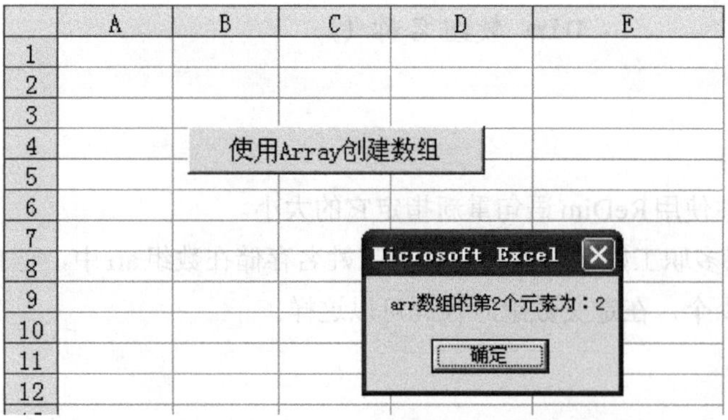

图3-15　使用Array函数创建数组

方法二：使用Split函数创建数组

Split函数把一个文本字符串按照指定的分隔符分开，返回一个一维数组，数组最小索引号是0。

变量类型必须定义为 Variant 型。

第 1 参数是包含分隔符的字符串或字符串变量。

```
Sub SplitTest()
Dim arr As Variant                                        '定义变量
'利用 split 生成数组
arr = Split(" 邓成，林梅，张青，孔丽，冯吉维，孔佳", "，")
MsgBox "arr 数组的第 2 个元素为: " & arr(1)
End Sub
```

无论你是否在模块里写入“Option Base 1”，Split 函数返回的数组的最小索引号都是 0。

第 2 参数为分隔符。

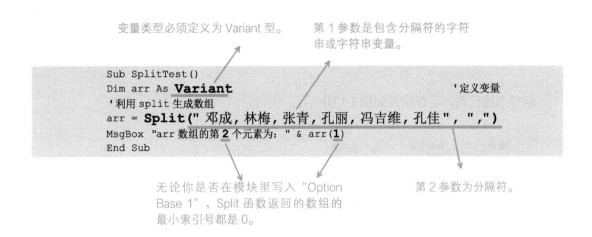

运行上述代码，结果如图3-16所示。

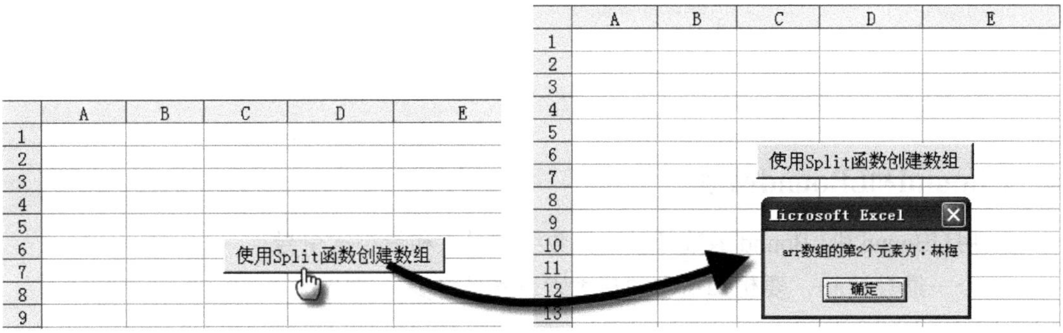

图3-16　使用Split函数创建数组

方法三：通过Range对象直接创建数组

如果想把一个单元格区域的值直接存储到数组里，可以直接把单元格区域的值赋给变量名。

如：

变量类型必须定义为Variant型。

```
Sub RngArr()
    Dim arr As Variant                     '定义变量
    arr = Range("A1:C3").Value             '将A1:C3单元格的内容存储到数组arr里
    Range("E1:G3").Value = arr             '将数组arr的数据写入E1:G3单元格区域
End Sub
```

将数组的值写入单元格区域时，单元格区域的大小必须与数组相同。

运行上述代码，运行结果如图3-17所示。

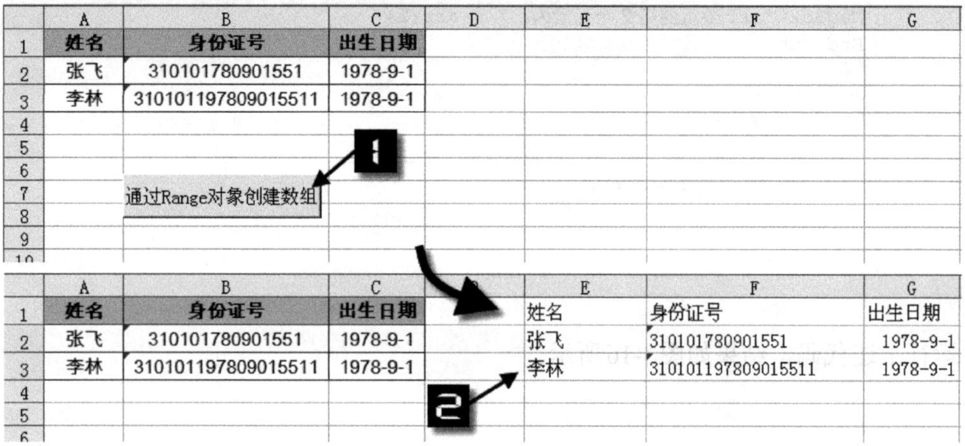

A
B
C
D
E
F
G
姓名
身份证号
出生日期
张飞
310101780901551
1978-9-1
李林
310101197809015511
1978-9-1
通过Range对象创建数组

图3-17　通过Range对象创建数组

◆ UBound和LBound函数

使用UBound和LBound函数可以计算数组的最大和最小索引号。

一个一维数组arr，要想知道它的最大索引号是多少，代码为：

```
UBound(arr)
```

参数为数组的名称。

如果想知道它的最小索引号，代码为：

```
LBound(arr)
```

如果想知道数组有多少个元素，可以使用代码：

```
UBound(arr)- LBound(arr)+1
```

数组的“最大索引号 - 最小索引号 +1”，
就是数组的元素个数。

如：

Chr(13)：代表一个回车符，相当于按了一次回车键。

```
Sub arrcount()
    Dim arr(10 To 50)    '定义数组
    MsgBox " 数组的最大索引号是：" & UBound(arr) & Chr(13) _
         & " 数组的最小索引号是：" & LBound(arr) & Chr(13) _
         & " 数组的元素个数是：" & UBound(arr) - LBound(arr) + 1
End Sub
```

&：连接运算符将两个字符串
合并成一个字符串。

运行上述代码，结果如图3-18所示。

图 3-18 使用 UBount 和 LBound 函数

如果是一个多维数组，求它的最大或最小索引号，还需指定数组的维数，如：

```
Sub dwsz()
    Dim arr(1 To 10, 1 To 100)
    MsgBox " 第一维的最大索引号是 :" & UBound(arr, 1) & Chr(13) & _
           " 第二维的最小索引号是 :" & LBound(arr, 2)
End Sub
```

arr：数组名称；
2：维数。

运行上述代码，结果如图3-19所示。

图3-19 数组的最大索引号

◆ Join 函数

Join函数将一个一维数组里的元素使用指定的分隔符连接成一个新的字符串。

```
Sub JoinTest()
    Dim arr As Variant, txt As String              '定义两个变量
    arr = Array(0, 1, 2, 3, 4, 5, 6, 7, 8, 9)      '利用Array函数创建一个数组arr
    txt = Join(arr, "@")                           '将arr数组的元素连成字符串，用@作分隔符
    MsgBox txt                                     '用对话框显示字符串
End Sub
```

arr：数组名称；
@：分隔符。分隔符可以省略，如果省略，默认使用空格作分隔符。

运行上述代码，结果如图3-20所示。

图3-20 使用Join函数

◆ 将数组写入单元格区域

如想将一维数组arr里的第23个元素写入活动工作表中的A1单元格，代码为：

```
Range("A1").Value=arr(23)
```

也可以将数组里的所有元素批量写入一个单元格区域:

```
Sub ArrToRng1()
    Dim arr As Variant                              '定义变量
    arr = Array(1, 2, 3, 4, 5, 6, 7, 8, 9)          '利用 Array 函数创建数组
    '将数组批量写入单元格
    Range("A1:A9").Value = Application.WorksheetFunction.Transpose(arr)
End Sub
```

将一维数组写入单元格区域，单元格区域必须在同一行。如果要写入垂直的一列单元格区域，必须先使用工作表的 Transpose 函数进行转换。

运行上述代码，结果如图3-21所示。

	A	B	C
1	1		
2	2		
3	3		
4	4		
5	5		
6	6		
7	7		
8	8		
9	9		
10			
11			
12			

图3-21　将一维数组批量写入单元格区域

无论是一维数组还是二维数组，将数组批量写入单元格区域时，单元格区域的大小必须与数组的大小一致，如：

```
Sub ArrToRng2()
    Dim arr(1 To 2, 1 To 3) As String          '定义一个 2 行 3 列的二维数组
    arr(1, 1) = 1                              '给数组的各个元素赋值
    arr(1, 2) = "张勇"
    arr(1, 3) = "男"
    arr(2, 1) = 2
    arr(2, 2) = "林梅"
    arr(2, 3) = "女"
    Range("A1:C2").Value = arr                 '将数组批量写入单元格区域
End Sub
```

6 个元素，对应 6 个单元格，且数组与单元格都是 2 行 3 列。

运行上述代码，结果如图3-22所示。

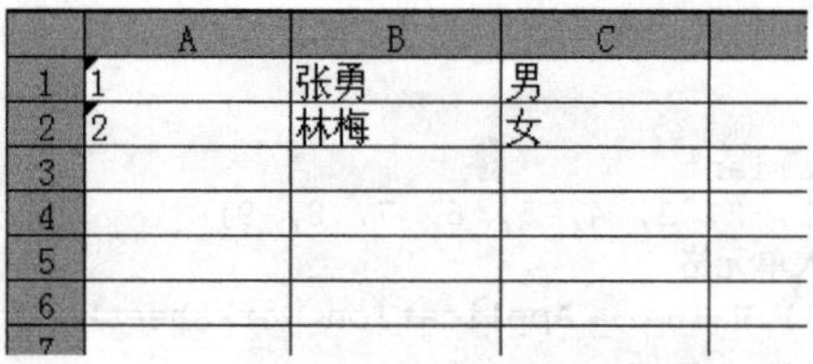

图3-22　单元格的大小必须与数组的大小一致

3.4 集合、对象、属性和方法

3.4.1 对象，就像冰箱里的鸡蛋

◆ 什么是对象

对象就是东西，是用代码操作和控制的东西，属于名词。

打开工作簿，工作簿就是对象；复制工作表，工作表就是对象；删除单元格，单元格就是对象……

◆ 对象的层次结构

厨房里放着冰箱，冰箱里有碗，碗里装着早餐要吃的鸡蛋。无论是厨房、冰箱、碗还是鸡蛋，都是东西，都是对象，如图3-23所示。

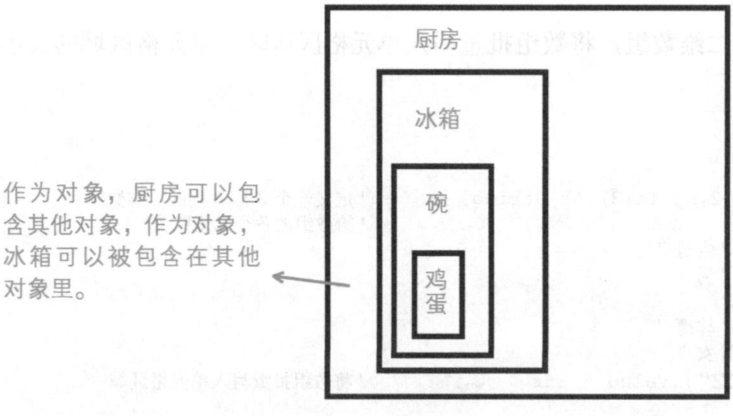

图3-23　厨房的结构图

厨房里除了冰箱，还有消毒柜和电饭锅；冰箱里放着装有鸡蛋的碗，还放着装着水果的盘子和装着牛奶的瓶子，如图3-23所示。

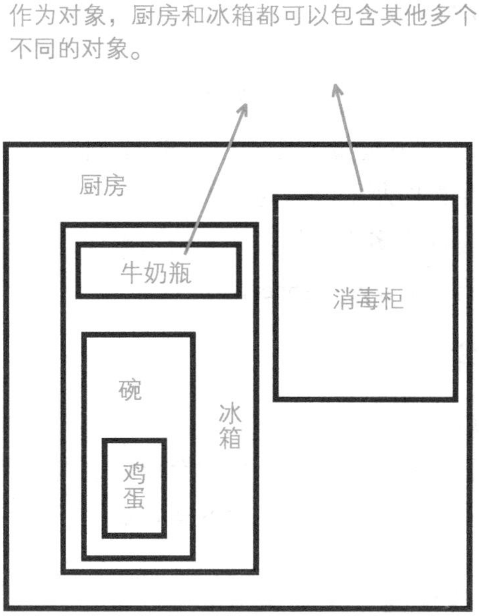

图3-24 厨房里的多个对象

一个Excel工作簿就像一间大厨房，一个工作簿里可以有多张工作表，一张工作表里有多个单元格区域，如图3-25所示。

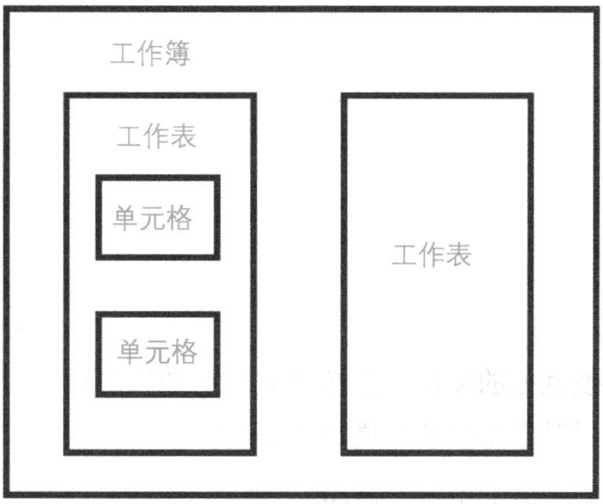

图3-25 工作簿里的对象

一个对象可以包含其他对象，同时又包含在其他对象里，不同的对象总是这样有层次地排列着。

◆ 集合——多个同类型的对象

集合也是对象，是对多个同种类型的对象的统称。

冰箱里有很多碗，无论装着鸡蛋还是瘦肉，都属于同一类对象，可以统称为“碗”。但是这个集合里并没有装牛奶的瓶子，因为瓶子不是碗，和碗不属于一类。

一个打开的工作簿，里面有多张工作表，无论工作表的名称是什么，表里保存什么数据，它们都属于工作表集合，即：Worksheets。

◆ 怎样取到装鸡蛋的碗

要吃鸡蛋，让孩子去取。

“去厨房，把冰箱里装着鸡蛋的碗拿来。”碗存放的地点（厨房的冰箱里）以及碗的特征（装着鸡蛋）都要介绍清楚，这样，孩子才不会弄错。

◆ VBA中怎样取到集合里的一个对象

取到想要取的对象，称为“引用对象”。

很多个工作簿，若干张工作表，数不清的单元格，怎么表示“Book1”工作簿中“Sheet2”工作表中的“A2”单元格？

就像取冰箱里装鸡蛋的碗一样，在哪间房的冰箱里拿，拿什么碗，都要叙述清楚。

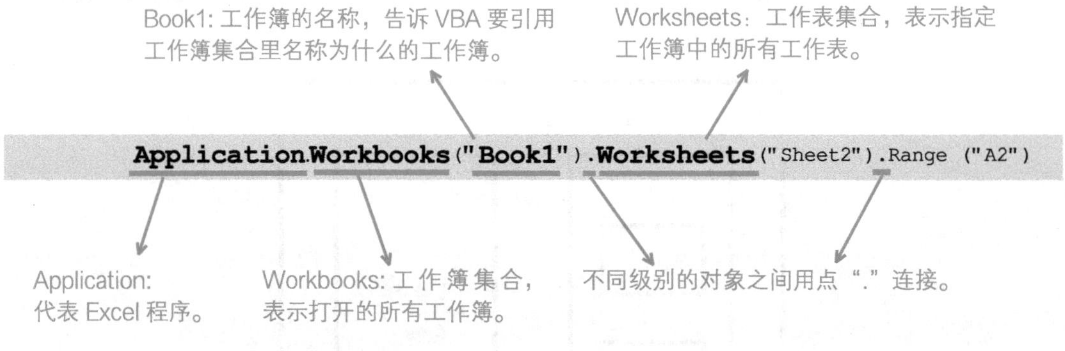

Book1: 工作簿的名称，告诉 VBA 要引用工作簿集合里名称为什么的工作簿。
Worksheets：工作表集合，表示指定工作簿中的所有工作表。
Application.Workbooks("Book1").Worksheets("Sheet2").Range ("A2")
Application: 代表 Excel 程序。
Workbooks: 工作簿集合，表示打开的所有工作簿。
不同级别的对象之间用点“.”连接。

引用对象就像引用硬盘上的文件，要按从大到小的顺序逐层引用。

但并不是每一次引用对象都必须严谨地从第1层开始。

如果Book1工作簿是活动工作簿，前面的代码可以写为：

```
Worksheets("Sheet2").Range("A2")
```

如果Sheet2工作表是活动工作表，代码甚至还可以简写为：

```
Range("A2")
```

3.4.2 对象的属性

◇ 什么是属性

每个对象都有属性。对象的属性可以理解为该对象包含的内容或具有的特点。

苹果是有颜色的，颜色就是苹果的属性。我的衣服，衣服就是我的属性。

Sheet2 工作表的 A2 单元格，A2 单元格是 Sheet2 工作表的属性；A2 单元格的字体，字体是 A2 单元格的属性；字体的颜色，颜色是字体的属性。

“的”字后面的，总是“的”字前面的对象的属性。

在 VBA 中，用点（.）代替“的”字：

我的衣服→我.衣服

Sheet2 工作表的 A2 单元格的字体的颜色→ Worksheets(“Sheet2”).Range(“A2”).Font.Color

◇ 对象的相对性

单元格不是对象吗？A2 单元格怎么也是 Sheet2 工作表的属性？

某些对象的某些属性，返回的是另一个对象，如 Sheet1 工作表的 Range 属性，返回的是对象（即单元格），但单元格本身也是一种对象。作为一种对象，它也有自己的属性，如字体（Font），而字体也是对象，也有属性，如颜色。

对象和属性是相对的。单元格相对于字体是对象，相对于工作表是属性。

如果想准确地知道 Value（或其他）是方法还是属性，可以在【代码窗口】中将光标定位到它的中间，按 F1 键，查看帮助里的信息，如图 3-26 所示。

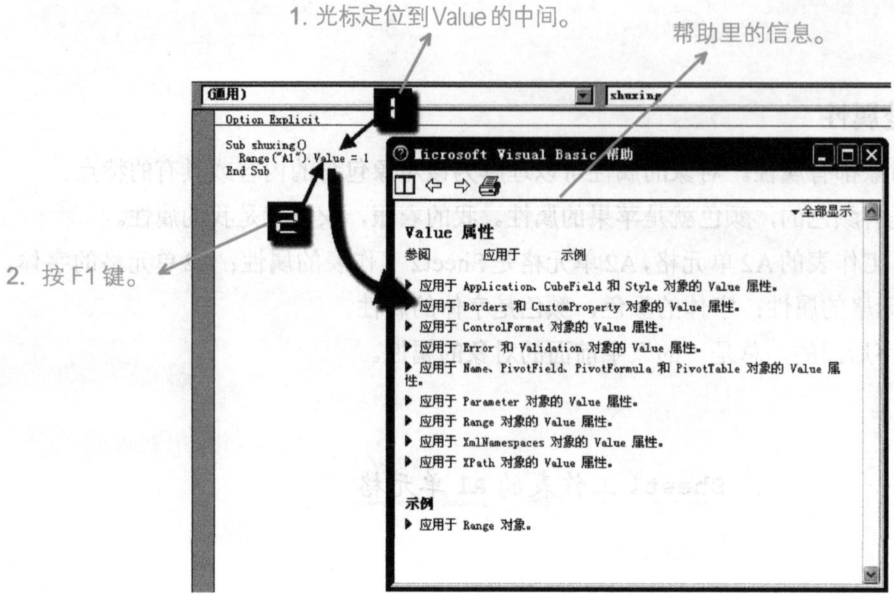

图3-26　查看Value的帮助信息

3.4.3　对象的方法

◆ 什么是方法

方法是在对象上执行的某个操作，属于动词。

如剪切单元格，剪切是在单元格上执行的操作，就是Range对象的方法；选中工作表，选中是在工作表上执行的操作，就是Wroksheet对象的方法；保存工作簿，保存就是Workbook对象的方法……

◆ 方法和属性的区别

属性返回对象包含的内容或具有的特点，如颜色、大小等。方法是对对象的一种操作，如选中、激活等。

◆ 怎样分辨方法和属性

除了通过查看帮助来分辨属性和方法，还可以在【代码窗口】中按<Ctrl+J>组合键，或者在对象的后面写上点，在自动显示的【属性/方法列表】中根据图标的颜色来分辨，带绿色图标的项是方法，其他的都是属性，如图3-27所示。

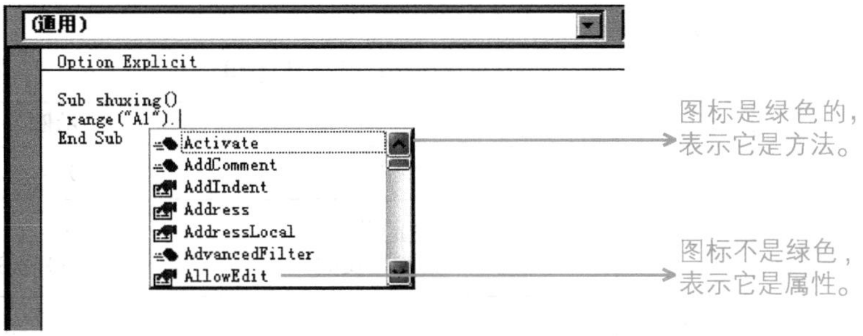

图3-27　对象的属性/方法列表

如果在对象的后面输入点后没有显示【属性/方法列表】，则先在【选项】对话框的【编辑器】选项卡里勾选【自动列出成员】复选框，如图3-28所示。

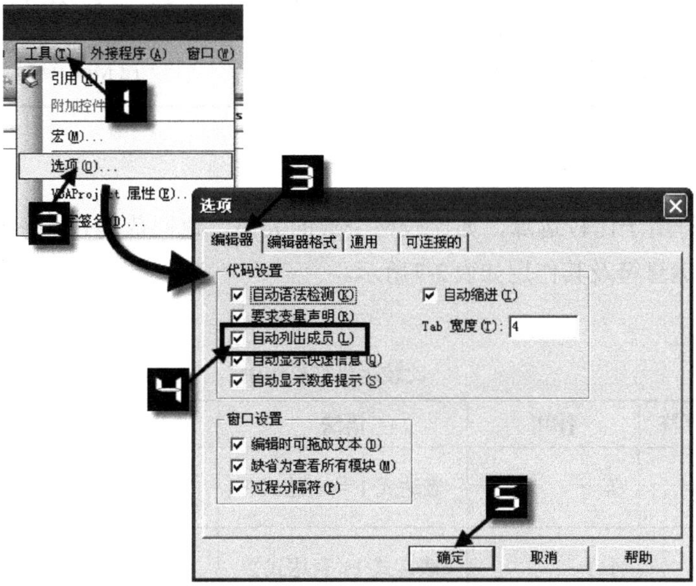

图3-28　设置自动列出成员

3.5　连接的桥梁，VBA中的运算符

程序执行的过程就是对数据进行运算的过程。不同的数据类型可以进行不同的运算，按数据运算类型的不同，VBA里的运算符主要分为算术运算符、比较运算符、连接运算符和逻辑运算符。

3.5.1　算术运算符

算术运算符用于算术运算，返回值的类型为数值型。

3+1，5–4，6*8，7^4，这些都是算术运算。算术运算符包括+、–、*、/、\、^、Mod等，各运算符的作用如表3-6所示。

表 3-6

算术运算符及作用

运算符	作用	示例
+	求两个数的和	5+9 = 14
-	求两个数的差； 求一个数的相反数	8-5 = 3 -(-3) = 3
*	求两个数的积	6*5 = 30
/	求两个数的商	5/2 = 2.5
\	整除（两数相除取商的整数）	5\2=2
^	指数运算（求一个数的某次方）	5^3 = 5*5*5=125
Mod	求模运算（两数相除取余数）	12 Mod 9=3

3.5.2 比较运算符

比较运算符用于比较运算，如比较两个数的大小。返回值为Boolean型，只能为True或False。比较运算符及其作用如表3-7所示。

表 3-7

比较运算符及作用

运算符	作用	语法	返回结果
=	等于	表达式 1 =表达式 2	当两个表达式相等时返回 True，否则返回 False
<	小于	表达式 1< 表达式 2	当表达式 1 小于表达式 2 时返回 True，否则返回 False
>	大于	表达式 1> 表达式 2	当表达式 1 大于表达式 2 时返回 True，否则返回 False
<=	小于或等于	表达式 1<= 表达式 2	当表达式 1 小于或等于表达式 2 时返回 True，否则返回 False
>=	大于或等于	表达式 1> =表达式 2	当表达式 1 大于或等于表达式 2 时返回 True，否则返回 False
<>	不等于	表达式 1<> 表达式 2	当表达式 1 不等于表达式 2 时返回 True，否则返回 False
Is	比较两个对象的引用变量	对象 1 Is 对象 2	当对象 1 和对象 2 引用相同的对象时返回 True，否则返回 False
Like	比较两个字符串是否匹配	字符串 1 Like 字符串 2	当字符串 1 与字符串 2 匹配时返回 True，否则返回 False

在图3-29所示的成绩表中，如果要知道第一条记录中学生的总分是否达到500分，语句为：

```
Range ("J2") >= 500
```

如果要判断B2单元格里的考生是否姓李，代码为：

```
Range("B2") Like"李*"
```

*: 通配符，代替任意多个字符。

	A	B	C	D	E	F	G	H	I	J
1	序号	学生姓名	语文	数学	英语	政治	历史	地理	生物	总分
2	1	颜克芬	91	93	93	75	73	100	96	621
3	2	孙忠银	75	93	86	71	85	93	96	599
4	3	郑少红	73	86	86	76	82	87	94	584
5	4	王勇	79	93	76	57	84	98	92	579
6	5	胡梦银	84	93	83	63	75	90	88	576
7	6	郑松	86	89	98	60	75	80	87	575
8	7	郭亚亚	79	93	68	72	81	92	89	574
9	8	张青键	75	77	81	80	81	89	89	572
10	9	孟俊	77	90	90	59	81	88	84	569
11	10	梁守印	76	93	73	80	80	88	79	569
12	11	谢江湖	77	95	86	73	66	87	83	567

图 3-29　学生成绩表

练习小课堂

如果想知道B2单元格的考生姓名里是否有“刚”字，代码该怎么写?

参考答案

```
Sub Bjys()
   If Range("B2").Value Like "*刚*" Then
      MsgBox "含有"刚"字。"
   Else
      MsgBox "不含有"刚"字。"
   End If
End Sub
```

除了*，Like运算还可以使用其他通配符。VBA中的通配符及其作用如表3-8所示。

表 3-8

VBA中的通配符

通配符	作用	示例
*	代替任意多个字符	“李家军” Like “*家*” = True
?	代替任意的一个字符	“李家军” Like “李??” = True
#	代替任意的一个数字	“商品 5"” Like “商品 #” = True
[charlist]	代替位于 charlist 中的任意一个字符	“I” Like “[A-Z]” = True
[!charlist]	代替不在 charlist 中的任意一个字符	“I” Like “[!H-J]” = False

练习小课堂

根据图3-29所示的学生成绩表，用学过的运算符，你能写出其他表达式吗？请任意写出4个填在下面的表格里，然后再继续后面的内容。

表达式	说明
Range ("J2") >= 500	判断 J2 单元格的分数是否达到 500

参考答案

表达式	说明
Range ("J2").Value>= 500	判断 J2 的分数是否达到 500
Range("D3").Value > 90	判断 D3 的分数是否大于 90
Range("C4").Value > Range("D4").Value	判断 C4 的分数是否大于 D4 的分数
Range("B5").Value Like " 孟 *"	判断 B5 的学生是否姓孟
Range("B5").Value Like "* 军 "	判断 B5 的学生姓名是否以“军”字结尾

3.5.3 连接运算符

连接运算符用来连接两个文本字符串，有+和&两种，如图3-30所示。

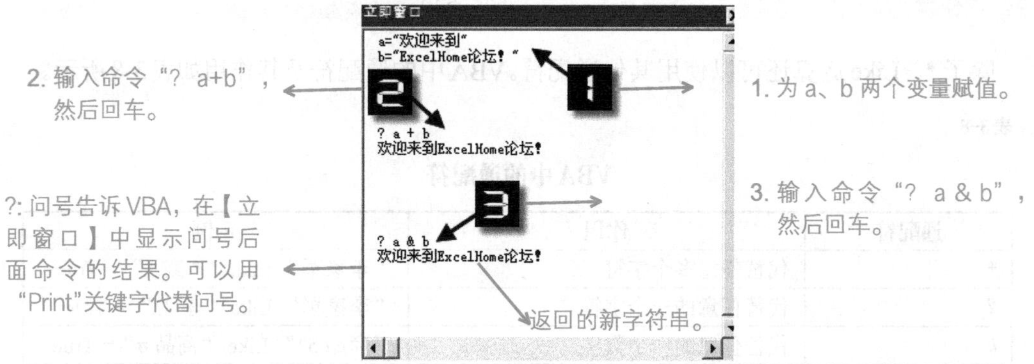
立即窗口
a="欢迎来到"
b="ExcelHome论坛！"
? a + b
欢迎来到ExcelHome论坛！
? a & b
欢迎来到ExcelHome论坛！
1. 为 a、b 两个变量赋值。
2. 输入命令“? a+b”，然后回车。
3. 输入命令“? a & b”，然后回车。
?: 问号告诉VBA，在【立即窗口】中显示问号后面命令的结果。可以用“Print”关键字代替问号。
返回的新字符串。

图3-30　在立即窗口中使用连接运算符

+可以用作算术运算的加运算，也可以用于文本连接运算。如果+运算符两边的表达式都是文本字符串，则执行连接运算；如果+运算符两边的表达式包含数值，则执行算术运算，如图3-31所示。

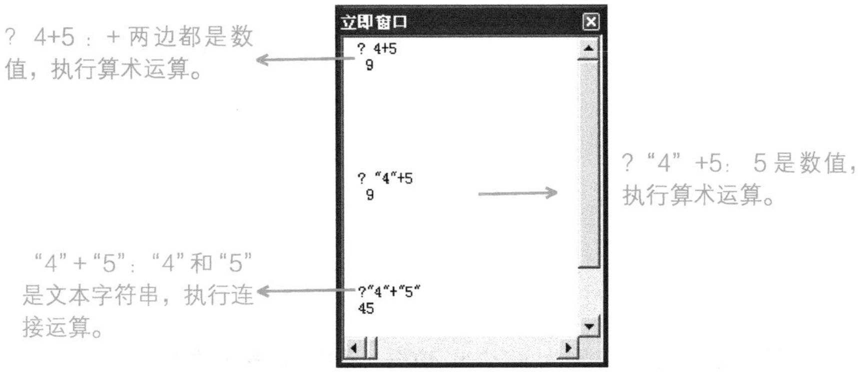
? 4+5：+两边都是数值，执行算术运算。
立即窗口
? 4+5
9
? "4"+5
9
?"4"+"5"
45
? "4" +5：5是数值，执行算术运算。
"4"+"5"："4"和"5"是文本字符串，执行连接运算。

图3-31　在立即窗口中使用+运算符

当使用&运算符时，无论运算符左右两边是何种类型的数据，都执行连接运算。

3.5.4　逻辑运算符

逻辑运算符用于判断逻辑运算式的真假，参与运算的数据为逻辑型数据，返回结果为Boolean型，只能为True或False。逻辑运算符及其作用如表3-9所示。

表3-9

逻辑运算符及作用

运算符	作用	语法	返回结果
And	执行逻辑“与”运算	表达式 1 And 表达式 2	表达式 1 和表达式 2 的值都为 True 时返回 True, 否则返回 False
Or	执行逻辑“或”运算	表达式 1 Or 表达式 2	表达式 1 和表达式 2 中只要有一个表达式的值为 True 时返回 True, 否则返回 False
Not	执行逻辑“非”运算	Not 表达式	表达式的值为 Ture 时返回 False，否则返回 True
Xor	执行逻辑“异或”运算	表达式 1 Xor 表达式 2	表达式 1 和表达式 2 返回的值不相同时，返回 True，否则返回 False
Eqv	执行逻辑“等价”运算	表达式 1 Eqv 表达式 2	表达式 1 和表达式 2 返回的值相同时，返回 True，否则返回 False
Imp	执行逻辑“蕴含”运算	表达式 1 Imp 表达式 2	表达式 1 的值为 True，表达式 2 的值为 False 时返回 False，否则返回 True。相当于 Not 表达式 1 Or 表达式 2

图3-29所示的学生成绩表，如果想判断第一条记录中语文、数学两个学科中是否有及格（大于或等于60分）的科目，语句为：

```
Range("C2") >= 60 Or Range("D2") >= 60
```

1. 执行 >= 计算，如果 C2 单元格的成绩大于或等于 60，返回 True，否则返回 False。

2. 执行 >= 计算，如果 D2 单元格的成绩大于或等于 60，返回 True, 否则返回 False。

3. 执行 Or 计算，如果 1 和 2 两步计算的值有一个为 True，则返回 True，否则返回 False。

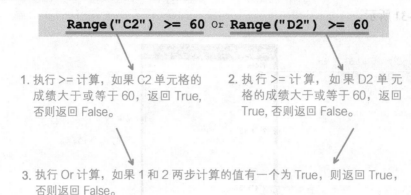

如果语文成绩和数学成绩分别为85分和49分，则这个表达式的计算过程可以用脱等式表示为：

```
 Range ("C2") >= 60 Or Range("D2") >= 60
= True Or False
= True
```

3.5.5 应该先进行什么运算

在VBA中，要先处理算术运算符，接着处理连接运算符，然后处理比较运算符，最后再处理逻辑运算符。可以用括号来改变运算顺序。

运算符按运算的优先级由高到低的次序排列为：括号→指数运算（乘方）→求相反数→ 乘法和除法→整除（两数相除取商的整数）→求模运算（两数相除取余数）→加法和减法→字符串连接→比较运算→逻辑运算，如表3-10所示。

表3-10

运算符的优先级

优先级	运算名称	运算符
1	括号	( )
2	指数运算	^
3	求相反数	–
4	乘法和除法	*，/
5	整除	\
6	求模运算	Mod

续表

优先级	运算名称	运算符
7	加法和减法	+,–
8	字符串连接	&,+
9	比较运算	=,<>,<,>,<=,>=,Like,Is
10	逻辑	And
11		Or
12		Not
13		Xor
14		Eqv
15		Imp

同级运算从左往右计算。

当有多个逻辑运算符时，先进行 And 运算，然后是 Or……最后是 Imp。

练习小课堂

用脱等式计算出下面表达式的结果。

2580 > (1000 + 4000) Or 150 < 236

"学号：" & 1006110258 Like "*258" And (125 + 120 + 140) > 400

参考答案

```
  2580 >1000 + 4000 Or 150 < 236
= 2580 > 5000 Or 150 < 236
= False Or True
= True
```

```
"学号：" & 1006110258 Like "*258" And 125 + 120 + 140> 400
= "学号：" & 1006110258 Like "*258" And 385 > 400
= "学号：1006110258" Like "*258" And 385 > 400
= True And False
= False
```

3.6 内置函数

3.6.1 VBA 中的函数

合理使用函数不但可以节省处理数据的时间，提高工作效率还可以降低编程的难度，减少编写代码的工作量。

作为一种编程语言，VBA中也有函数。

在VBA中使用VBA内置函数与在工作表中使用工作表函数类似，如想知道当前的系统时间可以用Time函数（见图3-32）。

```
Sub NowTime()
    MsgBox " 现在的时间是：" & Time()
End Sub
```

Time 函数返回当前系统时间。

图3-32　利用Time函数返回当前系统时间

3.6.2 VBA 中有哪些函数

VBA中的所有函数都可以在帮助里找到，如图3-33所示。

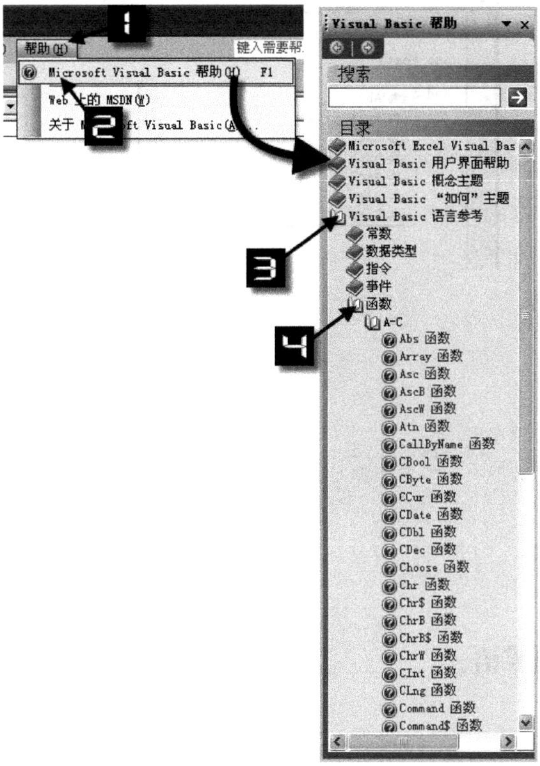

图3-33　在VBA帮助中查看函数

函数很多，我们并不用很精确地全部记住它们，只需大概了解即可，如果在编写代码时，忘记了某个函数的拼写，可以在【代码窗口】中先键入“VBA.”，系统会自动显示【函数列表】供你选择，如图3-34所示。

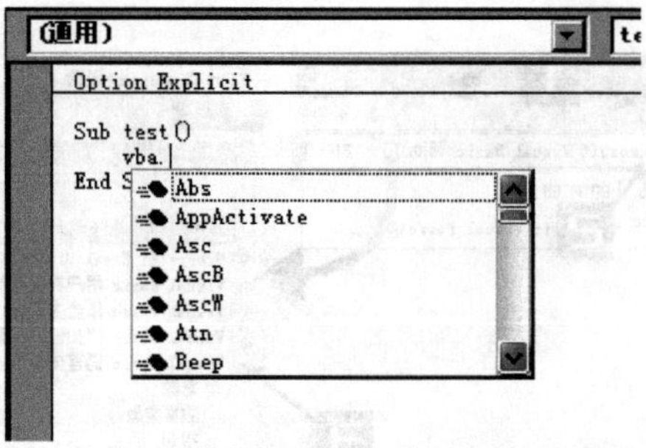

图3-34　自动显示函数列表

3.7　控制程序执行，VBA 的基本语句结构

3.7.1　If...Then 语句

◆ 应该选择什么问候语

“应该选择什么问候语？”这是小丽的烦恼。
她带着这个问题走进了 VBA 课堂……

◆ If 语句来帮忙

针对小丽的问题，老师给她提了一个建议。

```
If Time < 0.5 Then MsgBox "早上好！"
```

Time：函数返回当前系统时间。

Then：译为“那么”。

用对话框提示“早上好”。

If：译为“如果”。

0.5：2 分之 1 天，即 12 小时，表示中午 12 点。

<：比较运算符，判断当前系统时间是否小于中午 12 点，如果小于，返回 True，否则返回 False。

把这句VBA代码译为汉语就是：

如果当前系统时间小于中午12点，那么用对话框提示“早上好！”

VBA的If语句就像是用“如果……那么……”来造句。

练习小课堂

试一试，如果中午12点后提示下午好，你能仿照老师写的代码写一个这样的语句吗？

参考答案

```
Sub IfTest_1()
    If Time >= 0.5 Then MsgBox "下午好!"
End Sub
```

◆ 当需要判断两次时

如果时间在12点之前，提示“上午好！”，否则提示“下午好！”，像这样的问题可以用“If...Then”来编号不同的句子。如：

```
Sub SayHello()
  If Time < 0.5 Then MsgBox "早上好!"
  If Time >= 0.5 Then MsgBox "下午好!"
End Sub
```

相当进行两次比较运算时，这种语句并不是最佳的选择，可以只用一个if语句代替它：

这个句型总是在用“如果……那么……否则……”造句。

```
If Time < 0.5 Then MsgBox "早上好!" Else MsgBox "下午好!"
```

如果当前系统时间小于中午12点，那么提示“早上好！”，否则提示“下午好！”。

Else：译为“否则”。

练习小课堂

你还能用“If…Then…Else”造其他的句子吗？

“如果活动工作表的A1单元格为空，则提示‘没有输入内容’，否则提示‘已经输入内容’”。把这个句子翻译出来，并运行它，看自己写对了吗？

参考答案

```
Sub IfTest_2()
    If Range("A1").Value="" Then MsgBox"没有输入内容"Else MsgBox "已经输入内容"
End Sub
```

如果你不习惯阅读一行很长的代码，还可以把If语句写成块的形式，我们也不推荐将二次判断的If语句写成一行。

```
If Time < 0.5 Then
 MsgBox " 早上好 !"
Else
 MsgBox " 下午好 !"
End If
```

如果只判断一次，这一块可以省略不写。

End If 告诉 VBA：If 语句结束了。写成“块”的 If 语句都必须以它结尾。

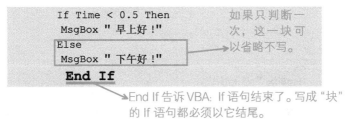

这些代码是怎么工作的

“如果……那么……否则”，If语句总是可以用这个句式来描述它的执行流程。结合这个思路，可以给If语句绘制出执行的流程图，如图3-35所示。

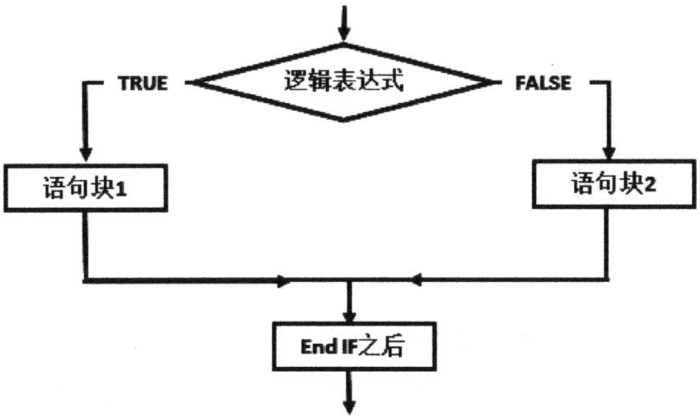

图3-35　If语句的流程图

你知道吗？ 把程序写在【代码窗口】里，将光标定位在程序的中间，可以按F8键逐句执行语句观察程序的执行流程。

更多判断的时候

不仅要判断时间是否大于中午12点，还要判断是否大于下午6点。需要对条件判断两次以上，这是小丽遇到的新问题。

小丽带着这个问题去求助老师，老师教给她另一种解决方法。

如果当前系统时间小于中午 12 点，提示“早上好！”

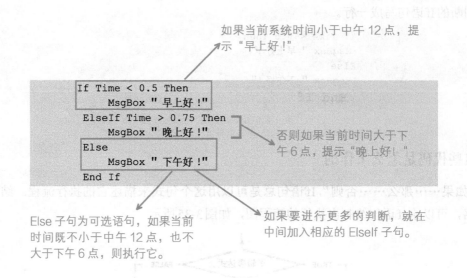

```
If Time < 0.5 Then
    MsgBox " 早上好 !"
ElseIf Time > 0.75 Then
    MsgBox " 晚上好 !"
Else
    MsgBox " 下午好 !"
End If
```

否则如果当前时间大于下午 6 点，提示“晚上好！”

Else 子句为可选语句，如果当前时间既不小于中午 12 点，也不大于下午 6 点，则执行它。

如果要进行更多的判断，就在中间加入相应的 ElseIf 子句。

3.7.2 Select Case 语句

尽管使用If语句可以有效地解决多次判断的问题，
当面对在3种或更多策略中做出选择时，使用Select Case语句会更适合。

Select Case 后面跟的是测试表达式，可以是数值表达式，也可以是字符串表达式，它是程序要进行判断和比较的值。

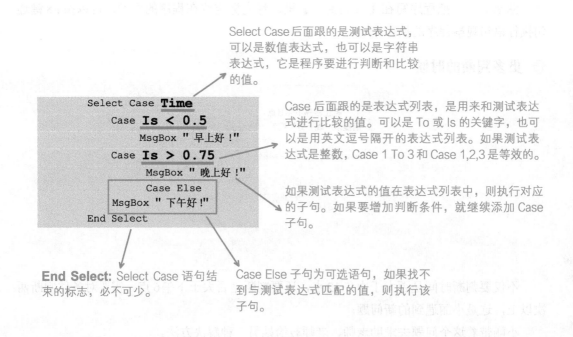

```
Select Case Time
    Case Is < 0.5
        MsgBox " 早上好 !"
    Case Is > 0.75
        MsgBox " 晚上好 !"
    Case Else
        MsgBox " 下午好 !"
End Select
```

Case 后面跟的是表达式列表，是用来和测试表达式进行比较的值。可以是 To 或 Is 的关键字，也可以是用英文逗号隔开的表达式列表。如果测试表达式是整数，Case 1 To 3 和 Case 1,2,3 是等效的。

如果测试表达式的值在表达式列表中，则执行对应的子句。如果要增加判断条件，就继续添加 Case 子句。

End Select: Select Case 语句结束的标志，必不可少。

Case Else 子句为可选语句，如果找不到与测试表达式匹配的值，则执行该子句。

练习小课堂

第3章3.7.2小节中的程序，如果省略Case Else子句，应该怎样写？

参考答案

```
Sub SayHello()
    Select Case Time
    Case Is < 0.5
        MsgBox "早上好！"
    Case 0.5 To 0.75
        MsgBox "下午好！"
    Case Is > 0.75
        MsgBox "晚上好！"
    End Select
End Sub
```

Select Case语句的执行流程，与If…Then…ElseIf语句一样，可以在【代码窗口】中按F8键观察得到：程序将Select Case后面的测试表达式与各个Case子句后面的表达式列表进行对比，如果测试表达式的值在表达式列表中，则执行对应的子句，然后退出整个语句块，执行End Select后面的语句，否则将继续进行判断，如图3-36所示。

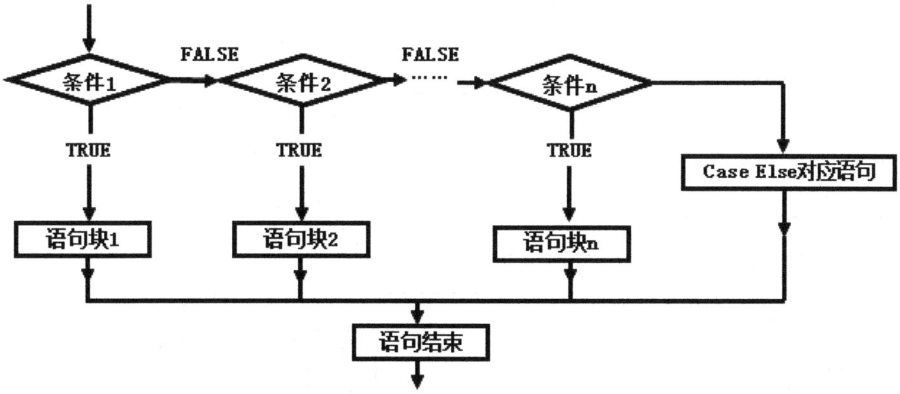

图3-36 Select Case语句的执行流程图

因为Select Case语句一旦找到匹配的值后即跳出整个语句块，所以，为了减少判断的次数，在设置条件时，应尽量把最有可能发生的情况写在前面。

练习小课堂

表3-11是给学生成绩评定等级的程序，其中有部分代码或代码说明没有写出来。请你把它补充完整，然后运行程序，看自己都写对了吗？

表3-11

程序代码	代码说明
Sub dengji()	程序开始
	定义一个 Variant 型变量 cj
cj = InputBox(" 输入考试成绩：")	将输入的数据赋给变量 cj
Select Case cj	
	当 cj 的值为 0 到 59 时
MsgBox " 等级：D"	
Case 60 To 69	
	消息框显示“等级：C”
	当 cj 的值为 70 到 79 时
	消息框显示“等级：B”
	当 cj 的值为 80 到 100 时
	消息框显示“等级：A”
Case Else	其他情况
MsgBox " 输入错误！ "	消息框显示“输入错误！”
End Select	
End Sub	程序结束

参考答案

程序代码	代码说明
Sub dengji()	程序开始
Dim cj As Variant	定义一个 Variant 型变量 cj
cj = InputBox(" 输入考试成绩：")	将输入的数据赋给变量 cj
Select Case cj	Select 语句开始
Case 0 To 59	当 cj 的值为 0 到 59 时
MsgBox " 等级：D"	消息框显示“等级：D”
Case 60 To 69	当 cj 的值为 60 到 69 时
MsgBox " 等级：C"	消息框显示“等级：C”
Case 70 To 79	当 cj 的值为 70 到 79 时
MsgBox " 等级：B"	消息框显示“等级：B”
Case 80 To 100	当 cj 的值为 80 到 100 时
MsgBox " 等级：A"	消息框显示“等级：A”
Case Else	其他情况
MsgBox " 输入错误！ "	消息框显示“输入错误！”
End Select	Select 语句结束
End Sub	程序结束

学会用判断语句选择合适的问候语，小丽很高兴。笑过之后，她惊奇地发现，原来工作中每天都在做着类似的判断。

图3-37所示为单位职工考核得分表。

	A	B	C	D	E	F	G	H	I
1	姓名	项目1	项目2	项目3	项目4	项目5	项目6	考核得分	星级评定结果
2	蔡航	20	15	15	39	15	0	104	

图3-37　职工考核得分表

现要根据考核得分，按图3-38所示的星级评定标准为职工评定星级。

星级评定标准

考核得分	150分及以上	130分及以上	115分及以上	100分及以上	85分及以上	85分以下
评定星级	五星级	四星级	三星级	二星级	一星级	不评级

图3-38　星级评定标准

小丽决定用Select Case语句编写一个程序来解决这个问题。

```
Sub xingji()
  Dim xj As String
   Select Case Cells(2, "H")
       Case Is < 85
           xj = " 不评定"
       Case Is < 100
           xj = " 一星级"
       Case Is < 115
           xj = " 二星级"
       Case Is < 130
           xj = " 三星级"
       Case Is < 150
           xj = " 四星级"
       Case Else
           xj = " 五星级"
   End Select
   Cells(2, "I") = xj
End Sub
```

定义一个 String 型变量 xj，用于存储表示星级的字符串。

单元格对象的引用方法，表示活动工作表中 H 列的第 2 个单元格，即 H2 单元格。

赋值语句，把“三星级”这个字符串赋给变量 xj。

将变量 xj 的值写入 I2 单元格。

3.7.3　For...Next 语句

小丽对自己写的程序很满意。

但是，在工作中需要处理的数据却复杂得多，如图3-39所示。

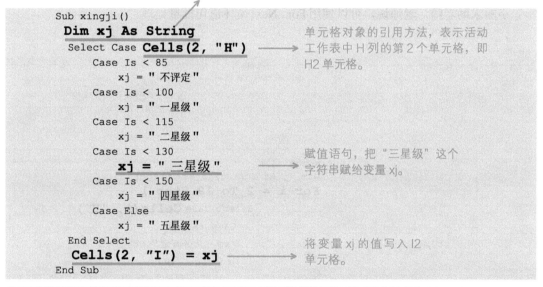

1	姓名	项目1	项目2	项目3	项目4	项目5	项目6	考核得分	星级评定结果
2	蔡航	20	15	15	39	15	0	104	
3	简婷菁	20	16	15	36	6	1	94	
4	嵇竹芝	20	17	15	74	15	1	142	
5	邓赞	20	15	15	74	12	0	136	
6	尤仓力	20	15	15	46	5	2	103	
7	荣河	20	16	15	69	15	4	139	
8	张林乐	20	15	15	68	15	0	133	
9	上官艺琳	20	16	15	77	15	1	144	
10	谢枫	20	16	15	59	8	0	118	
11	印榕	20	15	15	57	7	0	114	
12	扶复滢	20	15	17	92	15	0	159	
13	羊嘉	20	16	16	58	15	0	125	
14	龙纯眉	20	15	15	82	15	0	147	
15	幸坚	20	16	15	59	15	0	125	
16	戈薇瑾	20	15	15	60	11	0	121	
17	师梅	20	15	15	62	8	0	120	
18	伊温佳	20	16	15	61	12	1	125	
19	臧康风	20	15	15	60	5	1	116	

事实上，小丽需要处理的记录远远不只一条。

图3-39　实际上需要处理的数据

小丽求助老师，老师说，可以使用For...Next循环语句批量处理。

2 to 19：定义循环变量的初值及终值。当循环变量大于终值 19 时，跳出 For 循环，执行 Next 后面的语句。2 是表中记录的起始行号，19 为最后一条记录的行号。

Step 1：1 是步长值。步长值可以是正整数，也可以是负整数。当为负整数时，循环变量的初值必须大于终值，当为正整数时，循环变量的初值必须小于终值。当步长为 1 时，Step 1 可以省略。

```
Sub xingji()
    Dim xj As String, i As Integer
    For i = 2 To 19 Step 1
        Select Case Cells(i, "H")
            Case Is < 85
                xj = " 不评定 "
            Case Is < 100
                xj =" 一星级 "
            Case Is < 115
                xj = " 二星级 "
            Case Is < 130
                xj = " 三星级 "
            Case Is < 150
                xj = " 四星级 "
            Case Else
                xj = " 五星级 "
        End Select
        Cells(i, "I") = xj
    Next i
End Sub
```

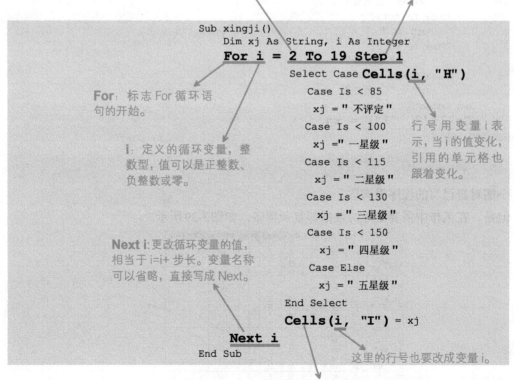

For：标志 For 循环语句的开始。

i：定义的循环变量，整数型，值可以是正整数、负整数或零。

行号用变量 i 表示，当 i 的值变化，引用的单元格也跟着变化。

Next i：更改循环变量的值，相当于 i=i+ 步长。变量名称可以省略，直接写成 Next。

这里的行号也要改成变量 i。

For 与 Next 之间的语句称为循环体，是程序循环重复执行的部分。

可以结合For...Next语句的执行流程图来理解这个程序，如图3-40所示。

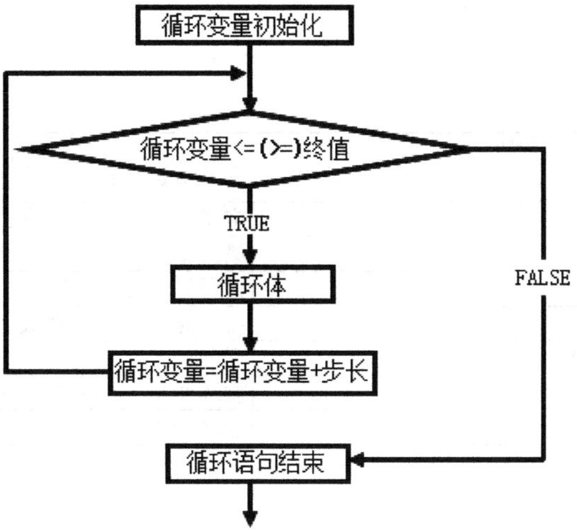

图 3-40　For...Next 循环语句执行流程图

For...Next语句总是写成这样：

<> 内的参数为必选部分。

[] 内的参数是可选的。如果省略，默认步长为 1。

```
For <循环变量>=<初值>To<终值> [Step 步长值]
    <循环体>
     [Exit For]
    [循环体]
Next [循环变量]
```

可以在循环体中任意处加入一句或多句 Exit For，当遇到这个语句，退出 For 循环，执行 Next 后的语句。

循环变量名可省略。

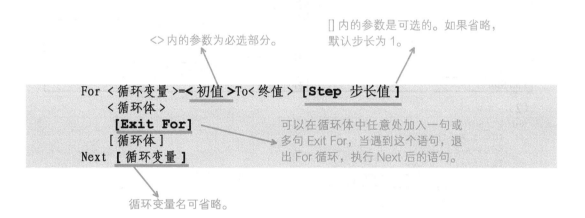

老师给小丽的程序是这样的：首先定义循环变量i的初值和终值分别是2和19，当程序执行到For语句时，判断变量i的值是否大于终值19，如果不大于，则执行For和Next中间的语句，直到Next语句，再返回For语句处再次进行判断，直到循环变量的值大于终值19，退出循环，执行Next后面的语句。

练习小课堂

（1）根据代码说明，把表3-12中的程序补充完整，让程序运行后，能把100以内的正奇数按1、3、5、7……的顺序写进A列的单元格里。

表3-12

代码	代码说明
Sub jishu()	声名过程，程序开始
	定义程序中需要的变量
xrow = 1	第一个奇数写在 A1，所以行号初始为 1
For	设置循环变量的初值、终值及步长
	在单元格中写入奇数
xrow = xrow + 1	行号加 1
	循环变量＝循环变量 + 步长
End Sub	程序结束

（2）你还能用同样的方法找出100以内能被3整除的数，并按顺序写入A列单元格吗？试一试。

参考答案

（1）

代码	代码说明
Sub jishu()	声名过程，程序开始
Dim i As Integer	定义程序中需要的变量
xrow = 1	第一个奇数写在 A1，所以行号初始为 1
For i = 1 To 100 Step 2	设置循环变量的初值、终值及步长
Cells(xrow, "A").Value = i	在单元格中写入奇数
xrow = xrow + 1	行号＝行号 +1
Next	循环变量＝循环变量 + 步长
End Sub	程序结束

（2）

```
Sub ZC_3()
    Dim i As Integer
    xrow = 1
    For i = 1 To 100
        If i Mod 3 = 0 Then                  '判断变量 i 是否能被 3 整除
            Cells(xrow, "A").Value = i
            xrow = xrow + 1
        End If
    Next
End Sub
```

或

```
Sub ZC_3()
    Dim i As Integer
    xrow = 1
    For i = 3 To 100 Step 3
        Cells(xrow, "A").Value = i
        xrow = xrow + 1
    Next
End Sub
```

3.7.4　Do While 语句

循环条件：当逻辑表达式的值为 True 时，执行循环体（Do 与 Loop 之间的语句），否则执行 Loop 后的语句，可省略，如果省略，应在程序中使用 Exit Do 语句，让程序满足一定的条件后退出循环。

```
Do [While 逻辑表达式]
   <循环体>
    [Exit Do]
    [循环体]
Loop
```

可选语句，执行 Exit Do 语句后，将跳出循环，执行 Loop 后的语句。

标志 Do While 语句结束，返回 Do 语句处，再次判断循环条件。

如果使用 Do While 语句来解决 3.7.3 小节中为职工评定星级的问题，可以把第一条记录作为起点，依次判断 H 列的单元格是否为空。

如果不为空，则执行 Select Case 语句进行星级评定，直到单元格内容为空退出循环。

第 1 条记录在第 2 行，所以变量初始置设为 2。

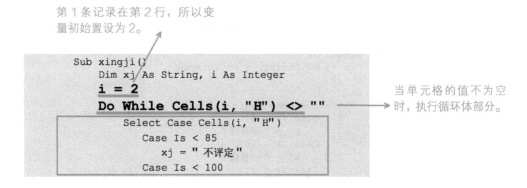

```
Sub xingji()
    Dim xj As String, i As Integer
    i = 2
    Do While Cells(i, "H") <> ""
        Select Case Cells(i, "H")
           Case Is < 85
              xj = " 不评定 "
           Case Is < 100
```

当单元格的值不为空时，执行循环体部分。

```
            xj = " 一星级"
        Case Is < 115
            xj = " 二星级"
        Case Is < 130
            xj = " 三星级"
        Case Is < 150
            xj = " 四星级"
        Case Else
            xj = " 五星级"
    End Select
    Cells(i, "I") = xj
i = i + 1
Loop
End Sub
```

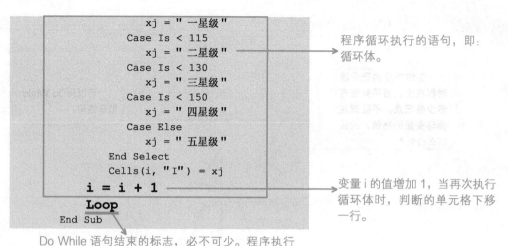

程序循环执行的语句，即：循环体。

变量 i 的值增加 1，当再次执行循环体时，判断的单元格下移一行。

Do While 语句结束的标志，必不可少。程序执行到该语句时，返回到 Do 语句处，再次判断循环条件。

还可以在结尾处判断循环条件，语句为：

```
Do
    <循环体>
   [Exit Do]
    [循环体]
 Loop [While 逻辑表达式]
```

在语句结束时判断循环条件。

Do While循环语句是当逻辑表达式的值为False时退出循环，但结尾判断式的语句是在执行一次循环体后再判断循环条件，因此，当循环条件一开始就为False时，比开头判断式要多执行一次循环体，其他时候执行次数相同。

练习小课堂

试一试，用结尾判断式的Do While语句来解决3.7.3小节中为职工评定星级的问题。

参考答案

```
Sub xingji ()
    Dim xj As String, i As Integer
    i = 2
    Do
        Select Case Cells(i, "H")
            Case Is < 85
                xj = "不评级"
            Case Is < 100
                xj = "一星级"
            Case Is < 115
```

```
            xj = " 二星级 "
         Case Is < 130
            xj = " 三星级 "
         Case Is < 150
            xj = " 四星级 "
         Case Else
            xj = " 五星级 "
      End Select
      Cells(i, "I") = xj
i = i + 1
   Loop While Cells(i, "H") <> ""
End Sub
```

3.7.5 Do Until 语句

Do Until语句也有开头判断和结尾判断两种语句形式。

开头判断式：

如果逻辑表达式的值为 False，则执行循环体部分，否则执行 Loop 后的语句。

```
Do [Until 逻辑表达式 ]
    < 循环体 >
    [Exit Do]
    [ 循环体 ]
Loop
```

结尾判断式：

```
Do
        < 循环体 >
        [Exit  Do]
        [ 循环体 ]
Loop [Until 逻辑表达式 ]
```

如果逻辑表达式的值为False，则返回到Do语句处，否则执行 Loop 后的语句。

与Do While语句不同的是：Do While语句是当逻辑表达式的值为False时退出循环，而Do Until语句是当逻辑表达式的值为True时退出循环。

练习小课堂

试一试，分别用Do Until语句的两种形式编写程序来解决3.7.3小节中评定职工星级的问题。

参考答案

开头判断式：

```
Sub xingji_1()
    Dim xj As String, i As Integer
    i = 2
    Do Until Cells(i, "H") = ""
        Select Case Cells(i, "H")
           Case Is < 85
            xj = "不评级"
           Case Is < 100
            xj = "一星级"
           Case Is < 115
            xj = "二星级"
           Case Is < 130
            xj = "三星级"
           Case Is < 150
            xj = "四星级"
           Case Else
            xj = "五星级"
        End Select
        Cells(i, "I") = xj
i = i + 1
   Loop
End Sub
```

结尾判断式：

```
Sub xingji_2()
    Dim xj As String, i As Integer
    i = 2
    Do
        Select Case Cells(i, "H")
           Case Is < 85
             xj = "不评级"
           Case Is < 100
             xj = "一星级"
           Case Is < 115
             xj = "二星级"
           Case Is < 130
             xj = "三星级"
           Case Is < 150
             xj = "四星级"
           Case Else
             xj = "五星级"
        End Select
        Cells(i, "I") = xj
i = i + 1
   Loop Until Cells(i, "H") = ""
End Sub
```

3.7.6 For Each...Next 语句

当前活动工作簿中有许多工作表，但并不知道数量。如果要把所有工作表的名称按次序写入活动工作表的A列，For Each...Next是更适合的循环语句。

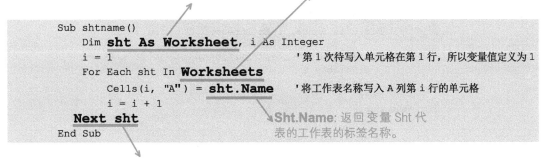

定义变量，因为是在工作表集合里循环，所以变量类型必须定义为Worksheet，即工作表类型。

Worksheets：当前活动工作簿中的所有工作表的集合，集合里有几个工作表对象，运行程序后就执行循环体几次。

```
Sub shtname()
    Dim sht As Worksheet, i As Integer
    i = 1                          '第 1 次待写入单元格在第 1 行，所以变量值定义为 1
    For Each sht In Worksheets
        Cells(i, "A") = sht.Name   '将工作表名称写入 A 列第 i 行的单元格
        i = i + 1
   Next sht
End Sub
```

Sht.Name：返回变量 Sht 代表的工作表的标签名称。

返回 For Each 语句开始处，再次执行循环体。变量名可以省略，直接写 Next。

无论工作簿中有多少张工作表，执行程序后，都会将所有工作表的标签名称依次写入当前活动工作表的A列单元格中，如图3-41所示。

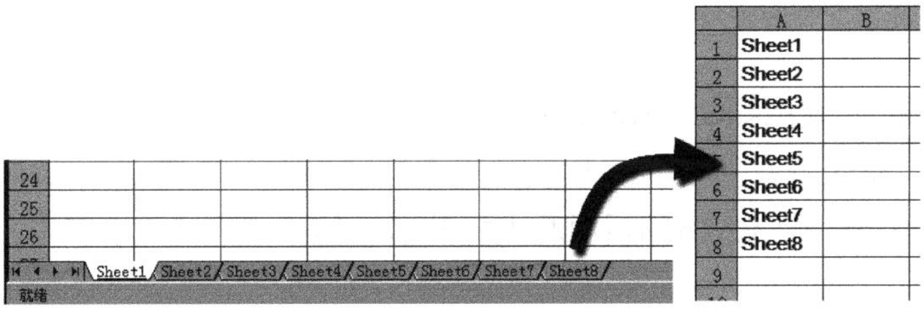

图3-41　把工作表标签名称写入A列

使用For Each...Next循环语句时，不需要定义循环条件，如果要在一个集合或一个数组中循环时，同其他循环语句相比，For Each...Next要灵活得多。

如果是集合，元素变量定义为相应的对象类型；如果是数组，元素变量定义为 Variant 类型。

```
For Each 元素变量 In 集合名称或数组名称
     <语句块 1>
    [Exit For]
      [语句块 2]
next [元素变量]
```

元素变量用来遍历集合或数组中的每个元素，无论集合或数组里有多少个元素，总是从第一个元素开始，直到最后一个，然后退出循环。

注意：当在一个数组里循环时，不能对数组元素进行赋值或重新赋值，对于已经赋值的对象数组也只能修改元素的属性。

练习小课堂

用For Each...Next语句编写一个程序将1到100的自然数输入A1：A100单元格区域。

参考答案

```
Sub Test()
    Dim c As Range, i As Integer
    i = 1
    For Each c In Range("A1:A100")
      c.Value = i
      i = i + 1
    Next
End Sub
```

3.7.7 其他的常用语句

◆ GoTo语句，让程序转到另一条语句去执行

GoTO 地点，译成中文是“去到指定的地点”。在VBA中，GoTo语句也可以这样理解。

在VBA中，指定地点可以在目标代码所在行前加上一个带冒号的字符串或不带冒号的数字作为标签，然后在GoTo的后面写上标签名。如：

标签就像公路旁的指示牌，告诉驾驶员应该把车开向哪里。如果是字符串标签，请记得在后面加上英文冒号。

```
Sub he()
    Dim mysum As Long, i As Integer
    i = 1                                     '第 1 个数字为 1
 x:  mysum = mysum + i
    i = i + 1                                 '变量 i 的值增加
    If i <= 100 Then GoTo x                   '如果 i 小于或等于 100，转到 x 标签处
    MsgBox "1 到 100 的自然数和是：" & mysum
End Sub
```

不管是文本标签还是数字标签，GoTo后面的标签名都不加冒号和引号。

GoTo语句大多用于错误处理时，参阅7.4小节，因为它会影响程序的结构，增加阅读和调试的难度，所以除非必须需要，否则应尽量避免使用GoTo语句。

◇ With语句，让代码更简单

当需要对相同的对象进行多次操作时，往往会编写一些重复的代码。如：

```
Sub FontSet()
    Worksheets("Sheet1").Range("A1").Font.Name = "仿宋"          '设置字体
    Worksheets("Sheet1").Range("A1").Font.Size = 12              '设置字号
    Worksheets("Sheet1").Range("A1").Font.Bold = True            '设置字体加粗
    Worksheets("Sheet1").Range("A1").Font.ColorIndex = 3         '设置字体颜色
End Sub
```

每句代码都有的重复语句。

这是一个设置A1单元格字体的程序。因为是对同一个对象的多个属性进行设置，所以4行代码的前半部分都是相同的。如果你不想多次重复录入相同的代码，可以用With语句来简化输入。

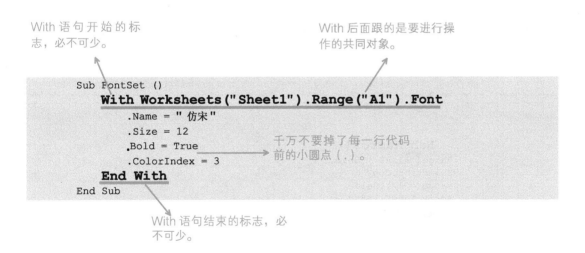

With 语句开始的标志，必不可少。

With 后面跟的是要进行操作的共同对象。

```
Sub FontSet ()
    With Worksheets("Sheet1").Range("A1").Font
        .Name = "仿宋"
        .Size = 12
        .Bold = True
        .ColorIndex = 3
    End With
End Sub
```

千万不要掉了每一行代码前的小圆点（.）。

With 语句结束的标志，必不可少。

合理使用With语句，不但可以减少代码的输入量，还能提高程序的运行效率。

3.8　Sub过程，基本的程序单元

做什么事都有一个过程。

烧水，倒水，拿毛巾……倒水，这是洗脸的过程。买菜，洗菜，切菜，炒菜，盛菜，这是做菜的过程。打开工作簿，输入数据，保存工作簿，退出Excel程序，这是数据录入的过程。

过程就是做一件事情的经过，由不同的操作按先后顺序排列、组合起来。

3.8.1 关于 VBA 过程

◆ 什么是VBA过程

打开工作簿，输入数据，保存工作簿，退出Excel程序。这是一个录入数据的过程。把这些操作写成VBA代码，按先后顺序组合起来就是一个VBA过程。

所以，VBA过程就是完成某个给定任务的代码的有序组合。

◆ VBA里有哪些过程

VBA的基本过程有Function过程和Sub过程两种。

3.8.2 编写 Sub 过程需要了解的内容

◆ 关于Sub过程

录制的宏就是Sub过程，录制宏也只能生成Sub过程。

可以录制一个复制A1:A8单元格到C1:C8单元格的宏，结合宏来认识Sub过程的结构。

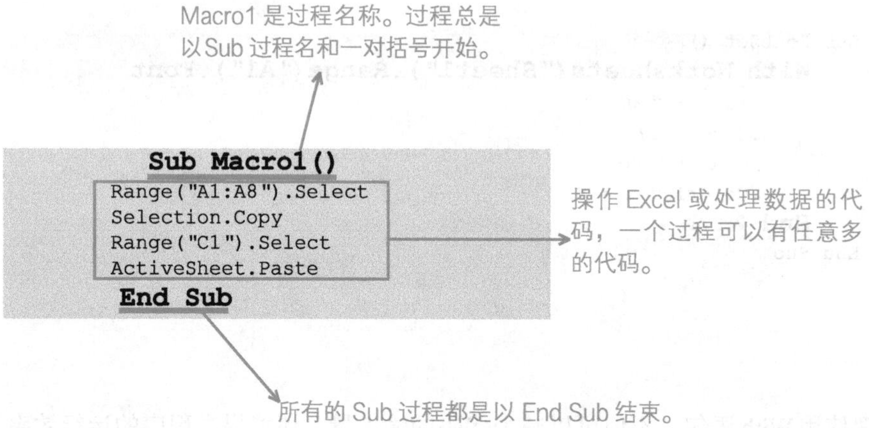
Macro1 是过程名称。过程总是以Sub 过程名和一对括号开始。
Sub Macro1()
Range("A1:A8").Select
Selection.Copy
Range("C1").Select
ActiveSheet.Paste
End Sub
操作 Excel 或处理数据的代码，一个过程可以有任意多的代码。
所有的 Sub 过程都是以 End Sub 结束。

知道了过程的结构，就可以依葫芦画瓢，像做填空题一样随心所欲地编写Sub过程了。

◆ 应该把过程写在哪里

宏保存在哪里，还记得吗？是的，模块。过程也是保存在模块里。

和录制的宏一样，过程保存在模块里，所以编写过程，应先插入一个模块来保存它（参阅2.4.1小节），插入模块后，双击激活它的【代码窗口】，就可以在【代码窗口】中编写过程了。

练习小课堂

学会编写Sub过程后，你有什么想要完成的操作？试着编写一个过程，让程序替你完成。

参考答案

答案参考书中的任意一个Sub过程。

并不是只有模块对象才能保存过程，Excel对象（或窗体对象）也能保存过程，如图3-42所示。

图3-42　Excel类模块

为了避免发生错误，建议将Sub过程和Function过程保存模块对象中。

和一个文件夹可以保存多个文件一样，一个模块也可以保存多个过程。如果需要，你也可以像给文件分类那样，建不同的模块来保存功能不同的过程。

◇ 声明Sub过程，规范的语句

Private 和 Public 用于声明过程的作用域名，同时只能选用一个。如果省略，过程默认为公共过程。

如果选用 Static，运行程序的过程中将保存该过程里声明的本地变量。

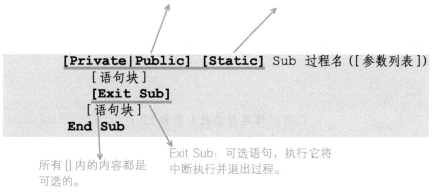

```
[Private|Public] [Static] Sub 过程名([参数列表])
    [语句块]
    [Exit Sub]
   [语句块]
End Sub
```

所有 [] 内的内容都是可选的。

Exit Sub：可选语句，执行它将中断执行并退出过程。

尽管一个Sub过程可以包含任意多的代码，但就像做20桌饭菜，为了更有效、更有条理地把任务完成，总是需要有明确的分工：张三洗菜，负责完成洗菜的过程，李四烧饭，负责烧饭的过程，最后把大家的过程合起来就完成了整个任务。

分工后，哪个过程出现问题，比如菜没洗干净，就直接去找张三。

编程也一样，当需要处理的任务比较复杂时，可以用多个小过程去完成，每个过程负责完成一个特定的、较为简单的目的，最后通过执行这些小过程来完成最终目的。

3.8.3 从另一个过程执行过程

下面是在3.7.1小节中编写的过程：

```
Sub SayHello()
  If Time < 0.5 Then
      MsgBox "早上好！"
  ElseIf Time > 0.75 Then
      MsgBox "晚上好！"
  Else
     MsgBox "下午好！"
  End If
End Sub
```

如果想在另一个过程里使用代码执行它，常用的方法有如下三种。

方法一：输入过程名称以及参数，参数用逗号隔开。

本书中不会提及有参数的Sub过程。

过程名 [参数1,参数2...]

```
Sub RunSub()
    SayHello
End Sub
```

因为过程没有参数，所以直接输入过程名称。

方法二：在过程名称以及参数前使用Call关键字，参数用括号括起来，并用逗号隔开。

Call 过程名 [(参数1,参数2,...)]

```
Sub RunSub_2()
    Call SayHello
End Sub
```

方法三：利用Application对象的Run方法，语句形式如下。

```
Application.Run 表示过程名的字符串（或字符串变量） [,参数 1,参数 2,…]
```

“SayHello” 是表示过程名的字符串，必须加上引号。

```
Sub RunSub_3()
    Application.Run "SayHello"
End Sub
```

3.8.4 过程的作用域

过程按作用域的不同分为公共过程和私有过程。

公共过程

公共厕所、公共汽车……戴着“公共”的帽子，意味着这个东西大家都可以使用。

如果要声明公共过程，请使用 Public 语句，其中 Public 可以省略，直接写为：Sub gggc( )。

```
Public Sub gggc()
    MsgBox "我是公共过程！"
End Sub
```

私有过程

家里买了一辆私家车，肯定不会让街上的每个人都坐着它去上班。哪辆是公共汽车，哪辆是私家车，为了区别开来，要给它贴上特殊的标识。

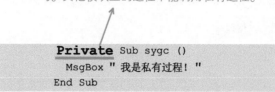

如果要声明私有过程，必须使用 Private 语句。其他模块里的过程不能调用私有过程。

```
Private Sub sygc ()
  MsgBox " 我是私有过程！ "
End Sub
```

◆ 将模块声明为私有模块

如果想将一个模块声明为私有模块，只需在这个模块中的第一个过程之前写入“Option Private”语句即可。私有模块所在工程外的其他工程或应用程序将无法引用该模块中的内容（用户定义的变量、过程、自定义函数等），如图3-43所示。

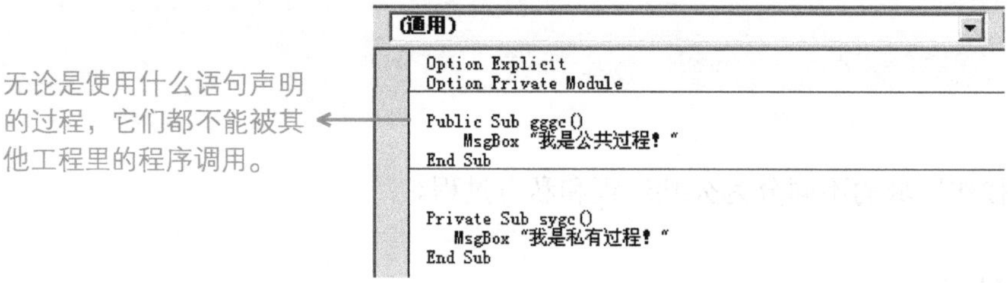

图3-43　声明模块为私有模块

但是，在私有模块中定义的公共变量、过程和函数等公用部分，在该模块所属工程内的其他模块中仍是可用的。

◆ 谁有资格调用私有过程

如果一个过程被声明为私有过程，只有这个模块里的过程才能调用它。如果想让其他模块中的过程也能调用，应该把它声明为公共过程。

私有过程不会在【宏】对话框里显示，如图3-44所示。

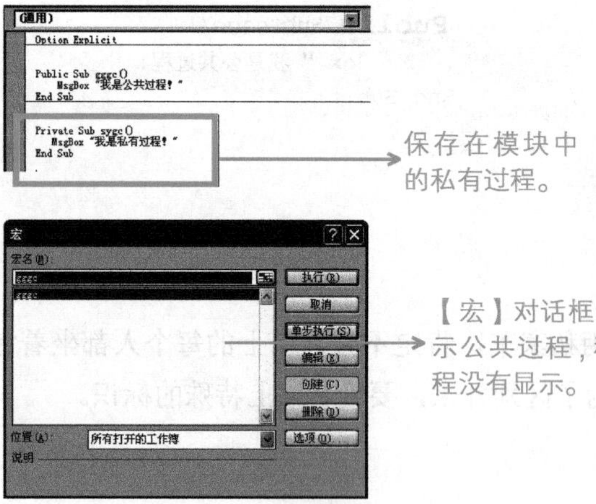

图3-44　私有过程不在宏对话框里显示

练习小课堂

编写过程，分别调用不同模块的私有过程和公共过程，都能调用吗？

参考答案

可以调用其他模块中的公共过程，不能调用其他模块中的私有过程。

3.9 自定义函数，Function 过程

Function过程也称为函数过程。编写一个Function过程，就编写了一个函数。

函数可以完成很多复杂的计算。如想求A列的和，可以用SUM函数；想知道A列有多少个“张三”，可以用COUNTIF函数。

	A	B	C
1	黄	黄	黄
2	绿		
3	黄	黄	黄
4		绿	
5	黄		绿
6	黄	黄	
7		绿	
8	黄		黄
9			绿
10	黄	黄	黄

如果想统计这张表中有多少个黄色底纹的单元格，能用函数解决吗？

Excel并没有提供解决这个问题的工作表函数。这时，可以根据需要自己编写一个。

3.9.1 试写一个函数

Function过程同Sub过程一样，都是保存在模块里，所以，在编写函数前，应先插入一个模块（参阅第2章2.4.1小节）来保存它。

插入模块后，双击模块激活它的【代码窗口】，即可开始编写函数。

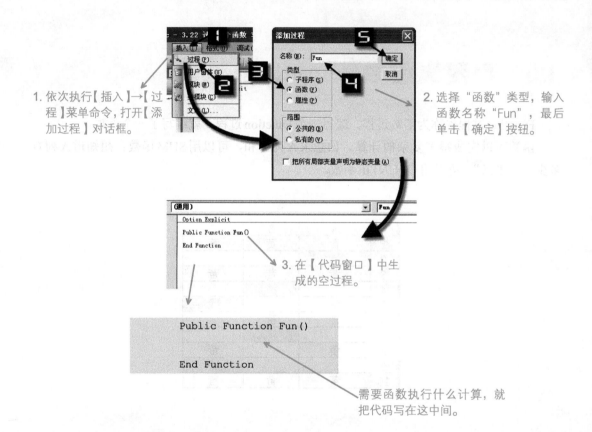

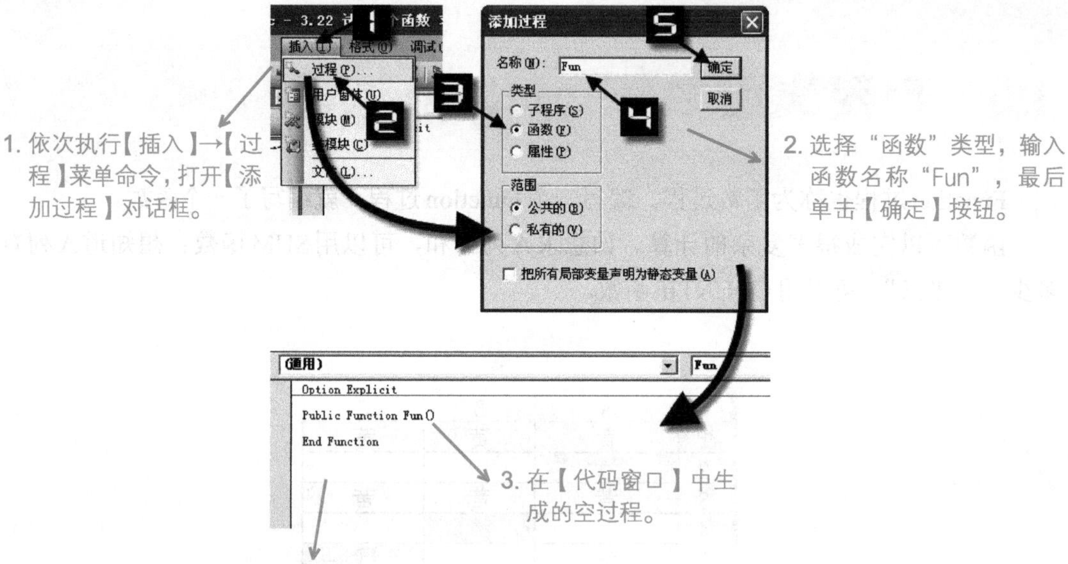


```
Public Function Fun()

End Function
```

需要函数执行什么计算，就把代码写在这中间。

如果想让函数生成一个1～10之间的随机整数，完整的程序为：

Rnd() 函数生成 0 ～ 1 之间的一个随机数。

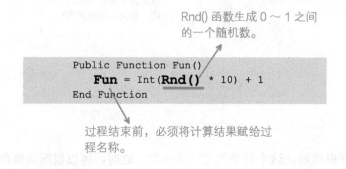

```
Public Function Fun()
    Fun = Int(Rnd() * 10) + 1
End Function
```

过程结束前，必须将计算结果赋给过程名称。

3.9.2　使用自定义函数

自定义的函数可以在工作表中使用，也可以在VBA过程里使用。

◇ 在工作表中使用自定义函数

在工作表中使用自定义函数同使用工作表函数类似，如图3-45所示。

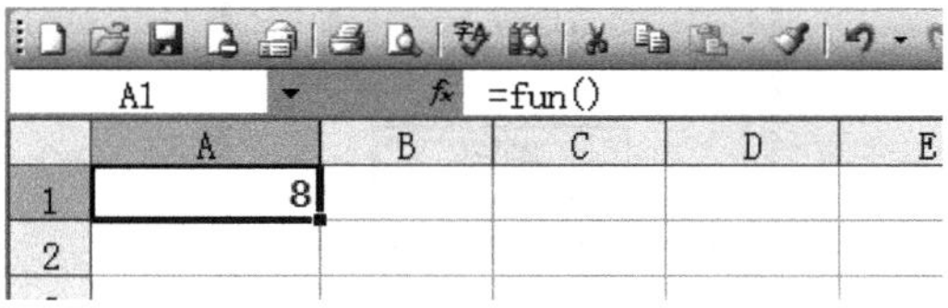

图3-45　在工作表中使用自定义函数

自定义的函数可以在【插入函数】对话框里找到，如图3-46所示。

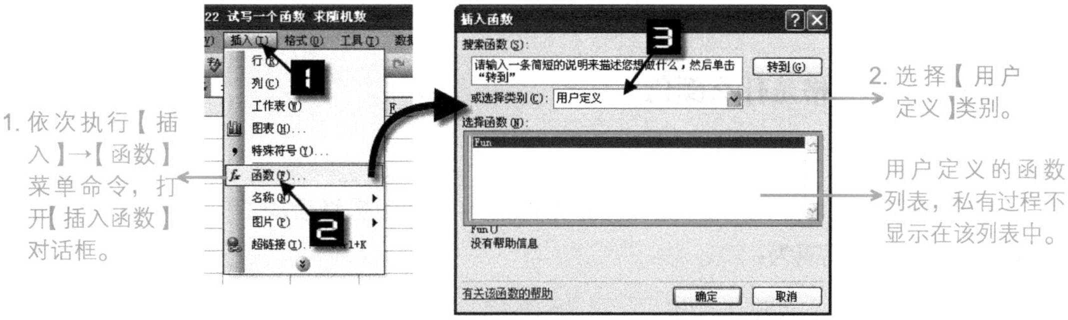

图3-46　查看自定义函数

自定义的函数可以和其他函数嵌套使用，如图3-47所示。

如：

```
=Char(64+fun())
```

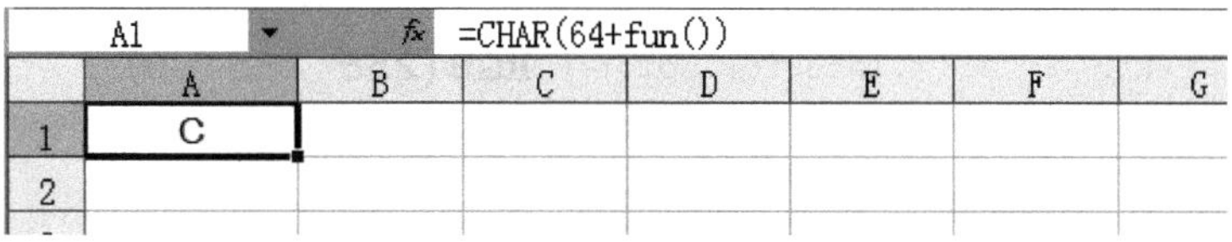

图3-47　嵌套使用自定义函数

◆ 在VBA过程中使用自定义函数

在VBA中使用自定函数与使用VBA的内置函数一样，如图3-48所示。

```
Sub msg()
    MsgBox fun()
End Sub
```

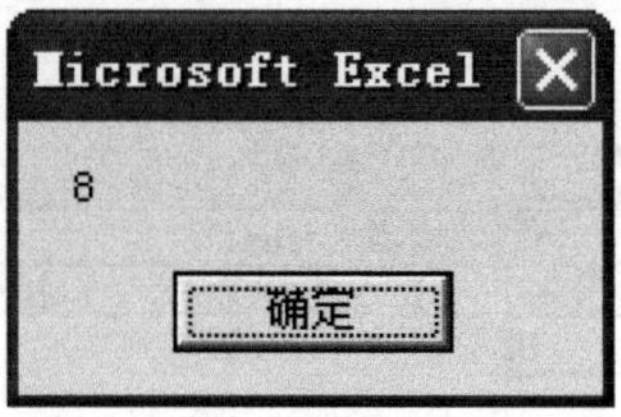

图3-48　在VBA中使用自定义函数

3.9.3　怎么统计指定颜色的单元格个数

◆ 问题一：单元格是什么颜色

在Excel里，可以通过RGB函数指定不同的颜色，如想将活动工作表中B1单元格的底纹设置为黄色，代码为：

R（红）：255
G（绿）：255
B（蓝）：0
三色混合叠加之后得到的是黄色。

```
Range("B1").Interior.Color = RGB(255,255, 0)
```

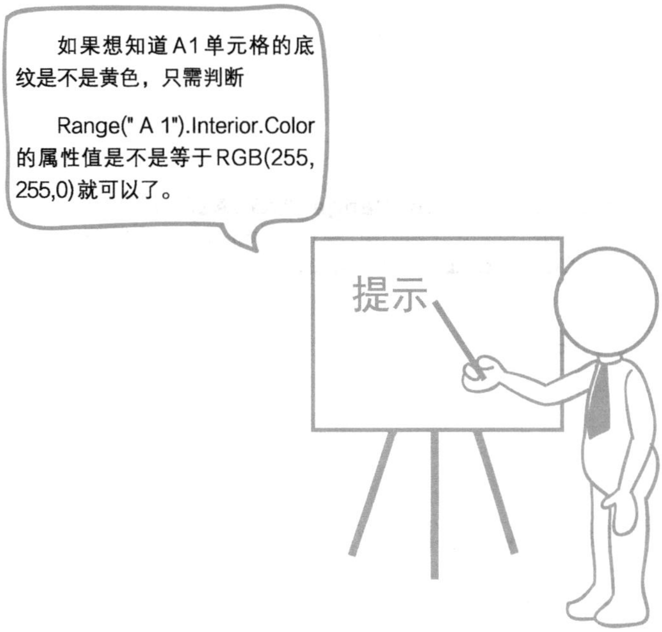

如果想知道A1单元格的底纹是不是黄色，只需判断
Range(" A 1").Interior.Color的属性值是不是等于RGB(255,255,0)就可以了。
提示

判断单元格的底纹颜色是否是黄色。

```
Function CountColor()
   If Range("A1").Interior.Color = RGB(255,255,0) Then
      Countcolor = 1
   Else
      Countcolor = 0
   End If
End Function
```

如果是黄色，函数值等于 1。

如果不是黄色，函数值等于 0。

最后必须将结果赋给函数名称。这一步必不可少。

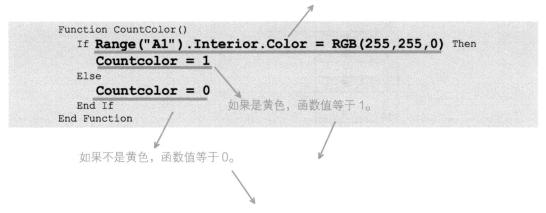

◇ 怎么统计指定颜色的单元格个数

要知道A1:A10里有多少个黄色单元格，可以让VBA替我们数一下，是黄色的累计，不是黄色的排除。

使用 For Each 语句遍历 A1:A10 里的所有单元格，依次对 A1:A10 区域中的各个单元格进行判断。

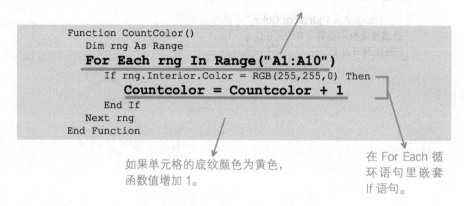

```
Function CountColor()
   Dim rng As Range
   For Each rng In Range("A1:A10")
      If rng.Interior.Color = RGB(255,255,0) Then
         Countcolor = Countcolor + 1
      End If
   Next rng
End Function
```

如果单元格的底纹颜色为黄色，函数值增加 1。

在 For Each 循环语句里嵌套 If 语句。

在工作表里输入函数，可以看到函数返回的计算结果，如图3-49所示。

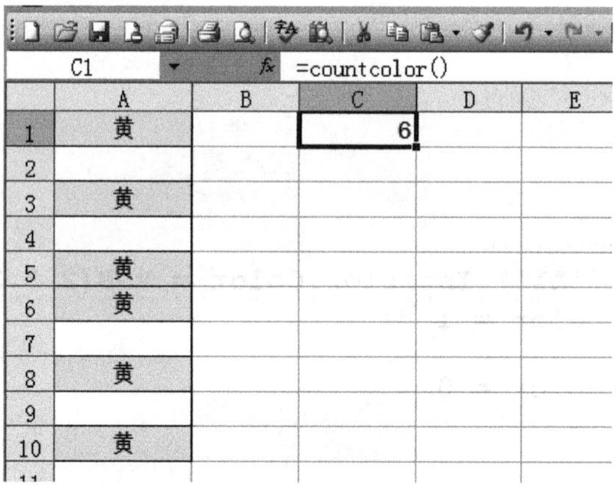

图3-49　统计黄色单元格的个数

还可以通过颜色索引号来引用某个颜色，在Excel 2003中，默认情况下，黄色的颜色索引号为6，所以上面的代码还可以写为：

注意，它不是 Color 属性。

```
Range("A1").Interior.ColorIndex = 6
```

ColorIndex 属性引用的是某个索引号上的颜色，而 Color 返回的是真实颜色。因为颜色的索引号可以更改，所以使用 ColorIndex 属性引用到的颜色不一定都相同，因此函数不一定能返回正确的结果。

◆ 用参数指定计算区域

在工作表中使用函数时，可以通过函数参数指定计算统计的单元格区域。自定义函数也可以使用参数。

如果需要统计的单元格区域不是固定的，可以用变量代替程序里的 A1:A10 单元格区域，让用户在使用自定义函数时通过函数参数指定区域。

指定函数的参数为一个 Range 型，即单元格变量，名称为 arr。

```
Function CountColor(arr As Range)
   Dim rng As Range
   For Each rng In arr
      If rng.Interior.Color = RGB(255,255,0) Then
         Countcolor = Countcolor + 1
      End If
   Next rng
End Function
```

依次判断 arr 变量，代表的单元格区域中每个单元格的底纹颜色。

把计算结果赋给函数名。

为函数设置参数后，如果要统计 A1:C10 中黄色底纹单元格的个数，输入公式“=count color(A1:C10)”即可，如图 3-50 所示。

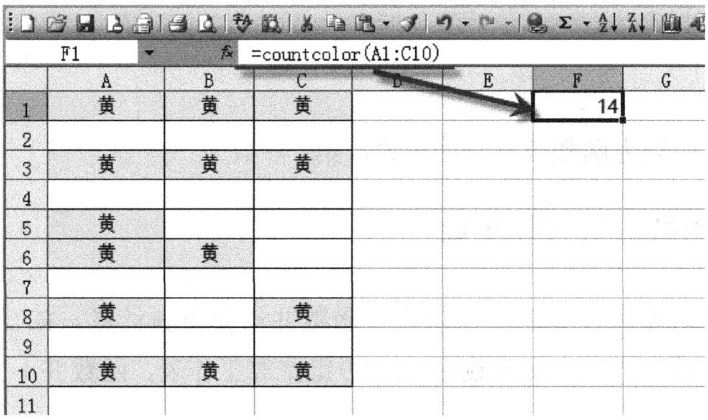

图 3-50　使用参数的自定义函数

◆ 给自定义函数指定第2参数

还可以给函数设置第2参数，通过第2参数指定要统计的颜色。

指定函数的第 2 参数为一个 Range 型变量，名称为 c。

```
Function Countcolor(arr As Range, c As Range)
 Dim rng As Range
 For Each rng In arr
     If rng.Interior.Color = c.Interior.Color Then
        Countcolor = Countcolor + 1
     End If
 Next rng
End Function
```

依次判断单元格的颜色是否与函数第 2 参数的单元格的底纹颜色相同。

在工作表中使用自定义的函数，如图3-51所示。

求 A1:C10 单元格区域中，底纹颜色与 E1 单元格底纹颜色相同的单元格个数。

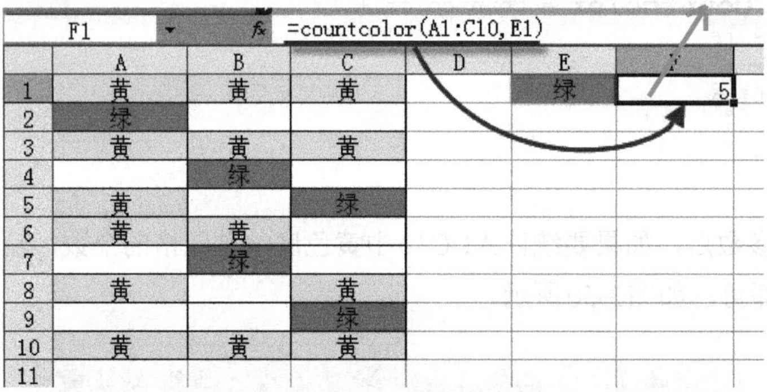

图3-51　用参数指定需要统计的颜色

如果需要，还可以为函数添加第3参数，第4参数……

◆ 设置自定义函数为易失性函数

有时，当工作表重新计算之后，自定义函数并不会重新计算。如在工作表中使用第 3 章3.9.1小节中生成随机的自定义函数后，按F9键重算工作表，函数并不会生成新的随机值。

但如果在函数开始添加一条语句，添加语句后，无论何时重新计算工作表，函数都会重新计算，得到新的结果。

新添加的语句，写在过程开始的第一句。

```
Public Function Fun()
   Application.Volatile True
   fun = Int(Rnd() * 10) + 1
End Function
```

注意： 使用 Application.Volatile True 语句是将自定义函数声明为易失性函数。当工作表发生重算后，易失性函数会重新计算函数的值。但因为更改单元格的背景颜色不会让工作表重算，所以，无论是否使用该语句，更改单元格的颜色后，本节中编写的自定义函数 CountColor 都不会重新计算。

3.9.4 声明函数过程，规范的语句

写在 [] 里的参数或语句都是可选的。

函数返回值的数据类型，可选参数。

```
[Public|Private][Static] Function 函数名([参数列表]) [As 数据类型]
      [语句块]
      [函数名 = 过程结果]
     [Exit Function]
      [语句块]
      [函数名 = 过程结果]
End Function
```

最后必须把函数计算的结果赋给函数名。这一步必不可少。

声明 Function 过程的语句和声明 Sub 过程的语句类似。同 Sub 过程一样，Function 函数也分公共函数和私有函数，如果想声明一个私有函数，请一定要加上 Private 关键字。

3.10 合理地组织程序，让代码更优美

编程就像做事，得讲究条理。

先做什么，后做什么，安排好了，程序才不会改错。

除了在操作上要有条理之外，也应尽量让代码条理清晰，便于阅读。所以，在编程时，除了要遵循 VBA 的语法规则外，还应养成一些良好的习惯。

3.10.1 代码排版，必不可少的习惯

两篇同样的稿纸，是否经过精心排版，对读者的吸引力肯定不一样。要想让自己编写的程序清晰易懂，排版的过程也必不可少。图3-52所示为排版前后的代码。

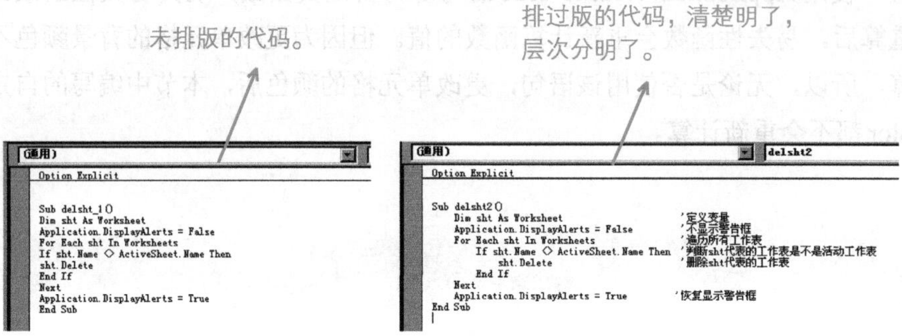
未排版的代码。
排过版的代码，清楚明了，层次分明了。
(通用)
Option Explicit
Sub delsht_1()
Dim sht As Worksheet
Application.DisplayAlerts = False
For Each sht In Worksheets
If sht.Name <> ActiveSheet.Name Then
sht.Delete
End If
Next
Application.DisplayAlerts = True
End Sub
delsht2
Sub delsht2()
Dim sht As Worksheet
Application.DisplayAlerts = False
For Each sht In Worksheets
If sht.Name <> ActiveSheet.Name Then
sht.Delete
End If
Next
Application.DisplayAlerts = True
End Sub
'定义变量
'不显示警告框
'遍历所有工作表
'判断sht代表的工作表是不是活动工作表
'删除sht代表的工作表
'恢复显示警告框

图3-52 排版前后的代码

3.10.2 怎样排版代码

◆ 缩进，让代码更有层次

缩进可以使程序更容易阅读和理解，在VBA中，过程的语句要比过程名缩进一定的字符，在If、Select Case、For...Next、Do...Loop、With语句等之后也要缩进，一般缩进4个空格，如图3-53所示。

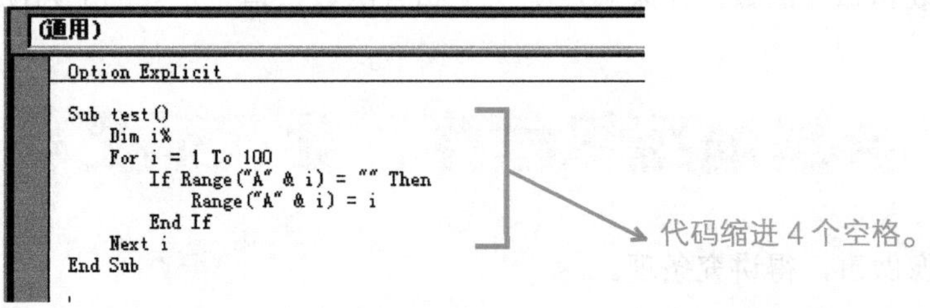
(通用)
Option Explicit
Sub test()
Dim i%
For i = 1 To 100
If Range("A" & i) = "" Then
Range("A" & i) = i
End If
Next i
End Sub
代码缩进 4 个空格。

图3-53 缩进的代码

但在缩进某行或某块代码时，并不用手动在代码前敲入4个空格，可以选中代码块（如果是一行，只需将光标定位到行首而不用选中它），按下Tab键（或依次执行【编辑】→【缩进】菜单命令）即可将代码统一缩进一个Tab宽度，如图3-54所示。

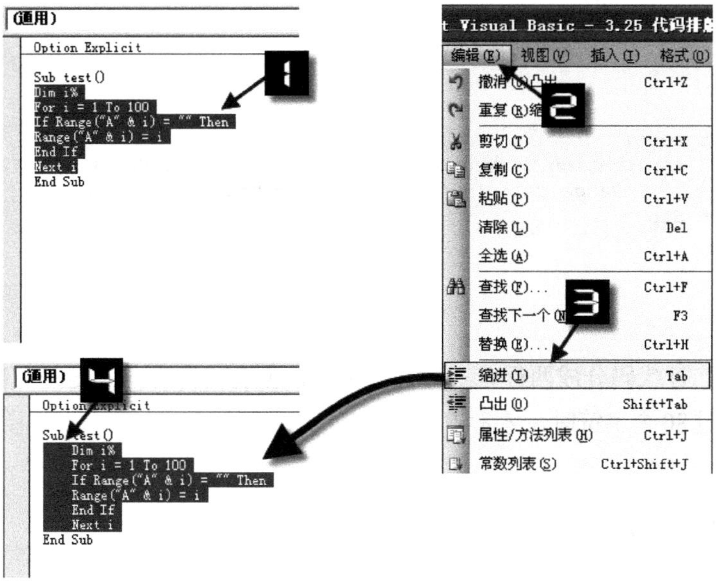

图3-54　利用菜单命令缩进代码块

如果选中已缩进的代码，按<Shift+Tab>组合键（或依次执行【编辑】→【凸出】菜单命令），则将选中的代码取消缩进一个Tab宽度。

Tab宽度默认为4个空格，可以在【选项】对话框里修改，如图3-55所示。

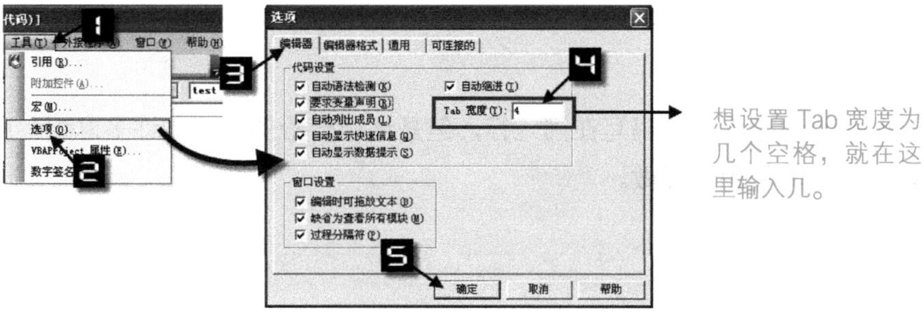

图3-55　设置Tab宽度

◆ 更改长行代码为短行代码

当一条语句过长时，可以在句子的后面输入一个空格和下划线（_），然后换行，把一行代码分成两行。如：

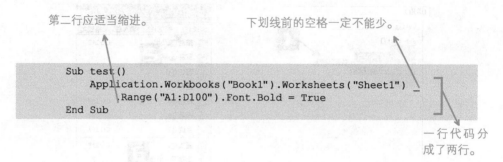

第二行应适当缩进。

下划线前的空格一定不能少。

```
Sub test()
    Application.Workbooks("Book1").Worksheets("Sheet1") _
        .Range("A1:D100").Font.Bold = True
End Sub
```

一行代码分成了两行。

虽然可以把一行代码分成两行、三行甚至更多，但盲目分行却不是好习惯，一般当一行代码的长度超过80个字符时，才考虑分行。

◆ 把多行合并为一行

在第一行代码后加上英文冒号，可以接着写第二行代码。通过这样的方式可以把多行短代码合并成一行代码。

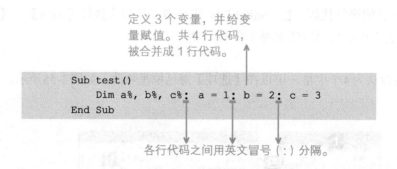

定义 3 个变量，并给变量赋值。共 4 行代码，被合并成 1 行代码。

```
Sub test()
    Dim a%, b%, c%: a = 1: b = 2: c = 3
End Sub
```

各行代码之间用英文冒号（:）分隔。

尽管可以把多行代码写在同一行，但是这样会给阅读增加许多麻烦，所以除非必须需要，否则并不提倡这样做。

3.10.3 注释，让代码的意图清晰明了

注释就像商品的说明书，介绍代码的功能及意图。

编写的程序有什么用途，可以通过注释语句作简要介绍，让代码更加易读易懂。

◇ 添加注释语句

注释语句以英文单引号开头，后面是注释的内容。可以放在代码的末尾，也可以单独写在一行，如图3-56所示。

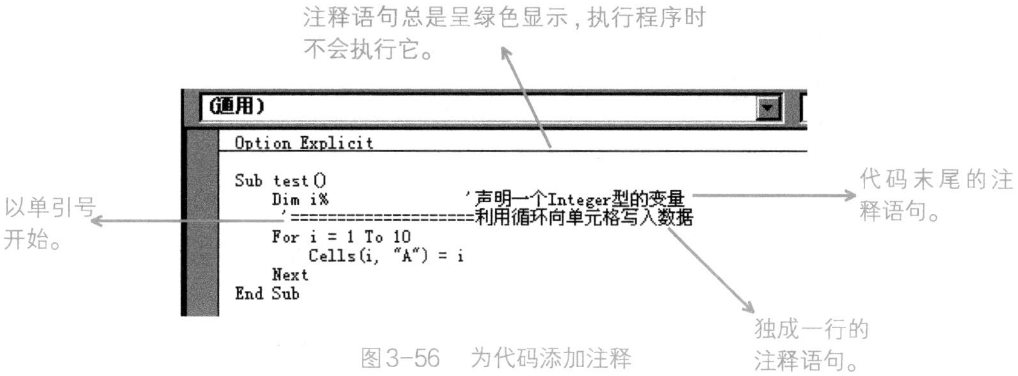

图3-56　为代码添加注释

当注释语句单独成一行时，还可以使用Rem代替单引号。

Rem 告诉 VBA，这一行代码是注释语句，不用执行它。

```
Sub test()
    Dim i%                    ' 声明一个 Integer 型的变量
    Rem==================   利用循环向单元格写入数据
    For i = 1 To 10
        Cells(i, "A") = i
    Next
End Sub
```

相信我，多数人不出3个月就会忘记自己写的程序代码的用途。所以，哪怕只是为自己，也应该为较为重要的代码添加注释。

◇ 妙用注释

在调试程序时，如果不想运行某行代码，可以在代码前加上单引号（或Rem），让它成为注释语句，而不用删除它。当要恢复这些代码时，只要将单引号（或Rem）删除即可（如图3-57所示），这个技巧在调试代码时经常都会用到。

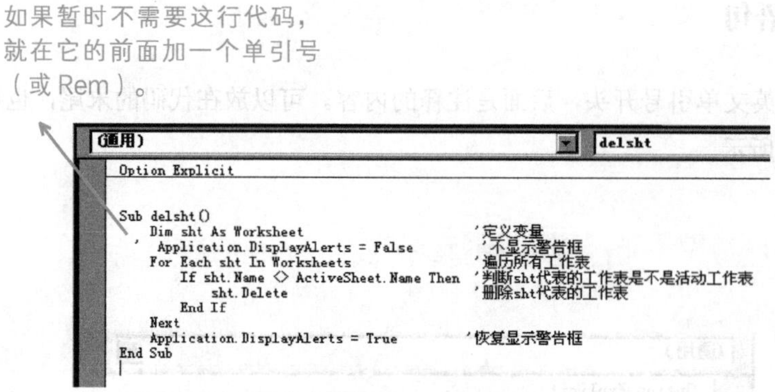
如果暂时不需要这行代码，
就在它的前面加一个单引号
（或 Rem）。
(通用)
delsht
Option Explicit
Sub delsht()
Dim sht As Worksheet
' Application.DisplayAlerts = False
For Each sht In Worksheets
If sht.Name <> ActiveSheet.Name Then
sht.Delete
End If
Next
Application.DisplayAlerts = True
End Sub
'定义变量
'不显示警告框
'遍历所有工作表
'判断sht代表的工作表是不是活动工作表
'删除sht代表的工作表
'恢复显示警告框

图3-57　注释某句不需要的代码

如果要注释或取消注释一块代码，还有简单的方法，如图3-58所示。

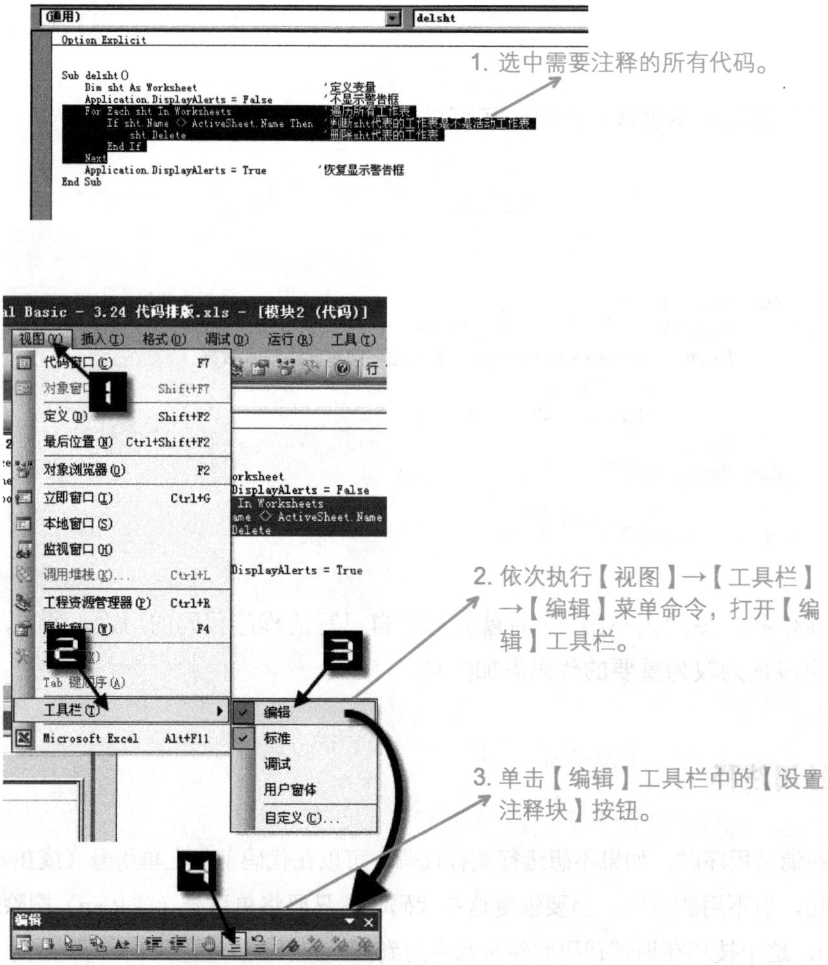
1. 选中需要注释的所有代码。
2. 依次执行【视图】→【工具栏】→【编辑】菜单命令，打开【编辑】工具栏。
3. 单击【编辑】工具栏中的【设置注释块】按钮。
视图(V)
代码窗口(C)
F7
对象窗口
Shift+F7
定义(D)
Shift+F2
最后位置(N)
Ctrl+Shift+F2
对象浏览器(O)
F2
立即窗口(I)
Ctrl+G
本地窗口(S)
监视窗口(H)
调用堆栈(K)...
Ctrl+L
工程资源管理器(P)
Ctrl+R
属性窗口(W)
F4
工具栏(T)
Microsoft Excel
Alt+F11
编辑
标准
调试
用户窗体
自定义(C)...

图3-58　批量添加注释

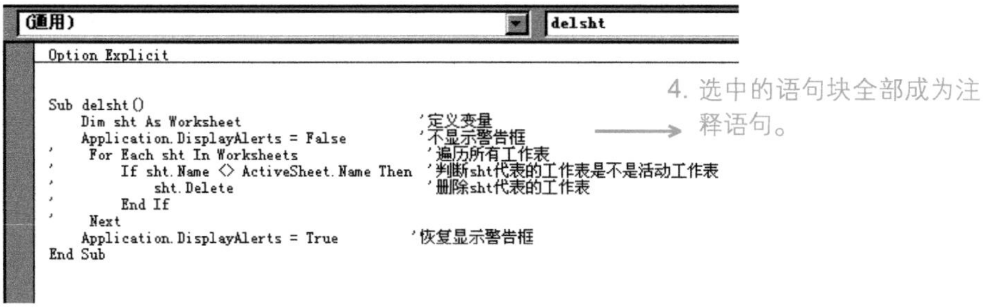
(通用)
delsht
Option Explicit
Sub delsht()
Dim sht As Worksheet
Application.DisplayAlerts = False
' For Each sht In Worksheets
' If sht.Name <> ActiveSheet.Name Then
' sht.Delete
' End If
' Next
Application.DisplayAlerts = True
End Sub
'定义变量
'不显示警告框
'遍历所有工作表
'判断sht代表的工作表是不是活动工作表
'删除sht代表的工作表
'恢复显示警告框
4. 选中的语句块全部成为注释语句。

图3-58　批量添加注释(续)

如果要取消注释，把代码还原成普通代码，就选中注释代码块，单击【编辑】工具栏中的【解除注释块】按钮，如图3-59所示。

想取消注释，就单击它。
编辑

图3-59　批量取消注释

第4章 常用对象

武功心法和招式都记好了吗？那找根棒来，没有棒怎么练天下闻名的打狗棒法？

只会心法和招式，有力无处使；只有棒，不懂要诀，只会乱打一通，都是失败！

编写VBA程序就像练打狗棒法。会心法和招式后，也要有根打狗棒才行。

VBA编程的心法、招式、武器分别是什么？

在VBA中，对象就是碧绿如玉的打狗棒，而语法就是心法和招式，教我们如何控制手中的打狗棒，耍出变化精微、招术奇妙的棒法来。在前面我们已经修炼了编程的心法和招式，下面就一起来学习如何使用“棒”吧。

4.1 与Excel交流，需要熟悉的常用对象

4.1.1 VBA编程与炒菜

◇ 菜是怎么炒出来的

巧妇难为无米之炊，再聪明伶俐的媳妇只守着空灶台也煮不出香喷喷的饭菜，必须打开冰箱，取出瘦肉、葱、蒜……然后洗、切、炒，最后大勺一挥，一盘色香味美的鱼香肉丝才能摆上饭桌，如图4-1所示。

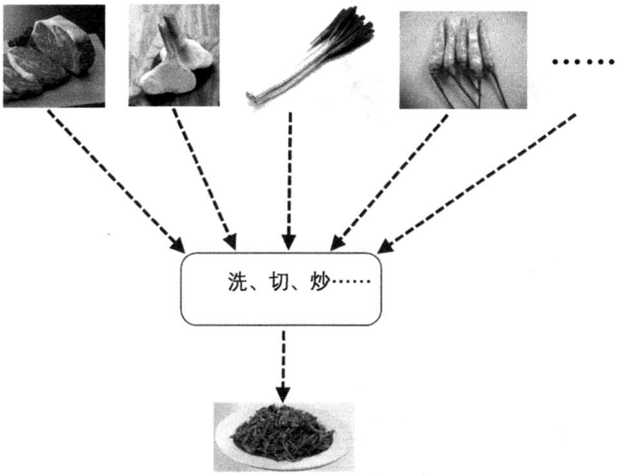

图4-1 炒菜的步骤

编程就如炒菜，盘子里的菜就是按炒菜的方法对材料进行加工写出的程序。

VBA编程需要的源材料就是VBA里的对象。

想要编写VBA程序，首先要懂得如何打开“冰箱”，在“冰箱”里找到合适的东西，取出并加工它。

这个“冰箱”在Excel里称为对象模型。

◆ 什么是对象模型

就像厨房里的东西一样，Excel中的对像总是层次分明地组织在一起，一个对象可以包含其他对象，也可以包含在其他对象里（参阅3.4节）。

这种对象的排列模式称为对象模型。Excel中的所有对象都可以在对象模型里找到。

◆ 怎么打开对象模型

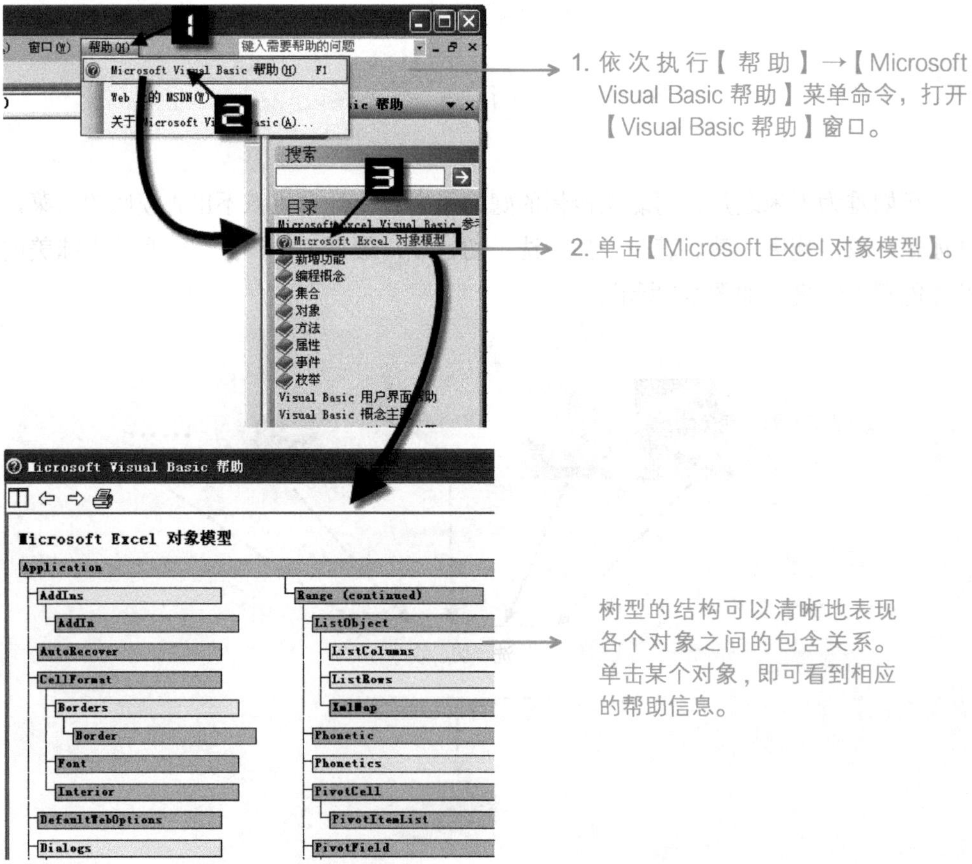

1. 依次执行【帮助】→【Microsoft Visual Basic 帮助】菜单命令，打开【Visual Basic 帮助】窗口。
2. 单击【Microsoft Excel 对象模型】。
树型的结构可以清晰地表现各个对象之间的包含关系。单击某个对象，即可看到相应的帮助信息。

图4-2　打开对象类型

4.1.2 VBA是怎么控制Excel的

◇ VBA通过操作不同的对象来控制Excel

作为一个Excel用户，每天都在重复打开、关闭工作簿，输入、清除单元格内容的操作，这些操作都是在操作对象。

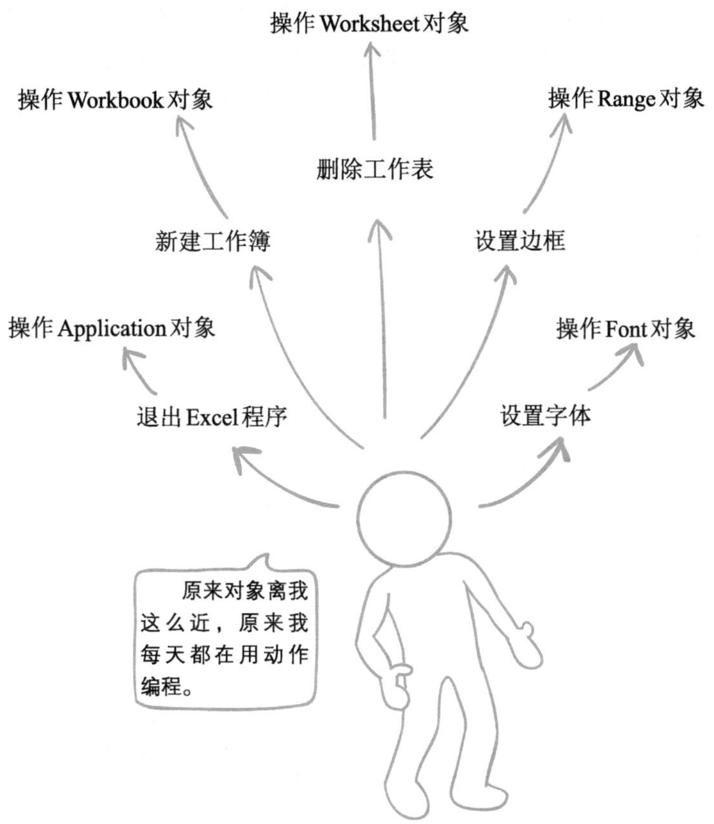

是的，我们每天都在用动作编程。

实际上，VBA程序就是用代码记录下来的一个或一组操作。如想在“Sheet1”工作表的A1单元格输入数值100，完整的代码为：

```
Application.Worksheets("Sheet1").Range("A1").Value = 100
```

无论是用动作还是用代码，都是在操作对象。

所以，编写VBA程序，就是利用VBA语句引用对象并有目的地操作它。

4.1.3 应该记住哪些对象

◆ VBA编程就像炒菜

菜市场的菜花样繁多，买菜时应该买什么？红烧鱼很香，但家里从来不吃，买菜时要不要买？

买菜只买需要的，而不用买下整个菜市场。认识对象也是如此，并不用记住所有的对象，只需要熟悉它的结构和组成，记住经常的即可。对于那些不常用或根本不会用到的，只要在需要用到时能熟悉打开帮助菜单，像查字典一样找到它就够了。

偶尔那么一天，忽然想吃红烧鱼了，出门打个的，告诉司机："菜市场！" 一去一来，十五分钟，搞定！

◆ 应该记住哪些常用的对象

不买的菜坚决不买，要买的也千万不要落下。

菜市场，一去一来，十五分钟，的确不远。

但是菜洗好了，发现没有买油，然后出门打的……

十五分钟后，炒菜炒到一半，却发现没有买辣椒，于是，再一次出门打的……

又十五分钟后，菜快炒好了，忽然发现没有买葱……

最后的最后，鱼香肉丝终于端上了餐桌。来之不易的饭菜，真不简单。

存在冰箱里的当然是生活常用品。

学习VBA，需要记住哪些常用的对象？想一想，日常工作中经常会操作哪些对象（见表4-1）。

表4-1

Excel VBA常用的对象

对象	对象说明
Application	代表 Excel 应用程序
Workbook	代表 Excel 中的工作簿，一个 Workbook 对象代表一个工作簿文件
Worksheet	代表 Excel 中的工作表，一个 Worksheet 对象代表工作簿里的一张普通工作表
Range	代表 Excel 中的单元格，可以是单个单元格，也可以是单元格区域

4.2 一切由我开始，最顶层的Application对象

打开对象模型，最顶端的Application对象是起点，它代表Excel程序本身，就像一棵树的根，Excel里所有的对象都以它为起点，生根发芽，开枝散叶。

实际编程时，会经常用到它的许多属性和方法。

4.2.1 ScreenUpdating 属性

◇ 一个小故事

新来的老师站在讲台上，手指窗户边："喂，那个边上的同学……对，就是你，头大的那位男孩，起来回答个问题。"

大头儿子，班上的学习委员，老师真会挑。

"38加25。""63，"不假思索就回答了。

"再减15。""48。"

"再减36。""12。"

……

五年级的学生，二年级的问题，大头儿子有些不服气。

"老师，你能不能一次说完，我算有10步运算的。"

老师："……"

如果不需要中间的结果，计算时把计算过程记在心里。
大头儿子说：“我很喜欢这样的问答方式。”

◆ Excel里天天都在多步提问

在用Excel处理数据时，需要做的操作往往不只是一步。

在活动工作表的 A1:A10 单元格输入 100。

```
Sub InputTest()
    Cells.ClearContents                                    '清除表中所有数据
    Range("A1:A10") = 100                                  '在 A1:A10 单元格输入数值
    MsgBox "刚才在 A1：A10 输入数值 100，你能看到结果吗？"   '显示提示框
    Range("B1:B10") = 200
    MsgBox "刚才在 B1：B10 输入数值 200，你能看到结果吗？"
End Sub
```

在活动工作表的 B1:B10 单元格输入 20 0。

上述代码执行的过程如图4-3所示。

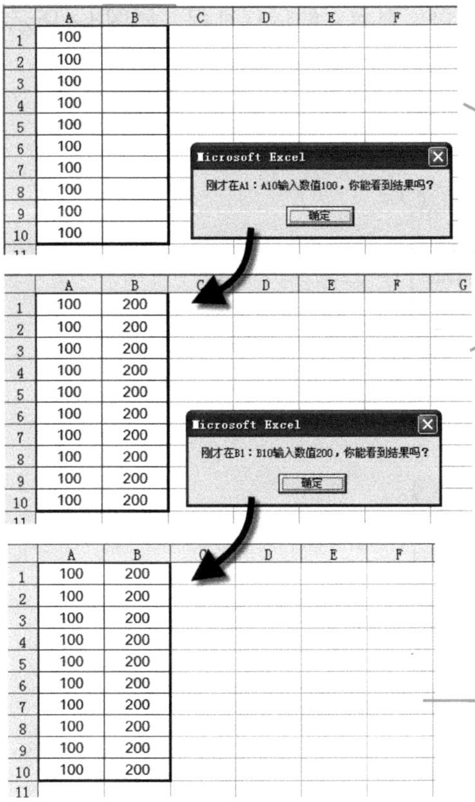

程序运行过程中，中间的计算结果并不会显示到屏幕上。

事实上，最后显示的结果才是我们想看到的。

图 4-3　程序的执行过程

◇ 不显示计算结果到屏幕上

ScreenUpdating 属性的默认值为 True，如果设置为 False，Excel 不会将计算结果显示到屏幕上。

```
Sub InputTest_2()
    Cells.ClearContents                                   '清除表中所有数据
    Application.ScreenUpdating = False                    '关闭屏幕更新
    Range("A1:A10") = 100                                 '在 A1:A10 中输入数值
    MsgBox "刚才在 A1：A10 输入数值 100，你能看到结果吗？ "    '显示提示框
    Range("B1:B10") = 200
    MsgBox "刚才在 B1：B10 输入数值 200，你能看到结果吗？ "
    Application.ScreenUpdating = True                     '恢复屏幕更新
End Sub
```

程序结束前请记得将属性设回 True。

同样的程序，稍加修改后，再一次执行它，观察它的运行过程，如图4-4所示。

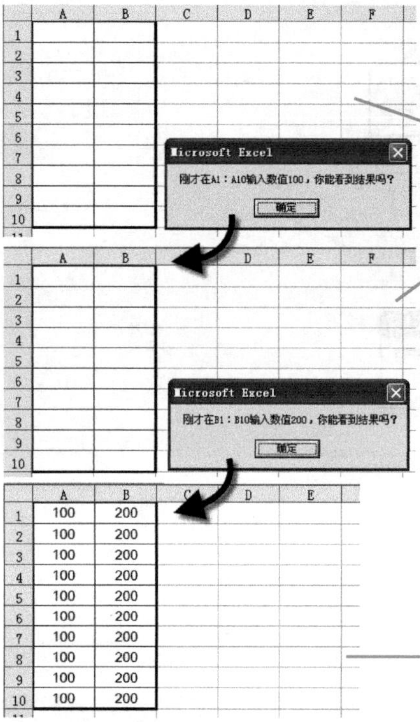

图4-4　程序的执行过程2

练习小课堂

对比两个程序的执行过程，你发现它们之间的区别了吗？设置ScreenUpdating属性有什么作用？试着小结一下。

参考答案

区别在于是否将程序运行过程中的计算结果显示到屏幕上。

设置ScreenUpdating属性为False，将看不到程序的执行过程，可以加快程序的执行速度，让程序显得直观、专业。

4.2.2 DisplayAlerts 属性

◆ 烦人的删除工作表

这是一个删除工作表的小程序：

```
Sub DelSht()
    Dim sht As Worksheet                          '定义变量
    For Each sht In Worksheets                    '遍历所有工作表
        If sht.Name <> ActiveSheet.Name Then      '判断 sht 代表的工作表是不是活动工作表
            sht.Delete                            '删除 sht 代表的工作表
        End If
    Next
End Sub
```

程序的目的是删除当前工作簿中除活动工作表外的所有工作表。

但是，程序运行后并不顺畅，如图4-5所示。

删除工作表前会显示一个警告对话框，只有单击【删除】按钮后才会完成删除操作。

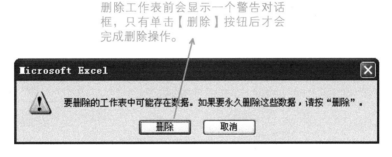

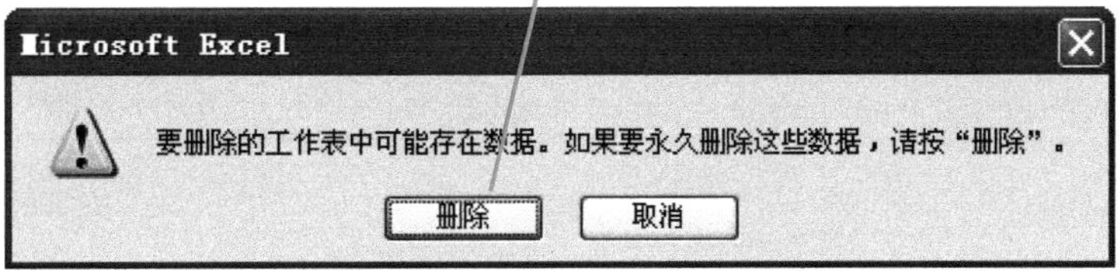

图4-5 删除工作表前的警告对话框

◇ 取消显示警告对话框

如果想取消显示对话框，只需要对程序作简单的修改：

```
Sub DelSht()
    Dim sht As Worksheet                          '定义变量
    Application.DisplayAlerts = False             '不显示警告信息
    For Each sht In Worksheets                    '遍历所有工作表
        If sht.Name <> ActiveSheet.Name Then      '判断 sht 代表的工作表是不是活动工作表
            sht.Delete                            '删除 sht 代表的工作表
        End If
    Next
    Application.DisplayAlerts = True              '恢复显示警告信息
End Sub
```

添加两行新代码。

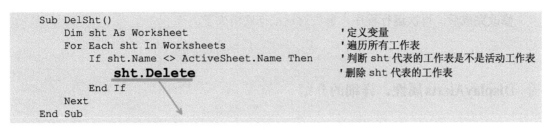

修改完成后，再次运行程序，警告对话框彻底消失了。

◆ DisplayAlerts属性，详细的介绍

Application对象的DisplayAlerts属性决定在程序运行中是否显示警告信息，默认值为True，如果不想在程序运行时被提示和警告信息打扰，可在程序开始时将属性设为False。但如果在程序中修改了该属性为False，在程序结束前请记得将它设回True。

4.2.3 EnableEvents 属性

可以通过设置Application对象的EnableEvents属性来启用或禁用事件。

◆ 什么是事件

事件是能被Excel认识的一个操作动作（参阅5.1.2小节）。

Excel里的许多操作都会触发事件，如打开工作簿、关闭工作簿等。用户可以编写不同的代码来响应这些事件，当触发某个事件时，自动执行指定的代码。

◆ 自动写入单元格地址

编写一个程序，当选中工作表中的单元格时，自动在单元格中写入该单元格的地址，如图4-6所示。

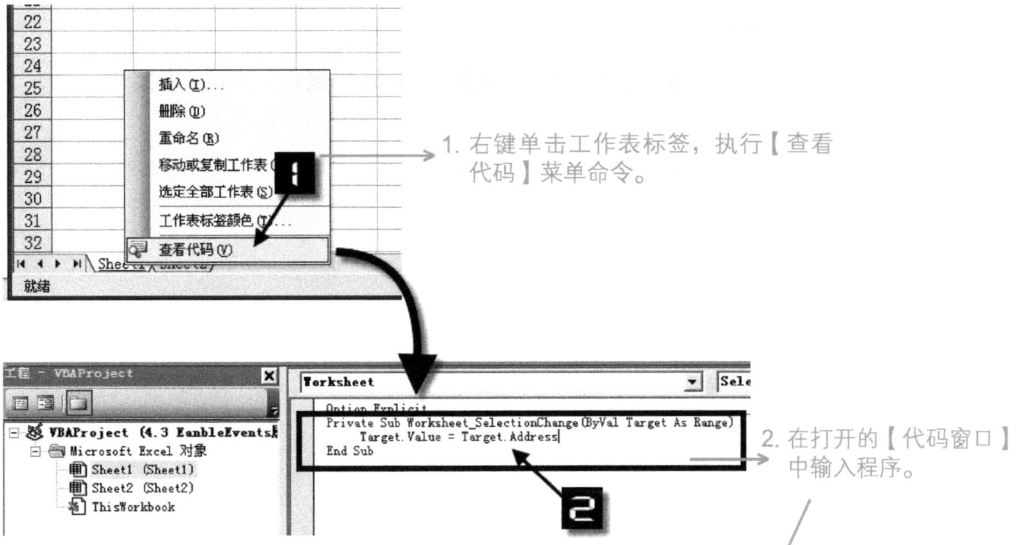

图4-6　在工作表对象中输入程序

```
Private Sub Worksheet_SelectionChange(ByVal Target As Range)
    Target.Value = Target.Address
End Sub
```

将选中的单元格地址写入该单元格。

Target 变量代表用户当前选中的单元格。

完成后返回该工作表区域，选中任意一个单元格，Excel会自动将该单元格的地址写入单元格中，如图4-7所示。

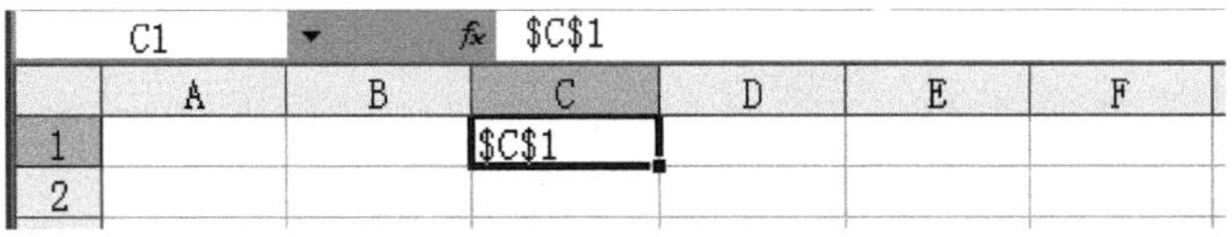

图4-7　自动填写单元格地址

这个程序是Worksheet_SelectionChange事件的应用，当用户更改选中的单元格时，自动运行Sub与End Sub之间的代码。

◆ 什么是禁用事件

禁用事件就是执行操作后不让事件发生。

如果禁用了事件，更改选中的单元格，Sub与End Sub之间的代码并不会运行。

在VBA里，可以设置Application对象的EnableEvents的属性为False来禁用事件。

练习小课堂

程序1和程序2是几乎完全相同的两个程序，用图4-6所示的方式将两个程序输入到不同的工作表对象中，然后分别在两张工作表中选中不同的单元格，看看程序运行的效果有什么不同？

程序1：

```
Private Sub Worksheet_SelectionChange(ByVal Target As Range)
    Target.Value = Target.Address
    Target.Offset(1, 0).Select            '选中活动单元格下面的一个单元格
End Sub
```

程序结束前，选中新的单元格。选中新的单元格会再次触发工作表的Selection Change事件，并再次自动运行程序，陷入死循环（可以按Esc键或<Ctrl+Break>组合键中断程序执行，退出死循环）。

程序2：

```
Private Sub Worksheet_SelectionChange(ByVal Target As Range)
    Target.Value = Target.Address
    Application.EnableEvents = False      '禁用事件
    Target.Offset(1, 0).Select            '选中活动单元格下面的一个单元格
    Application.EnableEvents = True       '启用事件
End Sub
```

程序结束前重新设置属性值为True。

在选中新的单元格之前先禁用事件，禁止程序再次自动运行。

参考答案

运行程序1，程序将陷入死循环，无法得到预想的结果。执行程序2后，能得到预期的结果。

设置EnableEvents属性为False后，当选中单元格后，Excel不会再自动运行程序，即禁用了该事件。

通过对比，你知道EnableEvents属性有什么作用吗？把自己的心得写下来。

4.2.4 WorksheetFunction 属性

◇ 没有这样的函数，真遗憾

VBA里有许多内置函数可供使用，但在实际应用中，并不是所有的问题都能找到合适的函数来解决。

如想统计A1:B50单元格中数值大于1000的单元格有多少个，就没有现成的函数，需要编写Function或Sub过程来统计。

```
Sub CountTest()
  Dim mycount As Integer, rng As Range                          '定义变量
  For Each rng In Range("A1:B50")                               '在A1:B50单元格里循环
     If rng.Value > 1000 Then mycount = mycount + 1             '如果满足条件，数量加1
  Next
  MsgBox "A1:B50中大于1000的单元格个数为：" & mycount           '提示框显示结果
End Sub
```

这只是一个简单的例子。实际工作中遇到的问题，可能要写几十行、几百行甚至更多的代码来实现。

◇ 为什么不使用COUNTIF函数

因为VBA里没有COUNTIF函数。其实不只COUNTIF，SUMIF、TRANAPOSE、VLOOKUP等常用函数在VBA中也没有。

虽然VBA里没有这些函数，但并不意味着它们都不能在VBA中使用。在VBA里，可以使用Appplication对象的WorksheetFunction属性调用部分工作表函数。

这个问题，也可以使用工作表中的COUNTIF函数来完成。

```
Sub CountTest()
    Dim mycount As Integer                                    '定义变量
    mycount = Application.WorksheetFunction.CountIf(Range("A1:B50"), ">1000")
    MsgBox "A1:B50 中大于 1000 的单元格个数为: " & mycount        '提示框提示结果
End Sub
```

使用工作表函数时，应在函数名称前加上它。

注意：如果VBA里已经有了相同的函数，不能再引用工作表中的函数，否则会出错。如要使用Len函数计算“ABCDE”的长度，应该写成Len(“ABCDE”)，而不能写成Application.WorksheetFunction.Len(“ABCDE”)。

4.2.5 给 Excel 梳妆打扮

Excel就像一个漂亮的姑娘，你可以随心所欲地打扮她。梳个漂亮的发型，画一画眉毛，换一件漂亮的衣服……小女孩的脸上有鼻子、眼睛、嘴巴等五官，Excel的脸上也有“五官”，如图4-8所示。

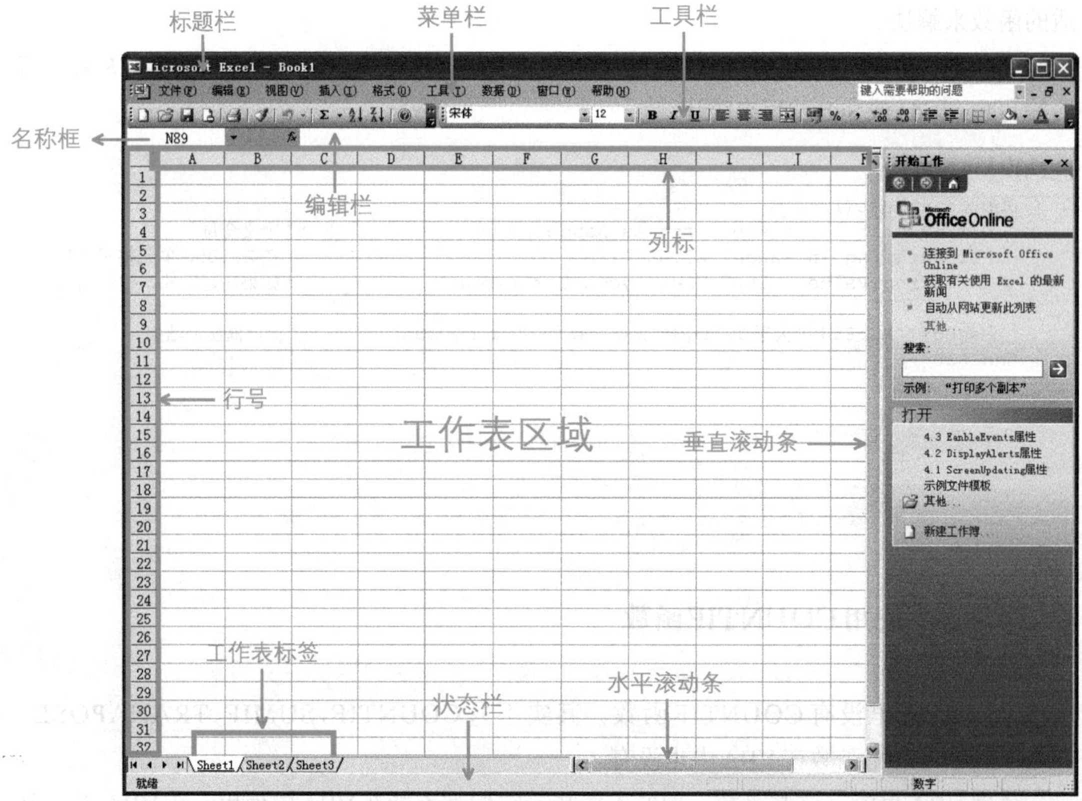

图4-8　Excel的界面

如果你不想看到她的某个“器官”，可以把它隐藏起来，如果你觉得她的单眼皮不好看，可以动手改造一下（参阅6.5节）。

练习小课堂

（1）可以设置Application对象的某些属性来更改Excel的界面。

运行Excel程序，进入VBE，在立即窗口里运行表4-2中的每句代码，然后把看到的结果写下来。

表4-2

在【立即窗口】中输入代码	修改区域	代码执行后的效果
Application.Caption = " 我的 Excel"	标题栏	
Application.Caption = "Microsoft Excel"	标题栏	
Application.DisplayFormulaBar = False	编辑栏	
Application.DisplayStatusBar = False	状态栏	
Application.StatusBar = " 正在计算，请稍候……"	状态烂	
Application.StatusBar = False	状态栏	
ActiveWindow.DisplayHeadings =False	行标和列标	

（2）可以更改的项目很多，如果你不知道该用什么代码，别忘记使用录制宏功能。

手动完成并录下表4-3列出的操作，然后将相应的代码填在表格里。

表4-3

代码执行后的效果	代码
隐藏工作表标签	
隐藏水平滚动条	
隐藏垂直滚动条	
显示绘图工具栏	
隐藏常用工具栏	
隐藏网格线	

参考答案

（1）

在立即窗口中输入代码	修改区域	代码执行后的效果
Application.Caption = " 我的 Excel"	标题栏	更改标题栏中显示的程序名称为“我的 Excel”
Application.Caption = "Microsoft Excel"	标题栏	更改标题栏中显示的程序名称为默认的 “Microsoft Excel”
Application.DisplayFormulaBar = False	编辑栏	隐藏【编辑栏】
Application.DisplayStatusBar = False	状态栏	隐藏【状态栏】
Application.StatusBar = " 正在计算，请稍候……"	状态烂	更改【状态栏】中显示信息为“正在计算，请稍候……”
Application.StatusBar = False	状态栏	恢复【状态栏】为初始状态
ActiveWindow.DisplayHeadings =False	行标和列标	隐藏【行标】和【列标】

（2）

代码执行后的效果	代码
隐藏工作表标签	ActiveWindow.DisplayWorkbookTabs = False
隐藏水平滚动条	ActiveWindow.DisplayHorizontalScrollBar = False
隐藏垂直滚动条	ActiveWindow.DisplayVerticalScrollBar = False
显示绘图工具栏	Application.CommandBars("Drawing").Visible = False
隐藏常用工具栏	Application.CommandBars("Standard").Visible = False
隐藏网格线	ActiveWindow.DisplayGridlines = False

4.2.6 她和她的孩子们

把对象模型这本家谱打开，Application是家族的起点，开枝散叶，不同的孩子住在不同的地方。

可以通过引用Application对象的属性返回不同的子对象。

所以，引用对象必须把每一级的对象名称写清楚。如：

```
Application.Workbooks("Book1").Worksheets("Sheet1").Range("A1")
```

把每一个点（.）翻译成“的”字，你就知道这段代码表示什么了。

引用Application的每一个子对象都可以使用这种引用方式，但对于某些特殊的对象却不必这么严谨，如想在当前选中的单元格里输入数值300，因为“选中的单元格”是一个特殊的对象，所以代码可以写为：

```
Application.Selection.Value = 300
```

Selection: 代表当前选中的对象。

Application可以省略不写，直接将式码写为：

```
Selection.Value=300
```

除了Selection，还可以使用其他属性引用某些特殊对象，如表4-4所示。

表4-4

Application的常用属性

属性	说明
ActiveCell	当前活动单元格
ActiveChart	当前活动工作簿中的活动图表
ActiveSheet	当前活动工作簿中的活动工作表
ActiveWindow	当前活动窗口
ActiveWorkbook	当前活动工作簿
Charts	当前活动工作簿中所有的图表工作表
Selection	当前活动工作簿中所有选中的对象
Sheets	当前活动工作簿中所有Sheet对象，包括普通工作表、图表工作表、Ms Excel 4.0宏表工作表和Ms Excel 5.0对话框工作表
Worksheets	当前活动工作簿中的所有Worksheet对象（普通工作表）
Workbooks	当前所有打开的工作簿

4.3 管理工作簿，了解Workbook对象

4.3.1 Workbook 与 Workbooks

◆ 什么是Workbooks

在英语里，可数名词加s后变成复数，表示多个！

就像英语里的可数名词，Workbook代表一个工作簿，加s后的Workbooks表示当前打开的所有工作簿，即工作簿集合（参阅3.4.1小节）。

◆ 怎么引用单个工作簿

引用工作簿，就是指明工作簿的位置及名称。

同学，来示范一下站立式起跑的姿势。

体育老师嘴里的“同学”是一个笼统的称呼，是所有同学的集合，谁该去示范呢？同学们都很迷茫，因为老师没有使用正确的引用方式指明同学的身份。

引用工作簿，指明了工作簿的身份，VBA才知道应该操作谁。

引用工作簿常用的方法有两种。

方法一：利用索引号引用工作簿

同数组里元素的索引号（参阅3.3.4小节）类似，索引号指明一个工作簿在工作簿集合里的位置，如图4-9所示。

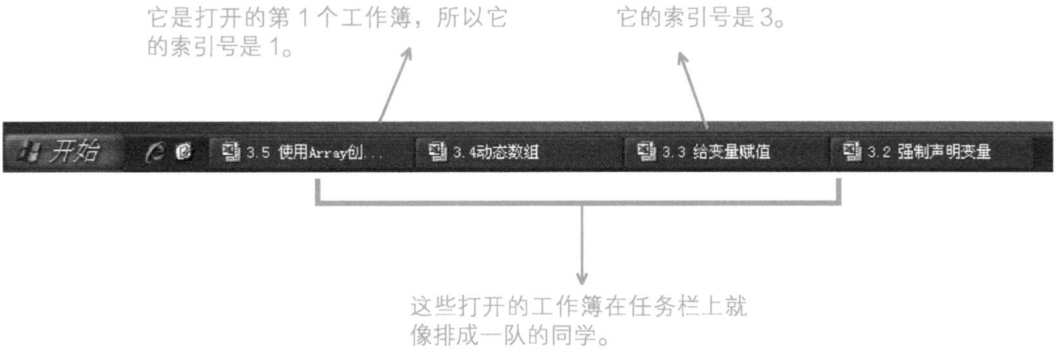

图4-9　工作簿的索引号

操场上，同学们整整齐齐地排成一队，张姣排在第3位。老师：“第3个同学，出列！”，大家都知道，叫的是张姣。

如果要引用Workbooks集合里的第3个Workbook，可以使用代码：

索引号告诉VBA，现在引用的是第几个工作簿。

```
Workbooks.Item(3)
```

可以省略Item，直接简写为：

```
Workbooks(3)
```

方法二：利用工作簿名引用工作簿

第一次排队，张姣站在第3位，第二次排队，站在第8位。如果老师一直在那嚷嚷：“3号出列！”还能把她叫出来吗？

这时候，更适合的做法应该是叫同学的名字：“张姣，到你演示了。”

引用工作簿也如此，如果不能确定索引号，使用工作簿的名称引用会更准确一些。

如想引用“Book1”工作簿，代码为：

"Book1"：表示工作簿名称的字符串，告诉VBA现在引用的是集合里叫什么名字的工作簿。

```
Workbooks("Book1")
```

如果是已经保存（即已存在）的文件，系统设置显示文件的扩展名，用这种引用方式会出错。

可以给工作簿的文件加上扩展名，写成：

```
Workbooks("Book1.xls")
```

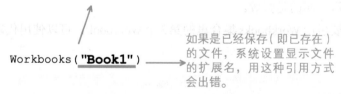

如果是已经保存（即已存在）的文件，无论系统是否设置显示文件的扩展名，用这种引用方式都不会出错。

Excel 2003版本的文件扩展名为“.xls”，所以文件名为“Book1.xls”。

练习小课堂

新建一个工作簿，在不保存的情况下，打开【立即窗口】，分别运行代码：

```
? Workbooks("Book1").Name
```

如果新建的工作簿默认名称不是"Book1"，那将"Book1"更改为对应的名称。

```
? Workbooks("Book1.xls").Name
```

试一试，都能运行吗？在一个已经保存的工作簿（文件名称为"Book1.xls"）中。

想一想，什么时候可以使用扩展名，什么时候不能使用扩展名？把你的总结写下来。

参考答案

（1）如果是新建的工作簿，在不保存（即该文件不存在）的情况下，引用时不能加扩展名；

（2）如果是已经存在的文件，当系统设置不显示文件的扩展名时，引用时可以使用扩展名，也可以不使用；

（3）如果是已经存在的文件，当系统设置显示文件的扩展名时，引用时必须使用扩展名。

所以，对于一个已经存在的文件，使用带扩展名的名称引用它会准确一些。

4.3.2 认识Workbook，需要了解的信息

◇ 想了解它，就替它做张名片

Excel就像一个美丽的美眉，想和她交朋友，必须掌握她的基本信息，如图4-10所示。

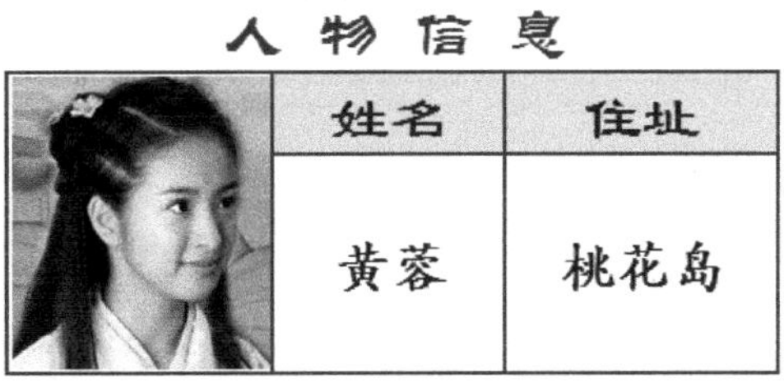

图4-10　名片上人物的信息

要了解Workbook，也可以做一张名片记录它的基本信息，如图4-11所示。

	A	B
1	项目	信息内容
2	文件名称	
3	文件路径	
4	带路径的文件名称	

图4-11　等待完善的工作簿名片

填写这张名片的信息，可以读取Workbook对象的Name属性、Path属性和FullName属性值，如图4-12所示。

ThisWorkbook: 代码所在的工作簿。

```
Sub WbMsg()
    Range("B2") = ThisWorkbook.Name
    Range("B3") = ThisWorkbook.Path
    Range("B4") = ThisWorkbook.FullName
End Sub
```

3个属性分别对应要填写的3个信息。

	A	B
1	项目	信息内容
2	文件名称	4.5 认识Workbook.xls
3	文件路径	D:\VBA\示例文件
4	带路径的文件名称	D:\VBA\示例文件\4.5 认识Workbook.xls

图4-12　完善后的名片

◆ 让名片更详细

Workbook对象拥有很多的属性和方法供你将名片完善，想知道它有哪些属性或方法，可以在帮助里查看，如图4-13所示。

单击【属性】可以查看该对象的所有属性列表。

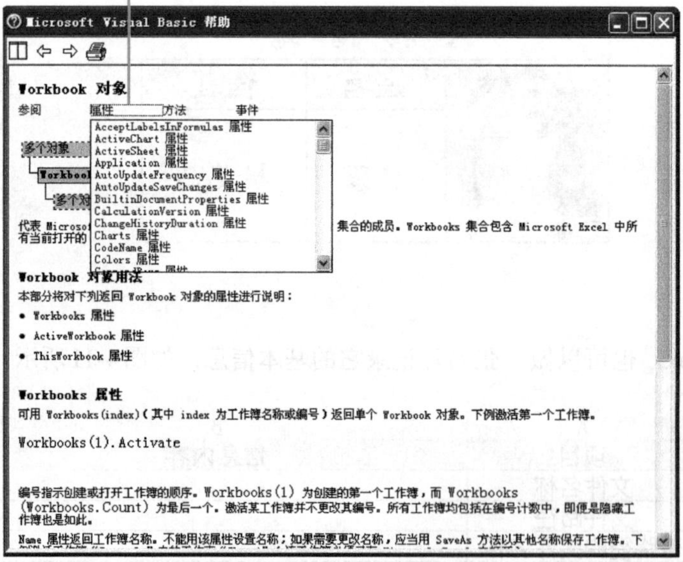

图4-13　Workbook对象的帮助

4.3.3 实际操作，都能做什么

◇ 创建一个工作簿文件

Workbooks 对象的方法。

```
Workbooks.Add
```

不带任何参数，将创建包含一定数目空白工作表的新工作簿（数目由 SheetsInNewWorkbook 属性决定）。

可以给 Add 方法设置参数：

方法和参数之间用空格分隔。

参数是现有 Excel 文件名的字符串。选用该参数，新建的工作簿将以该文件作为模板。

```
Workbooks.Add "C:\Program Files\Microsoft Office\Templates\2052\ADDRESS.XLS"
```

也可以通过参数指定新建工作簿中包含的工作类型：

参数告诉 VBA：新建的工作簿包含 1 张图表工作表。

```
Workbooks.Add xlWBATChart
```

方式与参数之间用空格分隔。

Excel 一共有 4 种类型的工作表，可以在【插入】对话框里看到，如图 4-14 所示。

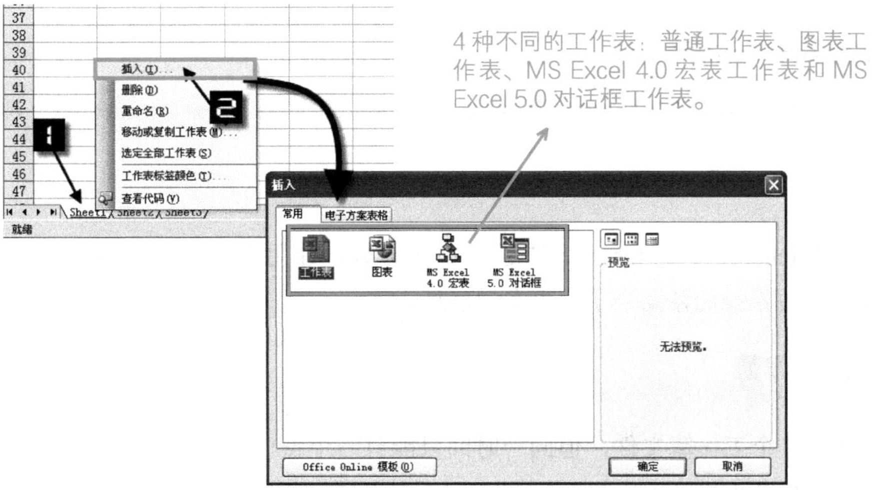

图 4-14　Excel 中 4 种类型的工作表

如果想让新建的工作簿包含指定类型的工作表，可以使用xlWBATCHart、xlWBATExcel4lntlMacroSheet、xlWBATExcel4MacroSheet或XlWBATWorksheet作为参数，如图4-15所示。

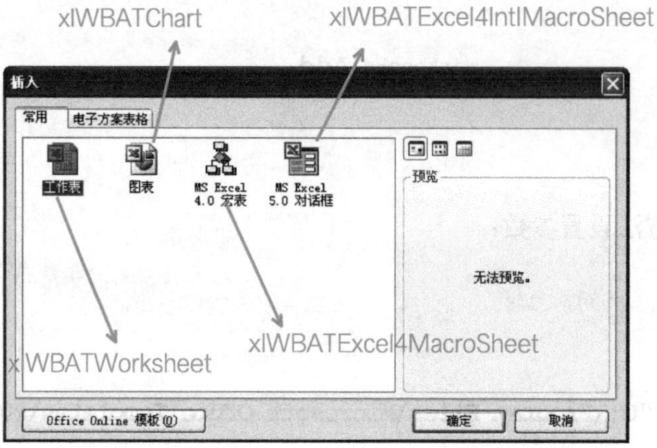

图4-15 4种不同工作表对应的参数

◆ 打开工作簿

打开一个Excel文件，最简单的方法就是使用Workbooks的Open方法。

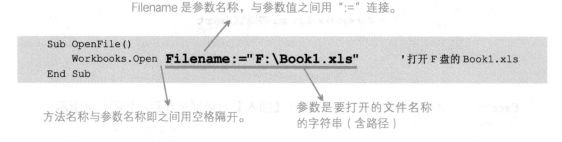

Filename 是参数名称，与参数值之间用":="连接。

```
Sub OpenFile()
    Workbooks.Open Filename:="F:\Book1.xls"        '打开 F 盘的 Book1.xls
End Sub
```

方法名称与参数名称即之间用空格隔开。

参数是要打开的文件名称的字符串（含路径）

参数名称可以省略不写：

```
Workbooks.Open "F:\mybook.xls"
```

省略了参数名称 Filename。

除了Filename参数，Open方法还有14个参数，让用户决定以何种方式打开指定的文件，可以通过系统的帮助来了解更多的信息。

◆ 激活工作簿

打开了5个工作簿文件，但同一时间只能有一个窗口是活动的。调用Workbooks对象的Activate方法可以激活一个工作簿。

```
Sub JhWb()
    Workbooks("Book1").Activate       '激活 Book1 工作簿
End Sub
```

激活该工作簿后，原活动窗口将自动转为不活动窗口。

◇ 保存工作簿

保存工作簿就调用Workbook对象的Save方法。

```
Sub SaveWb()
    ThisWorkbook.Save          '保存代码所在的工作簿
End Sub
```

代码所在的工作簿。

如果想将文件另存为一个新的文件，或者是第一次保存一个新建的工作簿，就用SaveAs方法。

参数指定文件保存的路径及文件名，如果省略路径，默认将文件保存在当前文件夹中。

```
Sub SaveToFile()
    ThisWorkbook.SaveAs Filename:="D:\test.Xls"
End Sub
```

使用SaveAs方法将工作簿另存为新文件后，将自动关闭原文件，打开新文件，如希望继续保留原文件不打开新文件，可以用SaveCopyAs方法。

```
Sub SaveToFile()
    ThisWorkbook.SaveCopyAs Filename:="D:\test.Xls"
End Sub
```

◇ 关闭工作簿

关闭当前打开的所有工作簿。

```
Sub CloseWb()
    Workbooks.Close          '关闭所有打开的工作簿
End Sub
```

如果想关闭指定的某个工作簿文件，应用代码指定。

```
Sub CloseWb()
    Workbooks("Book1").Close        '关闭 Book1
End Sub
```

如果工作簿被更改过而且没有保存，关闭工作簿前Excel会询问用户是否保存更改，如图4-16所示。

图4-16　是否保存工作簿的对话框

如果不想显示该对话框，可以给Close方法设置参数：

参数名称和参数值之间用":="连接。

参数值设为 True，VBA 会在关闭工作簿前先保存它，如果不想保存，应将参数值设为 False。

```
Sub CloseWb()
    Workbooks("Book1").Close savechanges:=True      '关闭并保存修改
End Sub
```

可以省略参数名称，直接写参数值。

```
Workbooks("Book1").Close True
```

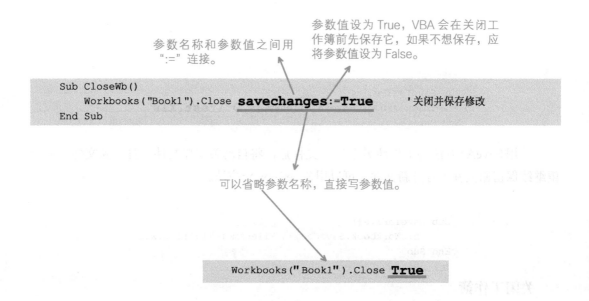

4.3.4　ThisWorkbook 与 ActiveWorkbook

同是Application对象的属性，同是返回Workbook对象，但二者并不是等同的。ThisWorkbook是对程序所在工作簿的引用，ActiveWorkbook是对活动工作簿的引用。

打开一个工作簿，在工作簿中输入并运行下面的程序，查看程序运行的结果，如图4-17和图4-18所示。

图4-17　ThisWorkbook

新建的工作簿总会成为活动工作簿。

```
Sub wb()
    Workbooks.Add                                          '新建一个工作簿
    MsgBox "代码所在的工作簿为: " & ThisWorkbook.Name      '显示代码所在工作簿名称
    MsgBox "当前活动工作簿为: " & ActiveWorkbook.Name      '显示当前活动工作簿名称
    ActiveWorkbook.Close savechanges:=False                '关闭新建工作簿，不保存修改
End Sub
```

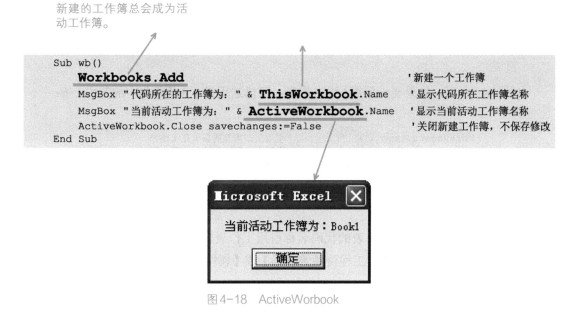

图4-18　ActiveWorbook

4.4　操作工作表，认识Worksheet对象

4.4.1　认识Worksheet对象

◇ Worksheet与Worksheets

一个Worksheet对象代表一张普通工作表，Worksheets是多个Worksheet对象的集合，包含指定工作簿中所有的Worksheet对象。

◇ 引用工作表

可以使用工作表的索引号或标签名称引用它，如图4-19所示。

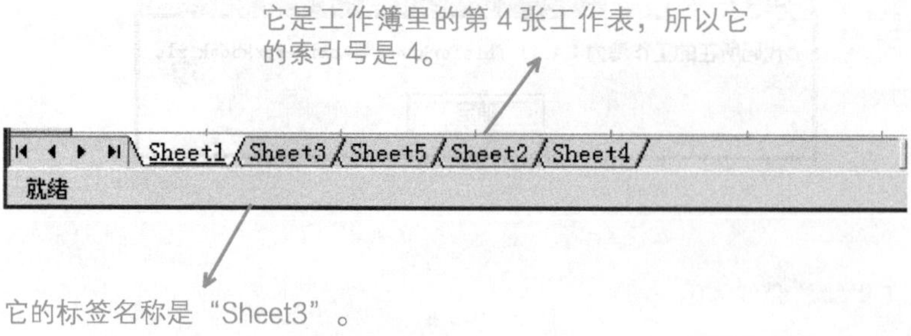

它是工作簿里的第 4 张工作表，所以它的索引号是 4。

图 4-19　工作表的索引号和标签名称

如图4-17所示，如果要引用第1张工作表，可以选用以下3条语句中的其中1条：

```
Worksheets.Item (1)          '引用工作簿里的第 1 张工作表
Worksheets (1)               '引用工作簿里的第 1 张工作表
Worksheets ("Sheet1")        '引用工作簿里标签名称为 "Sheet1" 的工作表
```

除此之外，还可以使用工作表的代码名称引用工作表。

工作表的代码名称可以在【工程资源管理器】或【属性窗口】中看到，如图4-20所示。

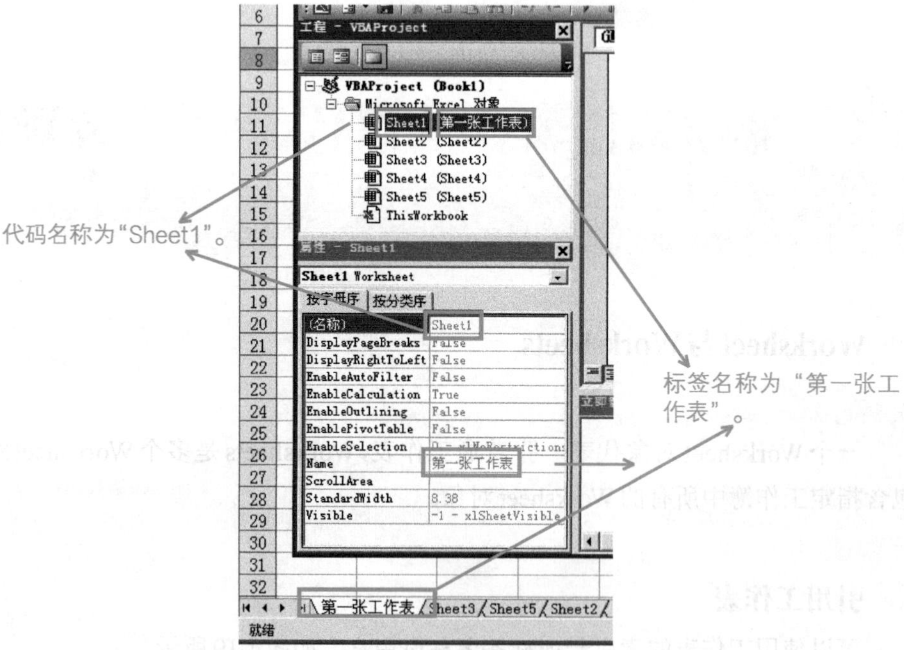

代码名称为“Sheet1”。
标签名称为“第一张工作表”。

图 4-20　工作表的代码名称和标签名称

因为代码名称只能在【属性窗口】里修改，不会随工作表标签名称或索引号的变化而变化。因此，当工作表的索引号或标签名称经常变化时，使用代码名称引用工作表会更方便。

使用代码名称引用工作表，只需直接写代码名称。如在图4-20中的“第一张工作表”的A1单元格输入10，代码为：

```
Sheet1.Range("A1")=100          '在指定工作表的A1单元格输入100
```

直接使用代码名称引用工作表。

查看工作表的代码名称，可以读取它的CodeName属性，如果想知道活动工作表的代码名称，代码为：

```
Sub ShowShtCode()
     MsgBox ActiveSheet.CodeName
End Sub
```

4.4.2 操作工作表

◇ 新建工作表

使用Worksheets对象的Add方法：

```
Worksheets.Add            '插入一张新工作表
```

如果不带任何参数，将在活动工作表前新建一张工作表。

可以用参数给新建的工作表指定位置：

```
Worksheets.Add before:=Worksheets(1)        '在第一张工作表前插入一张新工作表
```

before 或 after 参数指定插入工作表的位置，同时只能选用一个。如果不指定，默认将新工作表放在活动工作表之前。

```
Worksheets.Add after:=Worksheets(1)         '在第一张工作表后插入一张新工作表
```

还可以同时插入多张工作表：

```
Worksheets.Add Count:=3                '在活动工作表前插入 3 张工作表
```

Count 指定插入工作表的数量
如果省略参数，缺省值为 1。

编写程序时，可以同时使用多个参数：

不同的参数之间用英文逗号隔开。

```
Sub ShtAdd()
    Worksheets.Add after:=Worksheets(1), Count:=3      '在第一张工作表后插入 3 张工作表
End Sub
```

练习小课堂

试一试，在当前工作簿中最后一张工作表前插入两张工作表，你能做到吗？把你的程序写下来。

参考答案

```
Sub ShtAdd()
    Worksheets.Add before:=Worksheets(Worksheets.Count), Count:=2
End Sub
```

◆ 更改工作表标签名称

新建的工作表名总是被命名为Sheet1、Sheet2、Sheet3……
能不能在新建工作表时更改它的标签名称为“工资表”呢?

如果你想更改工作表的标签名称，就设置它的Name属性：

```
Worksheets(2).Name = "工资表"      '更改第 2 张工作表的标签名称为 "工资表"
```

如果是新建的工作表，可以在程序中更改：

```
Sub ShtAdd()
    Worksheets.Add before:=Worksheets(1)          '在第一张工作表前新建一张工作表
    ActiveSheet.Name = "工资表"                    '将新建的工作表更名为 "工资表"
End Sub
```

新建的工作表总是活动工作表，所以可以用 ActiveSheet 引用它。

也可以在新建工作表的同时指定它的标签名称：

```
Sub ShtAdd()
    '在第一张工作表前插入一个名称为 "工资表" 的工作表
    Worksheets.Add(before:=Worksheets(1)).Name = "工资表"
End Sub
```

但如果同时添加多张工作表（即Count参数值大于1时），并不能使用一句代码同时命名。

Add方法有哪些参数

在【代码窗口】中，输入完对象的方法名称后按空格，VBE会自动显示该方法的所有参数，用户可以根据提示进行输入，如图4-21所示。

这些就是 Add 方法的参数。

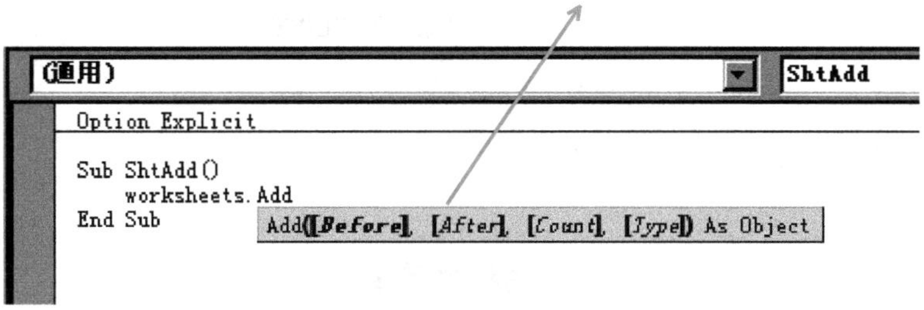

图4-21 输入Add方法时的提示

删除工作表

使用Worksheet对象的Delete方法可以删除指定的工作表。

```
Worksheets("Sheet1").Delete          '删除 Sheet1 工作表
```

"Sheet1"是要删除的工作表的标签名称

练习小课堂

删除工作表时，会弹出一个询问的警告对话框。想取消显示它，还记得用什么方法吗（参阅4.2.2小节）？编写一个删除"工资表"的Sub过程，你能做到吗？

参考答案

```
Sub ShtDe()
    Application.DisplayAlerts = False
    Worksheets("工资表").Delete
    Application.DisplayAlerts = True
End Sub
```

◆ 激活工作表

激活工作表就是让处于不活动状态的工作表变为活动工作表。激活工作表可以用Activate方法和Select方法。

```
Worksheets(1).Activate          '激活第一张工作表
```

这两个语句是等效的。

```
Worksheets(1).Select          '激活第一张工作表
```

练习小课堂

（1）按步骤操作，把你得到的结论写出来：

Step 1：隐藏工作簿中的第一张工作表，试一试用下面的两种方法激活它，能完成吗？

```
Worksheets(1).Activate       '激活第一张工作表
Worksheets(1).Select         '选中第一张工作表
```

Step 2：试一试用下面的两种方法同时选中工作簿中的所有工作表，能完成吗？

```
Worksheets.Activate       '激活所有工作表
Worksheets.Select         '选中所有工作表
```

（2）你知道使用Select和Activate两种方法的区别吗？把你的结论写下来。

参考答案

当工作表隐藏时，调用它的Select方法会出错。用Activate方法不能同时选中多张工作表，但用Select方法可以同时选中未隐藏的多张工作表。

◆ 复制工作表

使用Copy方法可以复制工作表，如图4-22所示。

```
Sub ShtCopy()
   Worksheets("工资表").Copy before:=Worksheets("出勤登记表")
End Sub
```

before 告诉 VBA：应该把复制得到的工作表放在哪张工作表之前。

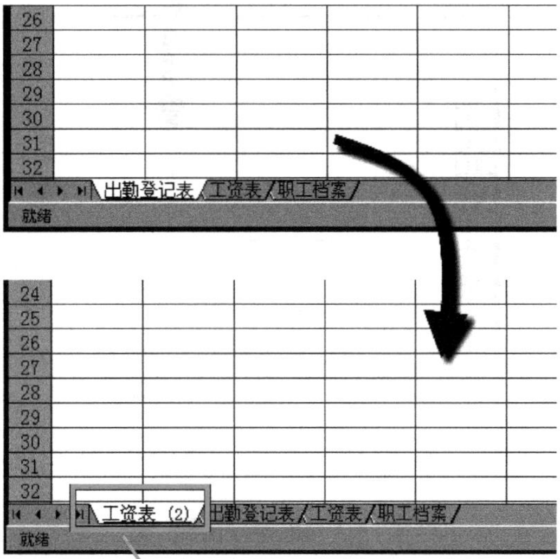

复制得到的新工作表总是活动工作表。

图4-22　复制工作表

```
Sub ShtCopy()
   Worksheets("工资表").Copy after:=Worksheets("职工档案")
End Sub
```

after 参数告诉 VBA：应该把复制得到的工作表放在哪张工作表之后。after 和 before 参数同时只能选用一个。

如果不使用参数，默认将工作表复制到新工作簿中，如图4-23所示。

```
Sub ShtCopy()
   Worksheets("工资表").Copy
End Sub
```

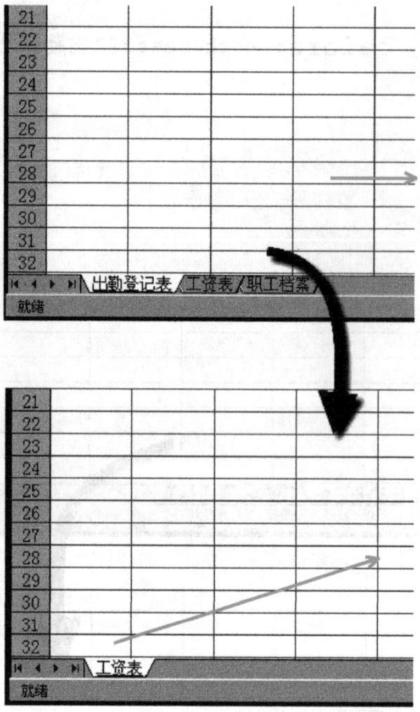

原工作簿。
新工作簿。里面只有复制得到的工作表，标签名称与原工作表标签名称相同。

图4-23　不使用参数复制工作表

练习小课堂

（1）使用参数和不使用参数时，复制的工作表名称一样吗？如果想把“工资表”复制到“出勤登记表”前，更名为“工资表备份”，你知道完整的程序应该怎样写吗？试一试，写下来。

（2）动手写一个程序，将“工资表”复制到新工作簿中，工作表名为“工资表备份”，同时将文件保存到D盘根目录下，文件名称为“7月工资表xls”，要求保存工作簿后，原工作簿仍可以操作。

代码	代码说明
	声明过程
	复制“工资表”到新工作簿
	把复制的工作表更名为“工资表备份”
	将工作簿另存为到 D 盘，文件名为“7 月工资表 .xls”，保存后原工作簿可修改
	关闭 Copy 方法生成的工作簿，不保存更改
	结束过程

参考答案

（1）使用参数复制工作表时，将把工作表复制到同一工作簿中，Excel自动为工作表命名，与原工作表不同。不使用参数复制工作表时，将把工作表复制到新工作簿中，名称与原来相同。

```
Sub ShtCopy_1()
    Worksheets("工资表").Copy before:=Worksheets("出勤登记表")
    ActiveSheet.Name = "工资表备份"
End Sub
```

（2）代码

```
Sub ShtCopy_2()
    Worksheets("工资表").Copy
    ActiveSheet.Name = "工资表备份"
    ActiveWorkbook.SaveCopyAs "D:\7月工资表.xls"
    ActiveWorkbook.Close False
End Sub
```

◇ 移动工作表

移动工作表的操作与复制工作表类似。

Move方法告诉VBA执行的是移动操作，不保留原工作表。

```
Sub ShtMove()
    '将"工资表"移动到"出勤登记表"之前
    Worksheets("工资表").Move before:=Worksheets("出勤登记表")
    '将"工资表"移到到"职工档案"之后
    Worksheets("工资表").Move after:=Worksheets("职工档案")
    '将"工资表"移动到新工作簿中
    Worksheets("工资表").Move
End Sub
```

不指定参数，将把工作表移动到新工作簿中。

◇ 隐藏或显示工作表

可以设置工作表的Visible属性显示或隐藏该工作表，如图4-24所示。

```
Worksheets("工资表").Visible = False
Worksheets("工资表").Visible = xlSheetHidden
Worksheets("工资表").Visible = 0
```

这3句代码的作用是一样的，等同于从【格式】菜单里隐藏工作表。

这样隐藏的工作表不能在【格式】菜单里取消隐藏，只能用VBA代码或在【属性窗口】中设置属性显示它。

```
Worksheets("工资表").Visible = xlSheetVeryHidden
Worksheets("工资表").Visible = 2
```

这两句代码的作用是一样的，但与前3句并不相同。

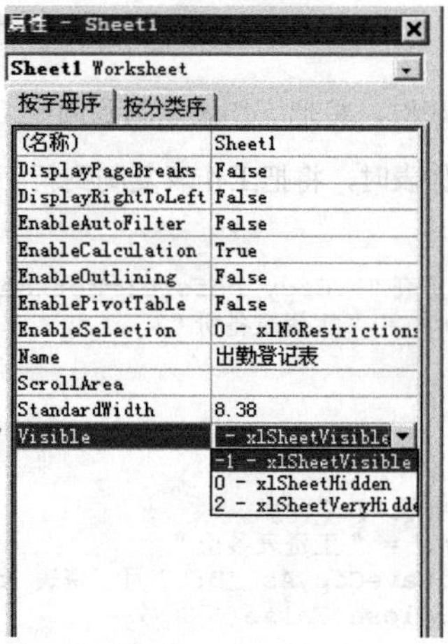

图4-24 通过属性窗口隐藏或显示工作表

无论以何种方式隐藏了“工作表”工作表，想用代码显示它，可以用下面4句代码中的任意一句：

```
Worksheets("工资表").Visible = True
Worksheets("工资表").Visible = xlSheetVisible
Worksheets("工资表").Visible = 1
Worksheets("工资表").Visible = -1
```

◆ 获取工作表的数目

想知道当前工作簿中共有几张工作表，可以读取Worksheets的Count属性值，运行结果如图4-25所示。

Count属性返回集合中成员的个数。

```
Sub ShtCount()
    Dim mycount%                                    '定义变量
    mycount = Worksheets.Count                      '将结果保存在变量中
    MsgBox "工作簿里一共有 " & mycount & " 张工作表! "
End Sub
```

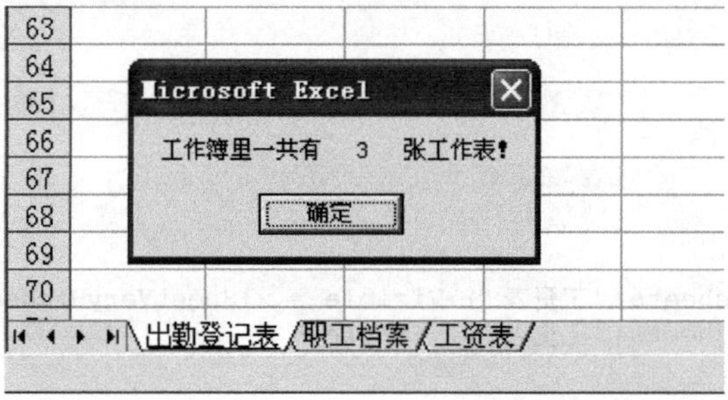

图4-25 求工作表数量

4.4.3 Sheets 与 Worksheets

◇ 有人说，它们相同

有人说，Sheets同Worksheets没有区别，如图4-26所示。

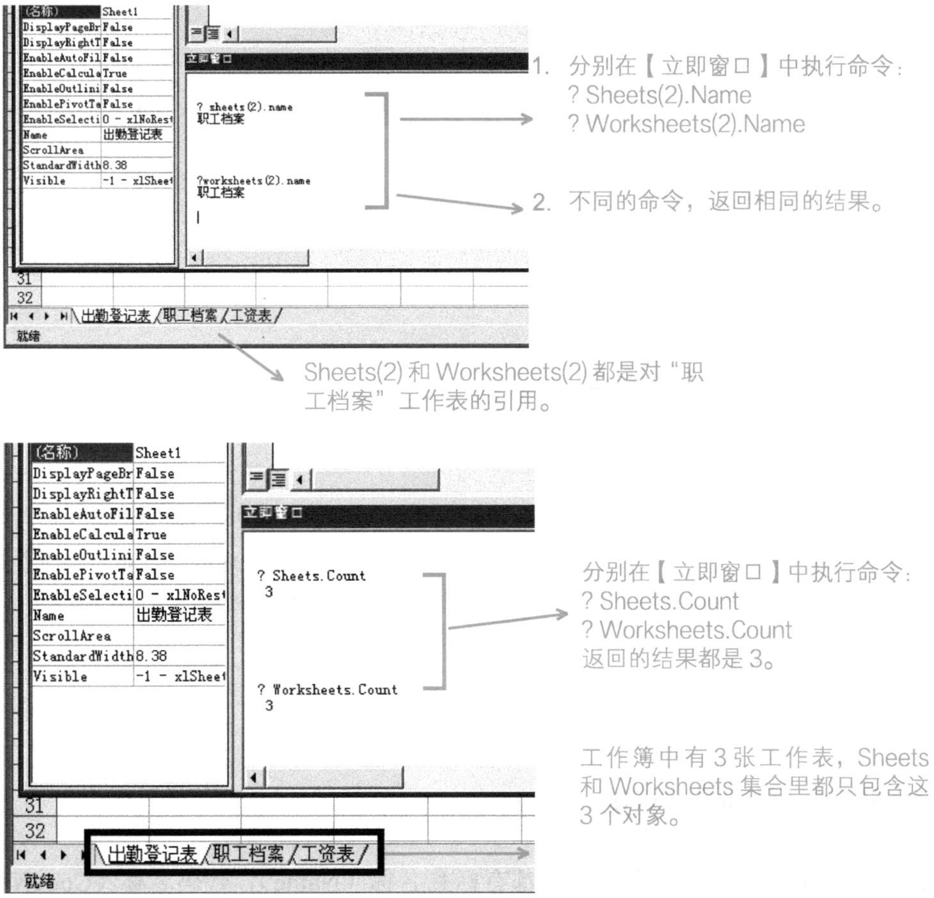

图4-26 在立即窗口中执行命令

◇ 但是，它们相同吗

其实Sheets与Worksheets代表两种不同的集合。

Excel里一共有4种不同类型的工作表，Sheets表示工作簿里所有类型的工作表的集合，而Worksheets只表示普通工作表的集合，如图4-27所示。

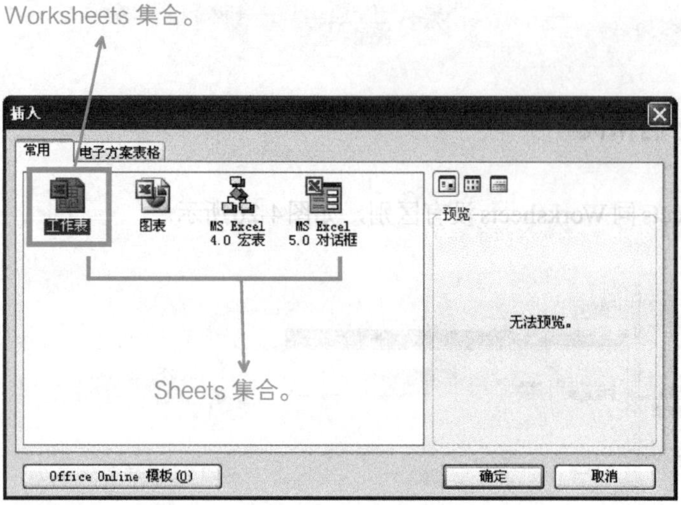

图 4-27　Sheets 与 Worksheets 集合的区别

练习小课堂

试一试，在工作簿中插入不同类型的工作表后，在【立即窗口】中执行下面的代码，返回的值还相同吗?

```
? Sheets.Count
```

```
? Worksheets.Count
```

参考答案

Sheets.Count 返回各种类型的工作表的数量之和，Worksheets.Count 返回普通工作表的数量。

◆ 关于 Sheets 与 Worksheets

Sheets 与 Worksheets 集合里的对象都有标签名称（Name），代码名称（CodeName）、索引号（index）等属性，也都有 Add、Delete、Copy 和 Move 等方法，设置属性或调用方法的操作类似。但因为 Sheets 集合包含更多类型的工作表，所以其包含的方法和属性比 Worksheets 集合多。

4.5　核心，至关重要的 Range 对象

Range 对象代表工作表中的单元格或单元格区域，包含在 Worksheet 对象中。

4.5.1 多种方法引用 Range 对象

操作单元格，需要先引用单元格。

信封上的收信地址，告诉邮递员应该把信投到哪家邮箱。只有写清楚地址，信才不会寄错。

引用单元格，就像写在信封上的地址，如果要把某商品的销售数量50保存到活动工作簿中Sheet1工作表的A1单元格中，代码为：

```
Worksheets("Sheet1").Range("A1").Value = 50
```

这就是地址，地址告诉 VBA 应该把数据保存在哪里。
只有地址写对，数据才不会进错门。

这里的Range(“A1”)就是引用A1单元格的一种形式。在VBA里，引用单元格有多种方法。

◆ Worksheet(或Range)对象的Range属性

参数是表示单元格地址(A1样式)的字符串。

```
Sub rng()
    Range("A1:A10").Value = 200         '在活动工作表的A1:A10输入数值200
    Dim n As String                     '定义变量
    n = "B1:B10"
    Range(n) = 100                      '在活动工作表的B1:B10输入数值100
End Sub
```

参数是表示单元格地址的字符串变量。

如果单元格已经被定义为名称，参数还可以是表示名称名的字符串或字符串变量，如图4-28所示。

```
Sub rng()
    Range("date").Value = 100
End Sub
```

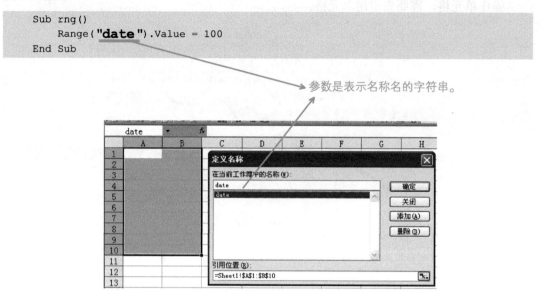

参数是表示名称名的字符串。

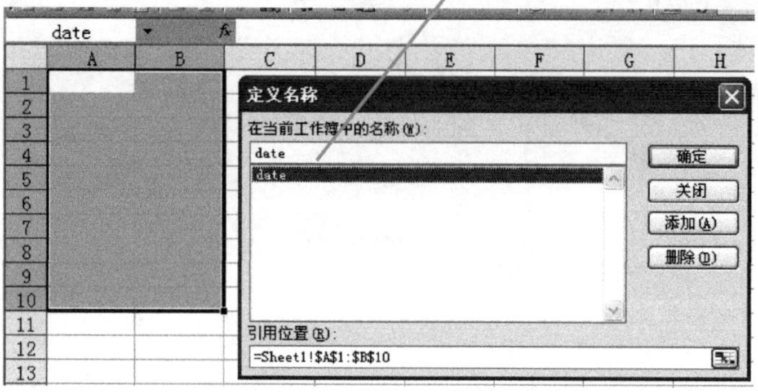

图4-28　定义的名称

如果要引用多个不连续的区域，可以在各区域间添加逗号，如图4-29所示。

无论有多少个区域，参数都只是一个字符。

```
Sub rng()
   Range("A1:A10, A4:E6, C3:D9").Select    '选中单元格区域
End Sub
```

千万不要把代码看成：Range("A1:A10","A4:E6","C3:D9")。

各个区域间用逗号分隔。

运行程序后，3个区域都被选中。

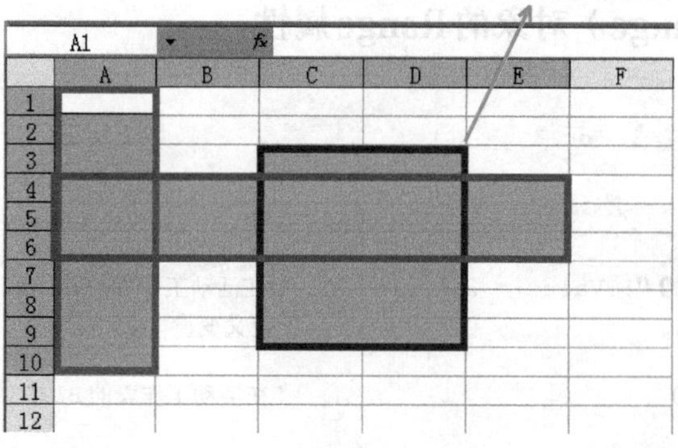

图4-29　引用多个不连续区域

如果想引用相交区域（公共区域),可以在多个区域间添加空格，如图4-30所示。

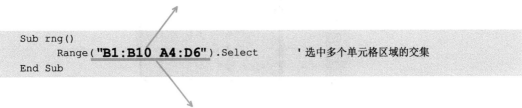

尽管中间有空格，但参数只是一个字符串。

```
Sub rng()
    Range("B1:B10 A4:D6").Select        '选中多个单元格区域的交集
End Sub
```

用空格隔开两个区域，而不是逗号。

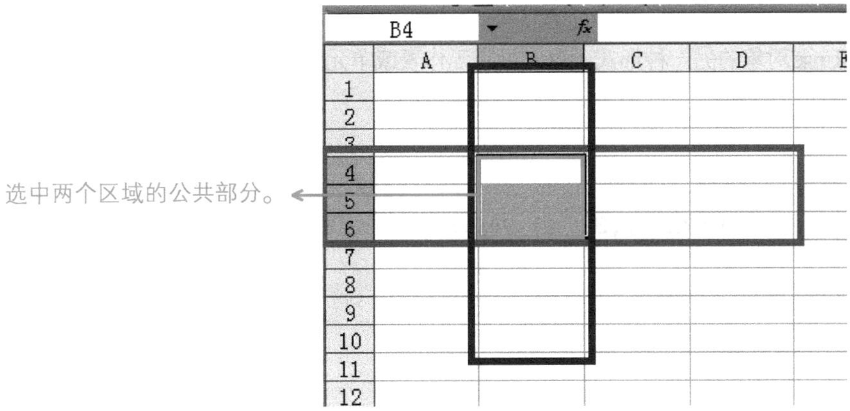

图4-30 引用相交区域

还可以使用两个参数来引用两个区域围成的矩形区域，如图4-31所示。

两个参数都是表示单元格地址（A1样式）的字符串，也可以是Range对象。

```
Sub rng()
  Range("B6:B10", "D2:D8").Select
End Sub
```

不再只是一个参数，两个参数间用逗号分隔。

返回包含两个单元格区域的最小矩形区域。

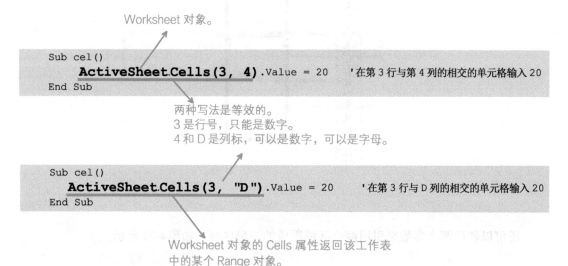

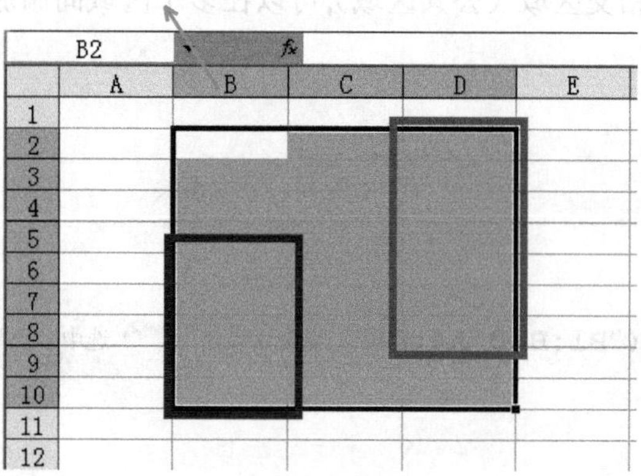

图4-31　使用两个参数引用单元格

◆ Worksheet（或 Range）对象的 Cells 属性

这是引用Range对象的另一种形式，返回指定工作表或单元格区域中指定行与列相交的单元格。

Worksheet 对象。

```
Sub cel()
    ActiveSheet.Cells(3, 4).Value = 20    '在第 3 行与第 4 列的相交的单元格输入 20
End Sub
```

两种写法是等效的。
3 是行号，只能是数字。
4 和 D 是列标，可以是数字，可以是字母。

```
Sub cel()
    ActiveSheet.Cells(3, "D").Value = 20    '在第 3 行与 D 列的相交的单元格输入 20
End Sub
```

Worksheet 对象的 Cells 属性返回该工作表中的某个 Range 对象。

如果引用的是Range对象的Cells属性，将返回指定单元格区域中指定行与列相交的单元格，如图4-32所示。

Range 对象。

```
Sub cel()
    Range("B3:F9").Cells(2, 3) = 100
End Sub
```

代表 B3:F9 单元格区域的第 2 行与第 3 列相交的单元格，即 D4 单元格。

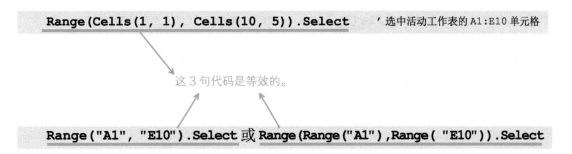

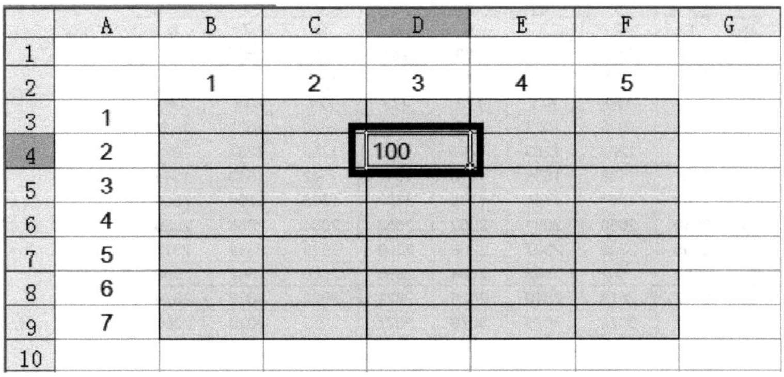

图4-32 引用Range对象的Cells属性

Cells属性还可以用作Range属性的参数：

```
Range(Cells(1, 1), Cells(10, 5)).Select      '选中活动工作表的A1:E10单元格
```

这3句代码是等效的。

```
Range("A1", "E10").Select 或 Range(Range("A1"),Range( "E10")).Select
```

Cells可以只使用一个参数：

2是索引号，索引号告诉VBA，现在引用的是ActiveSheet中的第几个单元格。

```
Sub cel()
    ActiveSheet.Cells(2).Value = 200     '在活动工作表的第2个单元格输入200
End Sub
```

如果引用的是Worksheet对象的Cells属性，在Excel 2003中索引号的值为1到16777216(65536行×256列)。

单元格按从左往右，从上到下的顺序编号，即A1为第1个单元格，B1为第2个单元格，C1为第3个单元格……A2为第257个单元格……如图4-33所示。

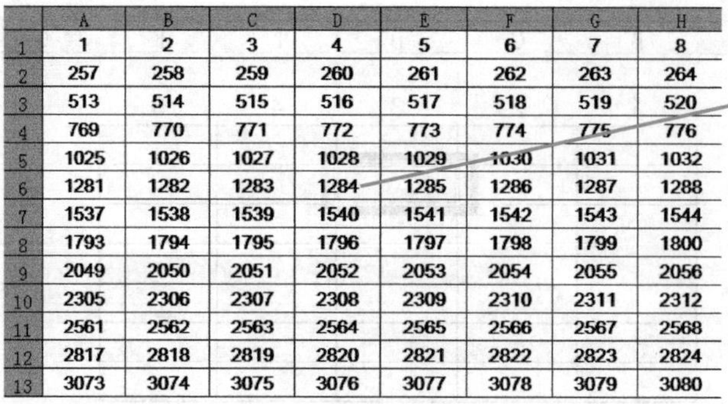

	A	B	C	D	E	F	G	H
1	1	2	3	4	5	6	7	8
2	257	258	259	260	261	262	263	264
3	513	514	515	516	517	518	519	520
4	769	770	771	772	773	774	775	776
5	1025	1026	1027	1028	1029	1030	1031	1032
6	1281	1282	1283	1284	1285	1286	1287	1288
7	1537	1538	1539	1540	1541	1542	1543	1544
8	1793	1794	1795	1796	1797	1798	1799	1800
9	2049	2050	2051	2052	2053	2054	2055	2056
10	2305	2306	2307	2308	2309	2310	2311	2312
11	2561	2562	2563	2564	2565	2566	2567	2568
12	2817	2818	2819	2820	2821	2822	2823	2824
13	3073	3074	3075	3076	3077	3078	3079	3080

D6 单元格的索引号是 1284，所以引用它的代码为：Cells(1284)。

图 4-33　工作表中单元格的索引号

如果引用的是Range对象的Cells属性，索引号的范围为1到这个单元格区域包含的单元格的个数。

8 告诉 VBA，现在引用的是 B3:F9 区域中的第 8 个单元格，即 D4 单元格。

```
Sub cel()
    Range("B3:F9").Cells(8).Value = 100    '在 B3:F9 的第 8 个单元格输入 100
End Sub
```

但索引号可以大于单元格区域里的单元格个数，如果索引号大于单元格个数，系统会自动将单元格区域在行方向上进行扩展（列数不变），然后再引用，如图4-34所示。

B3:F9 区域中只有 35 个单元格，42 大于 35。

```
Range("B3:F9").Cells(42).Value = 100
```

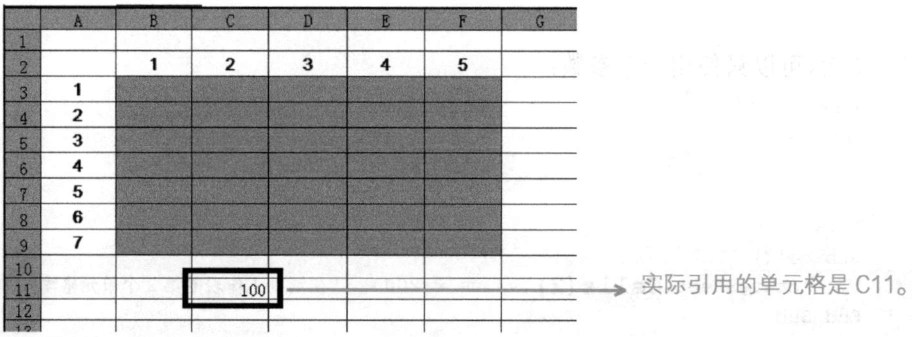

图 4-34　当索引号大于单元格个数时

如果不使用任何参数，Cells属性将返回指定对象中的所有单元格：

```
Sub cel()
    ActiveSheet.Cells.Select                '选中活动工作表中的所有单元格
    Range("B3:F9").Cells.Select             '选中活动工作表中的 B3:F9 单元格区域
End Sub
```

练习小课堂

试一试，能用Worksheet对象的Cells属性引用A1：B10单元格区域吗？用Range属性和Cells属性引用单元格的区别是什么，你发现了吗？总结一下，并写下来。

参考答案

使用Cells属性只能引用一个单元格，不能引用多个单元格。

◇ 更简短的快捷方式

如果想引用某个单元格或单元格区域，可以直接将单元格地址（A1样式）写在中括号里。如果单元格或单元格区域已被定义为名称，也可以直接把名称名写在中括号里：

参数无论是单元格地址还是名称名，都不用加引号。

```
[B2]                          'B2 单元格
[A1:D10]                      'A1:D10 单元格
[A1:A10,C1:C10,E1:E10]        '3 个单元格区域的合并区域
[B1:B10 A5:D5]                '两个单元格区域的公共区域
[n]                           ' 名称 n 代表的单元格
```

[]是Application对象的Evaluate方法的简写形式，这种简写形式非常适合引用一个固定的Range对象。但是因为不能在方括号中使用变量，所以这种引用方式缺少灵活性。

4.5.2 还可以怎样得到单元格

◇ 引用整行

Rows: 返回 ActiveSheet 中所有行的集合。

```
ActiveSheet.Rows("3:3").Select          '选中活动工作表的第 3 行
ActiveSheet.Rows("3:5").Select          '选中活动工作表的第 3 行到第 5 行
```

参数是表示行地址的字符串。

```
ActiveSheet.Rows(3).Select          '选中活动工作表中的第 3 行
```

索引号告诉 VBA，现在引用的是工作表里的第几行。

```
ActiveSheet.Rows.Select    '选中工作中的所有行
```

如果不使用任何参数，将引用所有行，等同于 ActiveSheet.Cells。

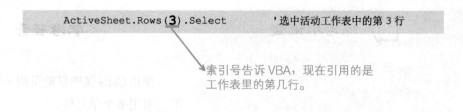

如果引用的是Range对象的Rows属性，则返回单元格区域里的指定行，如图4-35所示。

```
Rows("3:10").Rows("1:1").Select          '选中第 3 行到第 10 行区域中的第 1 行
```

代码选中的是第 3 行到第 10 行区域中的第 1 行，即工作表中的第 3 行。

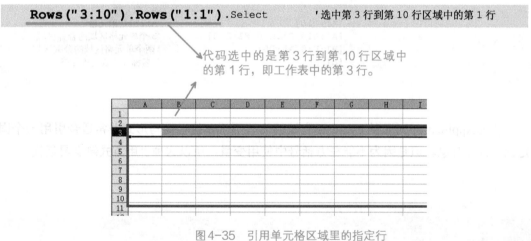

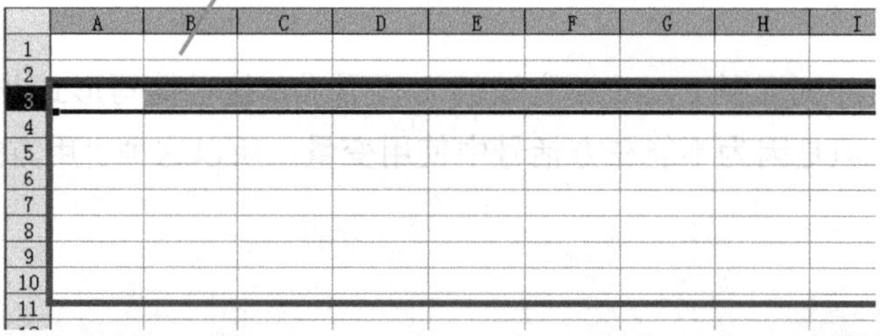

图4-35　引用单元格区域里的指定行

◆ 引用整列

引用整列时参数可以是列标，也可以是索引号。

```
ActiveSheet.Columns ("F:G")                    '选中活动工作表中的 F 至 G 列
ActiveSheet.Columns (6)                        '选中活动工作表中的第 6 列
ActiveSheet.Columns                            '选中活动工作表中的所有列
Columns("B:G").Columns("B:B").Select           '选中 B:G 列区域中的第 2 列
```

练习小课堂

根据提示，将表4-5中的代码补充完整。

表4-5

补充代码

提示	代码
用两种引用方式引用活动工作表的B列	
引用活动工作表中的B列到D列	
引用B列到E列区域中的第2列	

参考答案

```
Columns(2)
Columns("B:B")
Columns("B:D")
Columns("B:E").Columns(2)
```

Application对象的Union 方法

Union方法像一支强烈的粘合剂，将不连续的多个单元格区域粘在一起，可以同时对其进行操作，如图4-36所示。

参数为多个 Range 对象。　最少两个，最多 30 个。

```
Sub RngUnion()
    '同时选中两个单元格区域
    Application.Union(Range("A1:A10"), Range("D1:D5")).Select
End Sub
```

Application 可以省略不写。　不同的参数之间用英文逗号分隔。

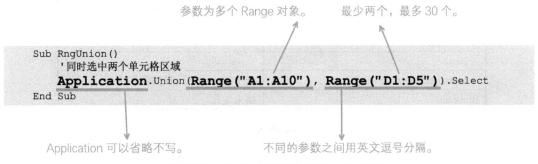

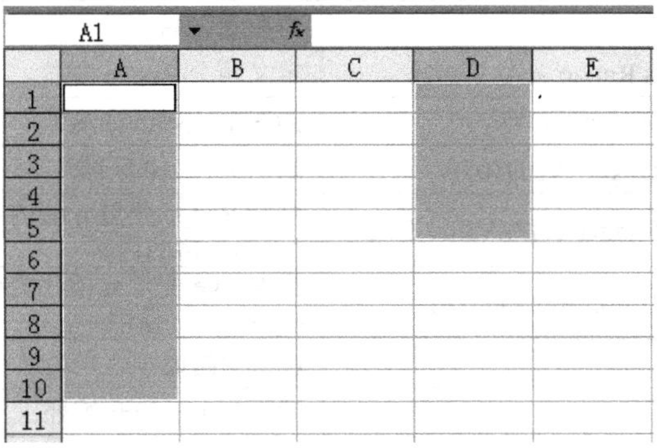

图4-36　使用Union方法选中两个不连续的单元格区域

练习小课堂

表4-6中是一个未完成的程序，请根据代码说明将程序补充完整。让程序运行后，选中活动工作表中A1:D10单元格区域里与A1单元格内容相同的所有单元格，如图4-37所示。

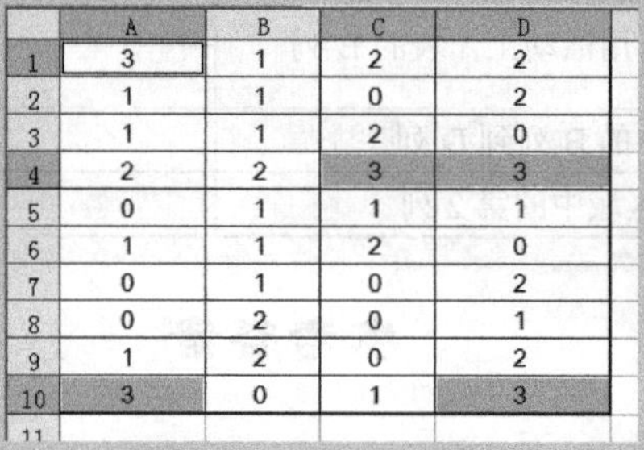

	A	B	C	D
1	3	1	2	2
2	1	1	0	2
3	1	1	2	0
4	2	2	3	3
5	0	1	1	1
6	1	1	2	0
7	0	1	0	2
8	0	2	0	1
9	1	2	0	2
10	3	0	1	3
11				

图4-37　程序执行效果图

表4-6

代码	代码说明
Sub	声明过程名
Dim myrange　　　　, n	定义两个 Range 变量
Set myrange = Range("A1")	
For	遍历 A1:D10 区域
If	判断 Range 变量 n 的内容是否等于 A1 单元格的内容
	将 Range 变量 n 指代的单元格添加进 myrange 变量中
End If	
Next	
myrange.Select	选中 myrange 代表的单元格
End Sub	结束过程

参考答案

代码	代码说明
Sub UnionTest()	声明过程名
Dim myrangeAs Range, n As Range	定义两个 Range 变量
Set myrange = Range("A1")	为变量 myrange 赋值
For Each n In Range("A1:D10")	遍历 A1:D10 区域
If n.Value = Range("A1").Value Then	判断 Range 变量 n 的内容是否等于 A1 单元格的内容
Set myrange = Union(myrange, n)	将 Range 变量 n 指代的单元格添加进 myrange 变量中
End If	If 语句结束
Next	回到 For 语句开始处
myrange.Select	选中 myrange 代表的单元格
End Sub	结束过程

◇ Range对象的Offset属性

“牛头市同兴路2号张大明转张姣（收）”，张姣是张大明的堂妹，写信的人不知道她家住哪里，所以让张大明转交。这是写地址的另一种方式。

就像寄信一样，如果想把500保存到A1单元格的某个邻居（单元格）里，可以利用Range对象的Offset属性。

Offset 属性告诉 VBA，应该把“信”转交给谁。

```
Range("A1").offset(2, 3).Value = 500
```

括号里的参数告诉 VBA，在转交“信”时应该往 A1 单元格的哪个方向走，走多远。

第一个参数 2 告诉 VBA 向下移动 2 行。

```
Sub RngOffset()
   Range("A1").Offset(2, 3).value=500
End Sub
```

出发地点。　　第二个参数 3 告诉 VBA 向右移动 3 列。

从A1单元格出发，先向下移动2行，再向右移动3列，到达的单元格就是要保存数据的地方，如图4-38所示。

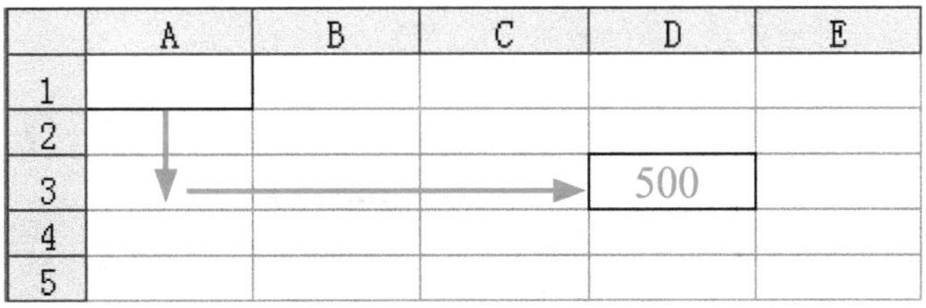

图4-38　Offset属性

修改Offset的参数可以控制移动的方向和距离。如果参数是正数，表示向下或向右移动，如图4-33所示；如果参数为负数，表示向上或向左移动；如果参数为0，则不移动，如图4-39所示。

第一个参数是 -3，所以向上移动 3 行。

```
Sub RngOffset()
   Range("C5:D6").Offset(-3, 0).Select
End Sub
```

第二个参数是 0，所以在列方向上不移动。

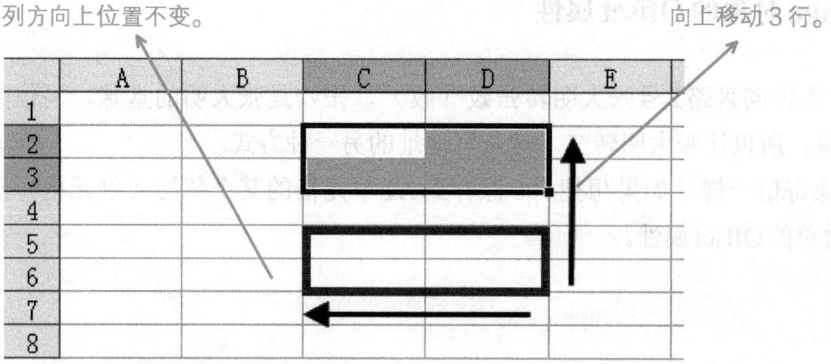

图4-39　利用Offset属性的参数控制偏移的方向和距离

◆ Range对象的Resize属性

使用Range对象的Resize属性扩大或缩小指定的单元格区域，得到一个新的单元格区域，如图4-40和图4-41所示。

新区域把该对象最左上角的单元格当成自己左上角的第1个单元格。

```
Sub RngResize()
    Range("B2").Resize(5, 4).Select        '将B2单元格扩大为B2:E6
End Sub
```

第一个参数5告诉VBA新区域有5行。

第二个参数4告诉VBA新区域有4列。

Resize一共有两个参数，第一个参数确定新区域的行数，第二个参数确定新区域的列数。两个参数的值都是正整数，最小为1。

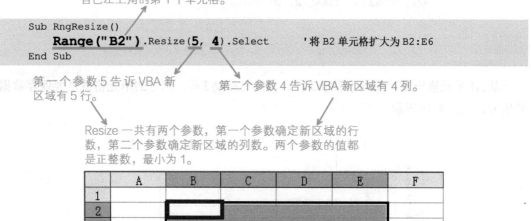

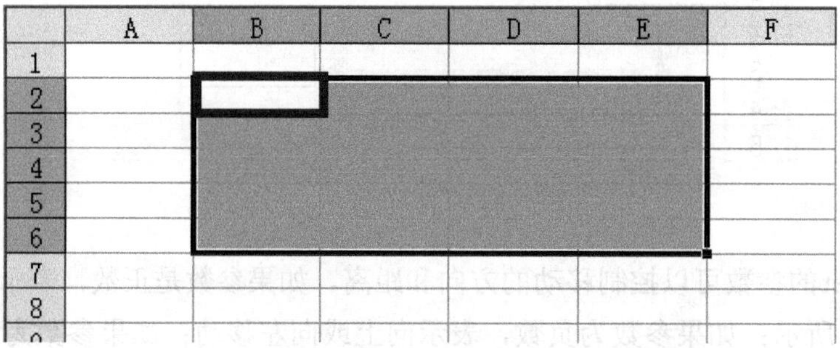

图4-40　使用Resize属性扩大单元格区域

新区域以B2单元格为最左上角单元格。

```
Sub RngResize_1()
    Range("B2:E6").Resize(2, 1).Select    '将B2:E6单元格区域缩小为B2:B3
End Sub
```

新区域是一个2行1列的单元格区域。

语句等同于Range("B2:E6").Cells(1).Resize(2,1).Select

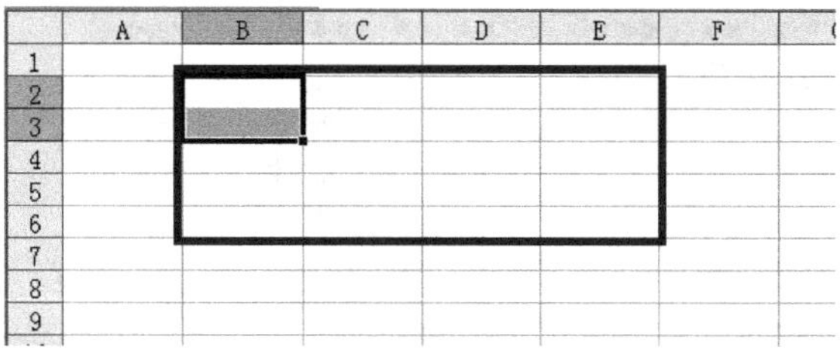

图4-41 使用Resize属性收缩单元格区域

◇ Worksheet对象的UsedRange属性

UsedRange是Worksheet对象的属性，返回工作表中已经使用的单元格围成的矩形区域，如图4-42所示。

```
Sub UsedRng()
   ActiveSheet.UsedRange.Select      '选中活动工作表中已使用的单元格区域
End Sub
```

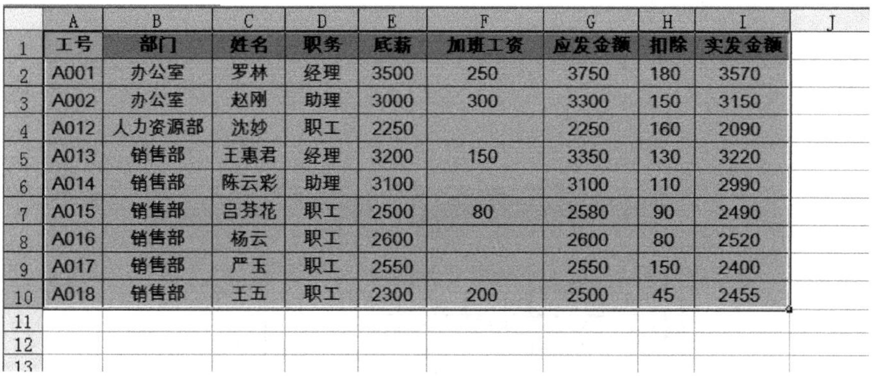

工号	部门	姓名	职务	底薪	加班工资	应发金额	扣除	实发金额
A001	办公室	罗林	经理	3500	250	3750	180	3570
A002	办公室	赵刚	助理	3000	300	3300	150	3150
A012	人力资源部	沈妙	职工	2250		2250	160	2090
A013	销售部	王惠君	经理	3200	150	3350	130	3220
A014	销售部	陈云彩	助理	3100		3100	110	2990
A015	销售部	吕芬花	职工	2500	80	2580	90	2490
A016	销售部	杨云	职工	2600		2600	80	2520
A017	销售部	严玉	职工	2550		2550	150	2400
A018	销售部	王五	职工	2300	200	2500	45	2455

图4-42 使用UsedRange属性返回Range对象

UsedRange属性返回的工作表中所有已经使用的单元格围成的矩形区域，而不管这些区域间是否有空行、空列或空单元格，如图4-43所示。

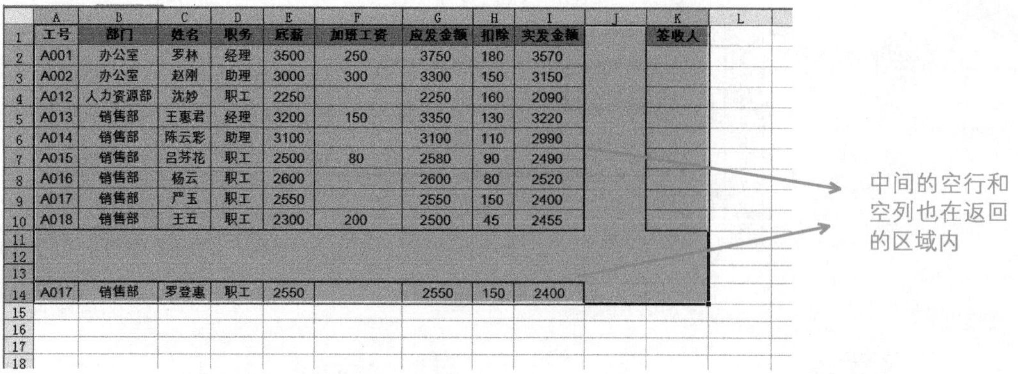

工号	部门	姓名	职务	底薪	加班工资	应发金额	扣除	实发金额		签收人
A001	办公室	罗林	经理	3500	250	3750	180	3570		
A002	办公室	赵刚	助理	3000	300	3300	150	3150		
A012	人力资源部	沈妙	职工	2250		2250	160	2090		
A013	销售部	王惠君	经理	3200	150	3350	130	3220		
A014	销售部	陈云彩	助理	3100		3100	110	2990		
A015	销售部	吕芬花	职工	2500	80	2580	90	2490		
A016	销售部	杨云	职工	2600		2600	80	2520		
A017	销售部	严玉	职工	2550		2550	150	2400		
A018	销售部	王五	职工	2300	200	2500	45	2455		
A017	销售部	罗登惠	职工	2550		2550	150	2400		

中间的空行和
空列也在返回
的区域内

图4-43 使用UsedRange属性返回Range对象

◆ Range对象的CurrentRegion属性

CurrentRegion属性返回当前区域，即以空行和空列的组合为边界的区域，如图4-44所示。

相当于选中B5单元格后按F5键，
定位“当前区域”得到的单元格区域。

```
Sub RngCurr()
    Range("B5").CurrentRegion.Select
End Sub
```

序号	商品代码	库存数量	销售数量	备注		序号	商品代码
1	BG-001	654	148			1	BG-001
2	BG-002	520	147			2	BG-002
3	BG-003	554	143			3	BG-003
4	BG-004	587	149			4	BG-004
5	BG-005	643	143			5	BG-005
6	BG-006	763	104			6	BG-006
7	BG-007	485	103			7	BG-007
8	BG-008	775	126			8	BG-008
9	BG-009	608	117			9	BG-009
序号	商品代码	库存数量	销售数量	备注			
1	BG-001	654	148				
2	BG-002	520	147				
3	BG-003	554	143				
4	BG-004	587	149				
5	BG-005	643	143				

空行及下面的数据
区域没有选中。
空列及右面的数据
区域没有选中。

图4-44 使用CurrentRegion属性返回Range对象

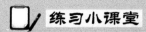

练习小课堂

通过对比，你能指出Worksheet的UsedRange属性与CurrentRegion属性之间的异同吗？试着总结一下。

参考答案

UsedRange属性返回指定工作表中已使用的单元格围成的矩形区域，而不管该区域中是否有空行、空列或空单元格；CurrentRegion属性返回当前区域，这个区域总是小于或等于UsedRange属性返回的区域。

Range对象的End属性

End属性返回当前区域结尾处的单元格，等同于在源单元格按<End+方向键（上、下、左、右）>得到的单元格，如图4-45所示。

参数 XlUp 告诉 VBA，移动的方向是向上。

```
Sub RngEnd()
    Range("C5").End(xlUp).Select
End Sub
```

等同于在 C5 单元格按 <End+ 上方向键 >得到的单元格。

	A	B	C	D	E	F
1	序号	商品代码	库存数量	销售数量	备注	
2	1	BG-001	654	148		
3	2	BG-002	520	147		
4	3	BG-003	554	143		
5	4	BG-004	587	149		
6	5	BG-005	643	143		
7	6	BG-006	763	104		
8	7	BG-007	485	103		
9	8	BG-008	775	126		
10	9	BG-009	608	117		
11						

图4-45 使用End属性

End属性的参数一共有4个可选项，如表4-7所示，效果如图4-46所示。

表4-7

End属性的参数及说明

参数	说明
xlToLeft	向左移动，等同于在源单元格 < 按 Ctrl+ 左方向键 >
xlToRight	向右移动，等同于在源单元格 < 按 Ctrl+ 右方向键 >
xlUp	向上移动，等同于在源单元格 < 按 Ctrl+ 上方向键 >
xlDown	向下移动，等同于在源单元格 < 按 Ctrl+ 下方向键 >

	A	B	C	D	E
1	序号	商品代码	库存数量	销售数量	备注
2	1	BG-001	654	148	
3	2	BG-002	520	147	
4	3	BG-003	554	143	
5	4	BG-004	587	149	
6	5	BG-005	643	143	
7	6	BG-006	763	104	
8	7	BG-007	485	103	
9	8	BG-008	775	126	
10	9	BG-009	608	117	
11					

图4-46 使用End属性的参数

◆ 什么时候会用到End属性

工作表中记录的行数随时都在变化，应该把新的记录写入工作表的第5行还是第10行?

可以用Range对象的End属性来解决这个问题，如图4-47所示。

在A列最后一个单元格按上方向键得到A列最后一个非空单元格。

```
Sub RngEnd()
    ActiveSheet.Range("A65536").End(xlUp).Offset(1, 0).Value = "张青"
End Sub
```

最后一个非空单元格往下移动一行，得到第一个空单元格，然后在里面输入数据。

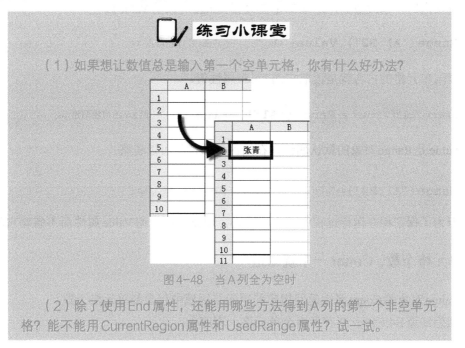

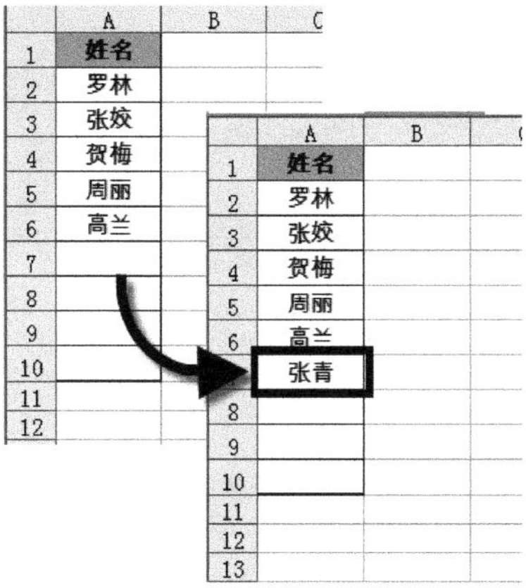

图4-47　在A列的第一个空单元格输入内容

注意：如果A列全为空单元格，那Range("A65536").End(xlUp)返回的是A1单元格，同样的代码实际上是在A2单元格输入数据，如图4-48所示。

练习小课堂

（1）如果想让数值总是输入第一个空单元格，你有什么好办法?

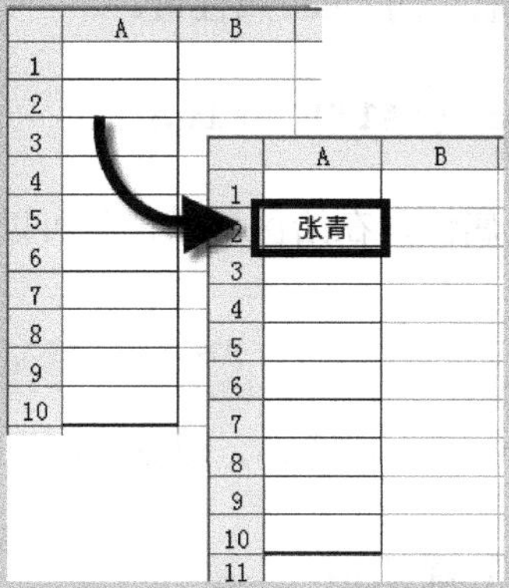

图4-48　当A列全为空时

（2）除了使用End属性，还能用哪些方法得到A列的第一个非空单元格？能不能用CurrentRegion属性和UsedRange属性？试一试。

参考答案

（1）

```
Sub RngEnd()
    Dim c As Range                                      '声明一个 range 变量
    Set c = ActiveSheet.Range("A65536").End(xlUp)  '取得第一个非空单元格
    If c.Value<> "" Then                              '判断第一个非空单元格是否已保存有数据
        Set c = c.Offset(1, 0)                        '重新为变量 c 赋值
    End If
    c.Value = "张青"                                   '在变量 c 代表的单元格中输入数据
End Sub
```

（2）

```
Sub UsedTest()
    Dim xrow As Long
xrow = ActiveSheet.UsedRange.Rows.Count + 1
    Cells(xrow, "A").Value = "张青"
End Sub
```

```
Sub currTest()
    Dim xrow As Long
    xrow = Range("A1").CurrentRegion.Rows.Count + 1
    Cells(xrow, "A").Value = "张青"
End Sub
```

4.5.3 操作单元格，还需要了解什么

◆ 单元格里的内容，Value 属性

如果单元格是一个瓶子，Value 就是装在瓶子里的东西。

输入内容，修改数据，这些都是在设置 Range 对象的 Value 属性。

```
Range("A1:B2").Value="abc"        '在 A1:B2 输入 abc
```

读取单元格的内容就是读取它的 Value 属性值。

```
Range("B1").Value = Range("A1").Value        '把 A1 的内容写进 B1
```

Value 是 Range 对象的默认属性，在给区域赋值时可以省略：

```
Range("A1:B2")="abc"                '在 A1:B2 输入 abc
```

但为了保证程序运行过程中不出现意外，建议养成保留 Value 属性而不省略它的习惯。

◆ 单元格个数，Count 一下就知道

Range 对象的 Count 属性返回指定的单元格区域中包含的单元格个数。

如想知道 B4:F10 一共有多少个单元格，程序为：

```
Sub RngCount()
    Dim mycount As Integer                                    '定义变量
    mycount = Range("B4:F10").Count                           '将结果赋给变量
    MsgBox "B4:F10 区域中一共有   " & mycount & "  个单元格! "
End Sub
```

得到的结果如图4-49所示。

图4-49　利用Count属性返回单元格个数

如想知道某个区域的行数或列数，代码为：

```
    ActiveSheet.UsedRange.Rows.Count                 '求活动工作表中已使用的行数
    ActiveSheet.UsedRange.Columns.Count              '求活动工作表中已使用的行数
```

◇ 单元格地址，Address属性

想知道某个单元格的地址，可以读取它的Address属性，如图4-50所示。

Selection 是对活动工作表中当前选中对象的引用。

```
Sub rngaddress()
    MsgBox "当前选中的单元格地址为: " & Selection.Address
End Sub
```

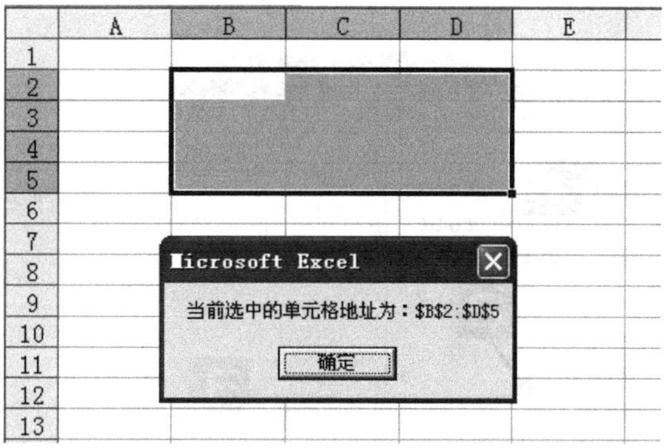

图4-50　使用Address属性

4.5.4　亲密接触，操作单元格

◇ 选中单元格，Activate与Select方法

选中活动工作表的A1:B10单元格，代码可以为：

```
ActiveSheet.Range("A1:B10").Select
```

两组代码都是等效的。无论用哪种方法，选中单元格前，单元格所在的工作表都必须是活动工作表。

```
ActiveSheet.Range("A1:B10").Activate
```

练习小课堂

尽管使用Activate和Select都可以选中指定的单元格，但两种方法并不完全相同。

在A1:B10单元格区域呈选中状态时，分别用两种方法选中B5单元格，得到的结果一样吗？Select和Activate方法的区别是什么？

参考答案

选中单元格区域后，再使用Activate方法激活该区域里的一个单元格，该区域依然呈选中状态，只改变活动单元格为激活的单元格。如果使用Select方法选中区域里的一个单元格，则只有用Select方法选中选择的单元格呈选中状态。

◆ 选择性清除单元格

一个单元格里不仅有数据，还有格式、批注等。不同的内容，可以使用【编辑】菜单里相应的菜单命令清除它们，如图4-51所示。

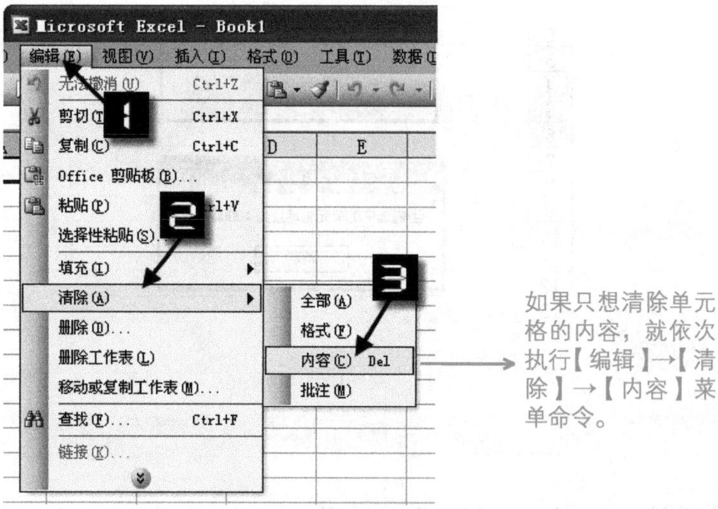

图4-51　利用菜单命令选择性清除单元格内容

练习小课堂

无论是清除内容还是格式，代码都可以通过录制宏得到。试一试，结合录制宏，写出表4-8中的代码。

表4-8

代码说明	代码
清除 B2:B15 单元格所有包括批注、内容、注释、格式等内容	
清除 B2:B15 单元格的批注	
清除 B2:B15 单元格的内容	
清除 B2:B15 单元格的格式	

参考答案

```
Range("B2:B15").Clear
Range("B2:B15").ClearComments
Range("B2:B15").ClearContents
Range("B2:B15").ClearFormats
```

复制单元格区域

开始之前，录制一个复制A1单元格到C1的宏，让我们在现成代码的基础上来学习复制单元格。

```
Sub Macro1()
    Range("A1").Select
    Selection.Copy
    Range("C1").Select
    ActiveSheet.Paste
End Sub
```

4句代码代表4步操作：1. 选中A1单元格；2. 复制选中的单元格；3. 选中C1单元格；4. 粘贴。

但在执行复制或粘贴操作之前并不需要先选中单元格，所以录制的代码可以简化为：

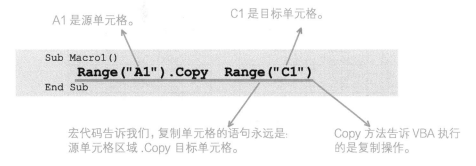

A1是源单元格。

C1是目标单元格。

```
Sub Macro1()
    Range("A1").Copy  Range("C1")
End Sub
```

宏代码告诉我们，复制单元格的语句永远是：源单元格区域 .Copy 目标单元格。

Copy 方法告诉VBA执行的是复制操作。

宏代码中省略了Destination 参数名，完整的语句是：

```
Range("A1").Copy Destination:=Range("C1")
```

参数名称可以省略。

练习小课堂

复制单元格就像是做填空题，只要把源单元格和目标单元格填入相应的位置即可。事实上，在VBA中，不仅复制，所有的语句都是在做填空题。

把Sheet1 工作表的A1：A10复制到Sheet2工作表的B1:B10，你能写出这个程序吗？

参考答案

```
Sub RngCopy()
  Worksheets("Sheet1").Range("A1:A10").Copy Worksheets("Sheet2").Range("B1:B10")
End Sub
```

如果要复制的单元格区域不能确定大小，可以只指定一个单元格作为目标区域的最左上角单元格，如图4-52所示。

```
Sub RngCopy()
    Range("A1").CurrentRegion.Copy Range("G1")
End Sub
```

如果你忘记什么是 CurrentRegion 了，请参阅 4.5.2 小节的相关介绍。

G1 是目标区域的最左上角单元格。

	A	B	C	D	E	F	G	H	I	J	K
1	序号	商品代码	库存数量	销售数量	备注						
2	1	BG-001	654	148							
3	2	BG-002	520	147							
4	3	BG-003	554	143							
5	4	BG-004	587	149							
6	5	BG-005	643	143							
7	6	BG-006	763	104							
8	7	BG-007	485	103							
9	8	BG-008	775	126							
10	9	BG-009	608	117							
11											

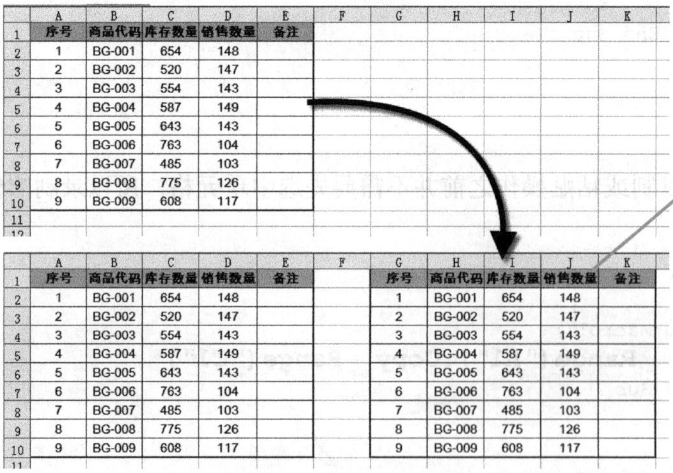

执行程序后，将会把源区域包括数值、格式、公式等全部内容粘贴到目标区域。

	A	B	C	D	E	F	G	H	I	J	K
1	序号	商品代码	库存数量	销售数量	备注		序号	商品代码	库存数量	销售数量	备注
2	1	BG-001	654	148			1	BG-001	654	148	
3	2	BG-002	520	147			2	BG-002	520	147	
4	3	BG-003	554	143			3	BG-003	554	143	
5	4	BG-004	587	149			4	BG-004	587	149	
6	5	BG-005	643	143			5	BG-005	643	143	
7	6	BG-006	763	104			6	BG-006	763	104	
8	7	BG-007	485	103			7	BG-007	485	103	
9	8	BG-008	775	126			8	BG-008	775	126	
10	9	BG-009	608	117			9	BG-009	608	117	
11											

图4-52　只指定目标区域的最左上角单元格

练习小课堂

如果只想粘贴源区域里的数值，代码应该怎么写？

请录制一个选择性粘贴数值的宏，结合代码，编写一个程序，把A1：D10单元格的数值复制到F1：10，不修改目标单元格的格式。

参考答案

```
Sub RngCopyValue_1()
    Range("A1:D10").Copy
    Range("F1:I10").PasteSpecial Paste:=xlPasteValues
End Sub
```

或

```
Sub RngCopyValue_2()
    Range("F1:I10").Value = Range("A1:D10").Value
End Sub
```

◇ 剪切单元格

调用Range对象的Cut方法可以剪切单元格。

参数名称 Destination 可以省略。

```
Sub RngCut()
    Range("A1:E5").Cut Destination:=Range("G1")        '把 A:E5 剪切到 G1:K5
    Range("A6:E10").Cut Range("G6")                    '把 A6:E10 剪切到 G6:K10
End Sub
```

G6 是目标区域的最左上角单元格。

◇ 删除单元格

调用Range对象的Delete方法可以删除单元格，同手动删除单元格一样，用VBA删除单元格后，也有4个删除选项，但用VBA删除时Excel并不会给出图4-53的【删除】对话框供你选择，需要在程序中用代码指定。

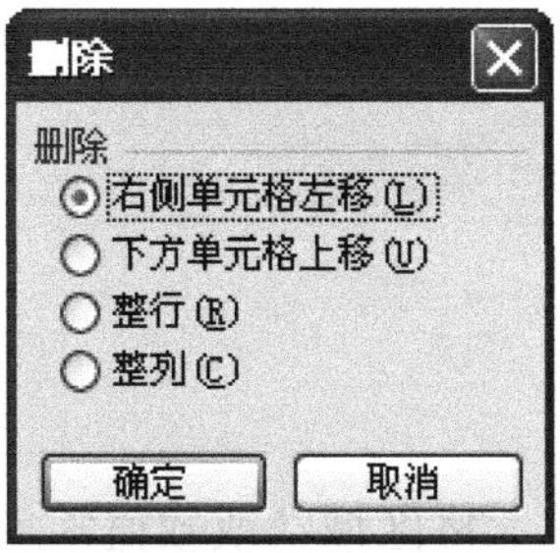

图 4-53　删除单元格时的 4 个选项

练习小课堂

（1）结合录制宏，你能把表4-9中的代码写下来吗？

表4-9

代码说明	代码
删除 B5 单元格，删除后右侧单元格左移	
删除 B5 单元格，删除后下方单元格上移	
删除 B5 单元格所在的行	
删除 B5 单元格所在的列	

（2）如果代码中不使用参数，如：

```
Range("B5").Delete
```

Excel会按表4-9中的哪种情况进行操作？

参考答案

（1）

```
Range("B5").Delete Shift:=xlToLeft
Range("B5").Delete Shift:=xlUp
Range("B5").EntireRow.Delete
Range("B5").EntireColumn.Delete
```

（2）如果在删除时不使用参数，直接写为：

```
Range("B5").Delete
```

执行代码删除单元格后下方单元格上移，即相当于语句：

```
Range("B5").Delete Shift:=xlUp
```

4.6 不止这些，其他常见的对象

4.6.1 名称，Names 集合

◆ 名称，就是名字

Excel中定义的名称就是给单元格区域（或数值常量、公式）取的名字。一个自定义的名称就是一个Name对象，Names是工作簿中定义的所有名称的集合。

关于Names的详细信息，可以在帮助里看到，如图4-54所示。

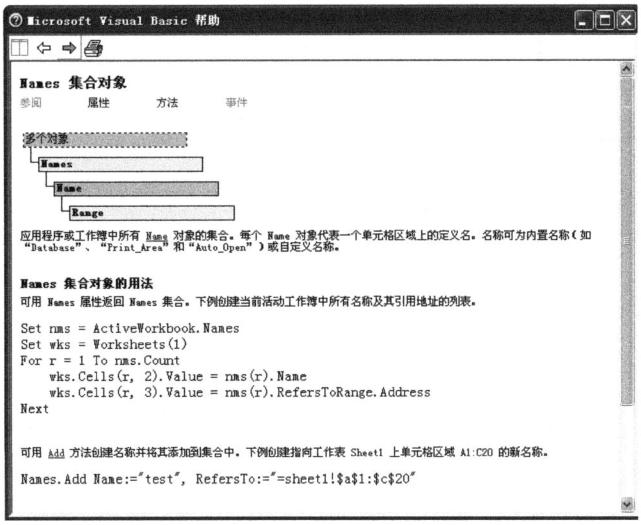
Microsoft Visual Basic 帮助

Names 集合对象

参阅 属性 方法 事件

多个对象
Names
Name
Range

应用程序或工作簿中所有 Name 对象的集合。每个 Name 对象代表一个单元格区域上的定义名。名称可为内置名称（如"Database"、"Print_Area"和"Auto_Open"）或自定义名称。

Names 集合对象的用法

可用 Names 属性返回 Names 集合。下例创建当前活动工作簿中所有名称及其引用地址的列表。

```
Set nms = ActiveWorkbook.Names
Set wks = Worksheets(1)
For r = 1 To nms.Count
    wks.Cells(r, 2).Value = nms(r).Name
    wks.Cells(r, 3).Value = nms(r).RefersToRange.Address
Next
```

可用 Add 方法创建名称并将其添加到集合中。下例创建指向工作表 Sheet1 上单元格区域 A1:C20 的新名称。

```
Names.Add Name:="test", RefersTo:="=sheet1!$a$1:$c$20"
```

图4-54 在帮助里查看名称的信息

◇ 录制的宏告诉我们，怎样新建一个名称

Add: 新建名称的方法。

参数指定名称代表的单元格区域，以等号开头，使用R1C1引用样式。

```
ActiveWorkbook.Names.Add Name:="date", RefersToR1C1:="=Sheet1!R5C[-2]"
```

Name参数是表示名称名的字符中。

R5C[-2]："R"后面的数字代表行号，"C"后面的数字代表列号。"R5C[-2]"表示指定行与指定列相交的单元格。

◇ C[-2]中的[ ]是什么

是否加中括号，决定单元格的引用方式是相对还是绝对引用。没有加中括号时使用绝对引用方式，反之则为相对引用。

R5表示工作表中的第5行，C[-2]表示活动单元格左边的第2列。R5C[-2]是对活动单元格左边第2列与工作表中第5行相交的单元格的引用，如图4-55所示。

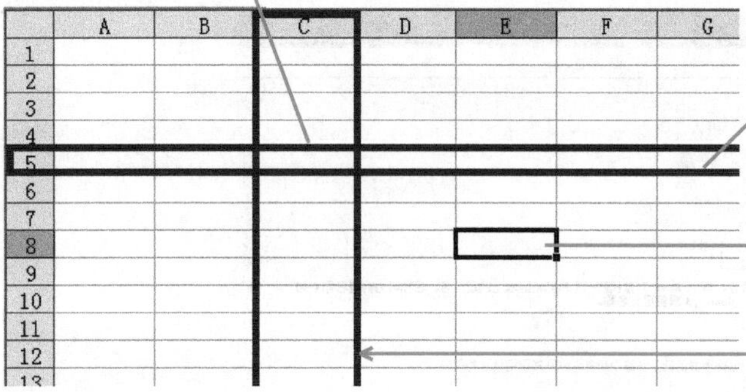
代码引用的是 C5 单元格。
R5 表示工作表中的第 5 行。
E8 是活动单元格。
C[-2] 表示活动单元格 E8 左面的第 2 列，即 C 列。

图 4-55　R5 C[-2] 引用的单元格

如果要在行方向上使用相对引用，就在行号上加中括号，如果要在列方向上使用绝对引用，就去掉列号上的中括号。

[] 中为正数表示是活动单元格下方或右边的行和列，如果是负数，则是活动单元格上方或左边的行和列。

```
R[2]C[3]：对活动单元格下方的第 2 行与右面的第 3 列相交的单元格的引用。
R2C3 ：   对工作表中第 2 行与第 3 列相交的单元格的引用。
```

◇ 可以使用 A1 样式的引用

注意参数名称的区别。

```
ActiveWorkbook.Names.Add Name:="date", RefersTo:="=Sheet1!$B$4"
```

如果不加 $，则使用相对引用，将把活动单元格当作 A1 单元格。

◇ 定义名称，更简单的方式

直接设置单元格对象的 Name 属性。

```
Range("A1:C10").Name = "date"
```

A1:C10 需要定义名称的单元格对象。

Date 是表示名称名的字符串。

◇ 怎样引用名称

可以用名称名引用名称：

```
Sub UseName()
    ActiveWorkbook.Names("date").Name = "姓名"             '更改名称名
    ActiveWorkbook.Names("姓名").RefersTo = "张万平"        '更改名称的值
End Sub
```

也可以用名称的索引号引用名称：

```
Sub UseName_2()
    Dim i As Integer, mx As Integer
    mx = ActiveWorkbook.Names.Count                          '统计一共有多少个名称
    For i = 1 To mx
        ActiveWorkbook.Names(i).Visible = False              '隐藏名称
    Next
End Sub
```

4.6.2 单元格批注，Comment对象

口香糖瓶子的标签上写有“绿茶薄荷味”，指明口香糖的口味，这是标签的作用。

单元格的批注就像贴在瓶子上的标签，对单元格作注释或说明。批注本身并不影响单元格内的数值，也不参与或影响计算。

在Excel里，一个批注就是一个Comment对象，Comments是工作簿中所有Comment对象的集合。

◇ 给单元格添加批注

要添加批注的单元格。

用参数指定在批注中显示的文本。参数名称Text可以省略。

```
Sub ComAdd()
    Range("B5").AddComment Text:=" 我用VBA新建的批注 "
End Sub
```

AddComment是添加批注的方法。

利用VBA新建的批注如图4-56所示。

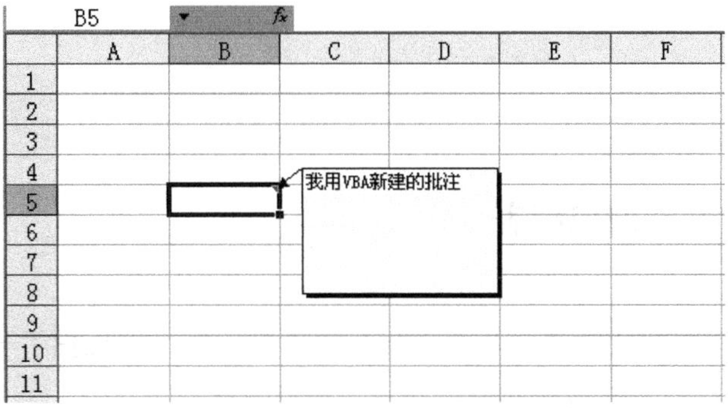

图4-56 利用VBA新建的批注

注意：如果单元格中已经有批注，再用程序为它添加批注时程序会出错，如图4-57所示。

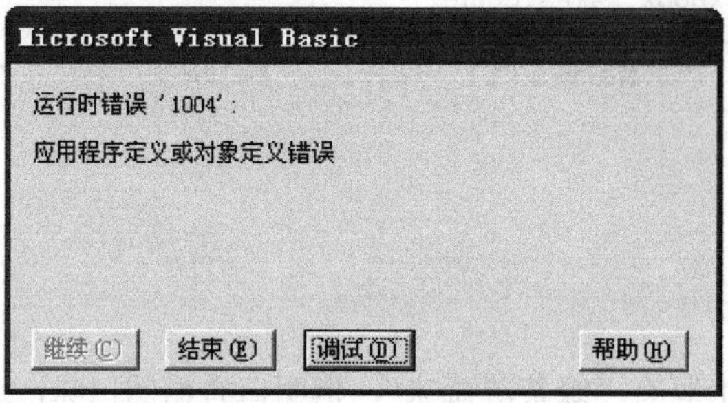

图4-57 在已经有批注的单元格中添加批注

◇ 怎么知道单元格中是否有批注

```
Sub Com()
    If Range("B5").Comment Is Nothing Then          '判断是否存在 Comment 对象
        MsgBox "B5 单元格中没有批注！"
    Else
        MsgBox "B5 单元格中已有批注！"
    End If
End Sub
```

◇ 还可以这样操作批注

```
Sub Com()
    Range("B5").Comment.Text ="更改过的批注"          '更改批注的内容
    Range("B5").Comment.Visible = False              '隐藏批注
    Range("B5").Comment.Delete                       '删除批注
End Sub
```

4.6.3 给单元格化妆

◇ 校长喜欢看什么样的成绩表

张老师将新计算好的成绩表（见图4-58）拿给校长看，校长扫了一眼，微笑着拍拍他的肩膀说："小张，以后的表格稍微设计一下，美观一点。"

	A	B	C	D	E	F	G	H	I	J	K	L
1	学科	班级	应考人数	总分	平均分	及格人数	及格率	30分及以下人数	60分及以下人数	90分及以下人数	120分及以下人数	150分及以下人数
2	语文	1班	72	6828	94.8	52	72.2	4	1	15	45	7
3		2班	73	7070	96.8	56	76.7	3	0	14	51	5
4		3班	79	7725	97.8	58	73.4	1	0	20	53	5
5		4班	56	5866	104.8	47	83.9	0	0	9	41	6
6		5班	68	6683	98.3	49	72.1	0	1	18	45	4
7		6班	75	7388	98.5	55	73.3	2	1	17	51	4
8		汇总	423	41560	98.3	317	74.9	10	3	93	286	31
9	数学	1班	72	5435	75.5	32	44.4	10	21	9	22	10
10		2班	73	6198	84.9	36	49.3	6	15	16	19	17
11		3班	79	6316	79.9	34	43	6	23	16	19	15
12		4班	56	4808	85.9	28	50	3	15	10	12	16
13		5班	68	4956	72.9	27	39.7	10	21	10	11	16
14		6班	75	5547	74	30	40	11	20	14	20	10
15		汇总	423	33260	78.6	187	44.2	46	115	75	103	84
16	英语	1班	72	4661	64.7	18	25	6	29	19	15	3
17		2班	73	4948	67.8	21	28.8	6	24	22	18	3
18		3班	79	5189	65.7	16	20.3	3	35	25	13	3
19		4班	56	4452	79.5	22	39.3	2	13	19	18	4
20		5班	68	4760	70	20	29.4	3	27	18	18	2
21		6班	75	4768	63.6	18	24	7	26	24	18	0
22		汇总	423	28778	68	115	27.2	27	154	127	100	15
23	理化	1班	72	5011	69.6	21	29.2	7	24	20	13	8
24		2班	73	5878	80.5	29	39.7	5	15	24	17	12
25		3班	79	6203	78.5	33	41.8	4	24	18	22	11
26		4班	56	4490	80.2	23	41.1	3	18	12	11	12
27		5班	68	4610	67.8	20	29.4	7	31	10	10	10
28		6班	75	5297	70.6	28	37.3	9	25	13	22	6
29		汇总	423	31489	74.4	154	36.4	35	137	97	95	59
30												

图4-58　张老师做的成绩表

“校长觉得这个表不美观……那……”美观？怎样才叫美观？

◇ 表格也需要化妆

没有丑女人，只有懒女人。女人需要打扮，表格也一样。我们可以像打扮自己一样，把表格打扮得漂漂亮亮。

字体、单元格的底纹、边框等都是可以打扮的对象。

◇ 设置字体，Font 对象

Font对象（字体）决定表格里的内容以什么样的姿势表现出来。

```
Sub FontSet()
    With Range("A1:L1").Font
        .Name = "宋体 "                                 '设置字体为宋休
        .Size = 12                                      '设置字号为 12 号
        .Color = RGB(255, 0, 0)                         '设置字体颜色为红色
        .Bold = True                                    '设置字体加粗
        .Italic = True                                  '设置文字倾斜显示
        .Underline = xlUnderlineStyleDouble             '给文字添加双下划线
    End With
End Sub
```

可以根据自己的需要更改参数的值。

◆ 给单元格添加底纹

```
Sub InteriorSet()
    Range("A1:L1").Interior.Color = RGB(255, 255, 0)      '添加黄色底纹
End Sub
```

也可以使用 ColorIndex 属性，通过索引号引用颜色。

◆ 给表格设置边框

```
Sub BorderSet()
    With Range("A1").CurrentRegion.Borders
        .LineStyle = xlContinuous                       '设置单线边框
        .Color = RGB(0, 0, 255)                         '设置边框的颜色
        .Weight = xlHairline                            '设置边框线条样式
    End With
End Sub
```

◆ 其他设置

可以在【单元格格式】对话框中进行其他设置，如图4-59所示，如果想用代码完成却不知道代码该怎么写，可以手动操作，用宏录制器录下它。

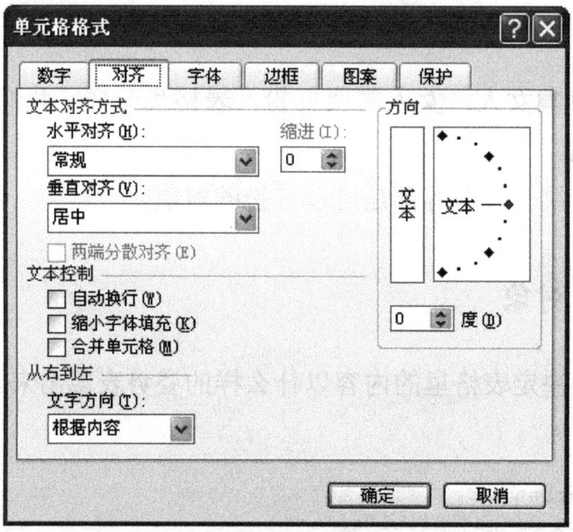

图4-59 【单元格格式】对话框

练习小课堂

试着编写一个完整的程序，替张老师打扮一下成绩表。

当张老师把你做好的成绩表拿到校长手里时，校长一定会很满意的。

4.7　典型的技巧与示例

4.7.1　创建一个工作簿

编写一个程序，按要求创建一个新工作簿，并把它保存到指定的文件夹。

Step1：插入一个模块（参阅2.4.1小节）。

Step2：在模块中输入下面的代码。

```
Sub WbAdd()
    '  程序创建"员工花名册"工作簿，保存在本工作簿所在的文件夹中。
    Dim Wb As Workbook, sht As Worksheet    '定义一个Workbook对象和一个Worksheet对象
    Set Wb = Workbooks.Add                  '新建一个工作簿
    Set sht = Wb.Worksheets(1)
    With sht
        .Name = "花名册"                     '修改第一张工作表的标签名称
        '设置表头
        .Range("A1:F1") = Array("序号", "姓名", "性别", "出生年月", "参加工作时间", "备注")
    End With
    Wb.SaveAs ThisWorkbook.Path & "\员工花名册.xls"   '保存新建的工作表到本工作簿所在的文件夹中
    ActiveWorkbook.Close                    '关闭新建的工作簿
End Sub
```

Step 3：运行程序后可以在本文件所在的文件夹中看到新建的文件，如图4-60所示。

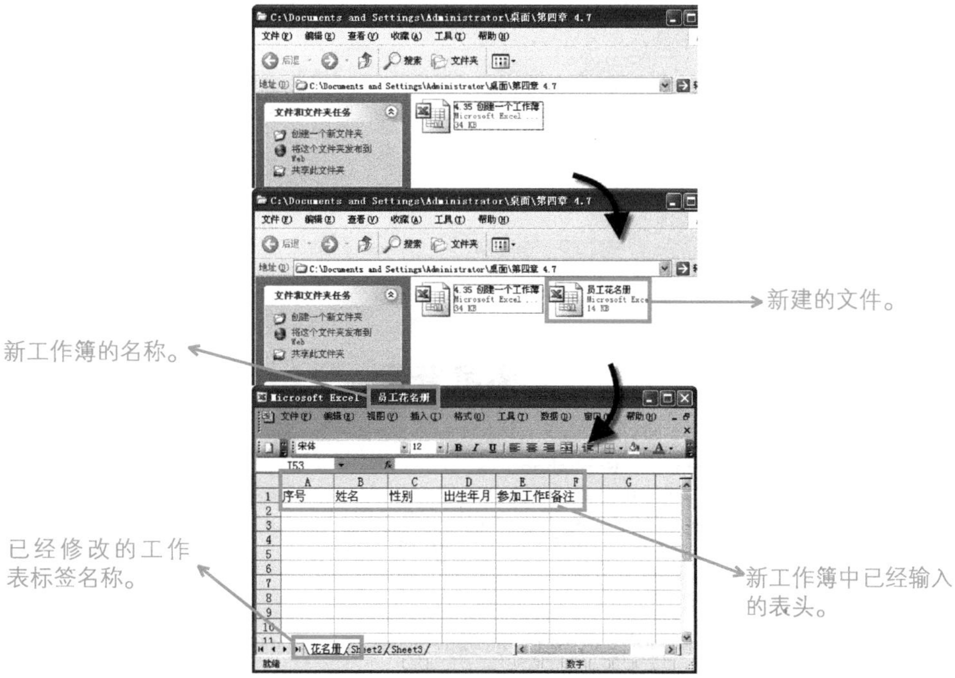

图4-60　用程序创建工作簿文件

4.7.2 判断工作簿是否打开

打开的工作簿很多，想知道名称为“成绩表”的工作簿是否打开，程序可以这样写：

使用 Count 属性计算出当前打开的工作簿的个数。

```
Sub IsOpen()
    '判断"成绩表.xls"工作簿文件是否打开。
    Dim i As Integer                              '定义循环变量
    For i = 1 To Workbooks.Count                  '开始循环
        If Workbooks(i).Name = "成绩表.xls" Then   '判断工作簿是否打开
            MsgBox "文件已打开！"
            Exit Sub                              '如果找到该文件，退出过程
        End If
    Next
    MsgBox "文件没有打开！"
End Sub
```

如果文件已打开，使用 Exit Sub 退出执行程序。

练习小课堂

4.7.2小节中的程序先计算出当前打开的工作簿个数，再利用索引号引用工作簿，依次判断工作簿的名称是否是“成绩表.xls”。

根据同样的思路，你能编写一个程序，判断当前活动工作簿中是否存在标签名称为“一年级”的工作表吗？试一试，编写一个这样的程序，如果没有这张工作表，就新建一张标签名称为“一年级”的工作表放在所有工作表之前，如果工作表已存在，将其移动到所有工作表之前。

参考答案

```
Sub ShtTest_1()
    Dim sht As Worksheet
    For Each sht In Worksheets
        If sht.Name = "一年级" Then
            sht.Move before:=Worksheets(1)
            Exit Sub
        End If
    Next
    Worksheets.Add(before:=Worksheets(1)).Name = "一年级"
End Sub
```

或

```
Sub ShtTest_2()
    On Error Resume Next
    If Worksheets("一年级") Is Nothing Then
       Worksheets.Add(before:=Worksheets(1)).Name = "一年级"
    Else
        Worksheets("一年级").Move before:=Worksheets(1)
    End If
End Sub
```

4.7.3 判断工作簿是否存在

文件夹中存了许多工作簿文件，想知道“员工花名册.xls”文件是否存在，可以用这个程序：

```
Sub TestFile()
    '判断本工作簿所在的文件夹中是否存在"员工花名册.xls"。
    Dim fil As String                                  '定义变量
    fil = ThisWorkbook.Path & "\员工花名册.xls"
    If Len(Dir(fil)) > 0 Then                          '用dir判断fil指代的文件是否存在
        MsgBox "工作簿已存在！"
    Else
        MsgBox "工作簿不存在！"
    End If
End Sub
```

如果变量fil指代的文件存在，Dir函数返回文件名，否则返回空字符串（""）。

4.7.4 向未打开的工作簿中录入数据

只有打开了工作簿才能进行编辑，所以先用代码打开它。

```
Sub WbInput()
   '在本工作簿所在的文件夹下"员工花名册"里添加一条记录！
    Dim wb As String, xrow As Integer, arr
    wb = ThisWorkbook.Path & "\员工花名册.xls"          '指定要打开的文件
    Workbooks.Open (wb)                                '打开工作簿
    With ActiveWorkbook.Worksheets(1)                  '向工作簿里的第1张工作表里添加记录
        xrow = .Range("A1").CurrentRegion.Rows.Count + 1 '取得表格中第一条空行号
        '将需要增加的职工信息保存在数组arr里
        arr = Array(xrow - 1, "张姣", "女", #7/8/1987#, #9/1/2010#, "10年新招")
        .Cells(xrow, 1).Resize(1, 6) = arr             '将数组写入单元格区域
    End With
    ActiveWorkbook.Close savechanges:=True             '关闭工作簿，并保存修改
End Sub
```

4.7.5 隐藏活动工作表外的所有工作表

```
Sub ShtVisible()
    '隐藏活动工作表外的所有工作表！
    Dim sht As Worksheet                                    '定义一个 Worksheet 变量
    For Each sht In Worksheets                              '遍历所有工作表
        If sht.Name <> ActiveSheet.Name Then
            sht.Visible = xlSheetVeryHidden                 '深度隐藏工作表
        End If
    Next
End Sub
```

这样隐藏的工作表，不能通过【格式】菜单显示它（参阅 4.4.2 小节）。

4.7.6 批量新建工作表

一张成绩表的C列保存着许多不同的班级名称，如图4-61所示。

有 9 个班级名，就新建 9 张工作表，分别以班级名为工作表命名。

	A	B	C	D	E	F	G
1	序号	姓名	班级	语文	数学	英语	备注
2	1	颜克芬	七(1)班	91	93	93	
3	2	孙忠银	七(2)班	100	93	96	
4	3	顾勇	七(3)班	87	91	95	
5	4	胡梦银	七(4)班	94	93	93	
6	5	孟俊	七(5)班	87	100	100	
7	6	王静	七(6)班	86	99	96	
8	7	郑松	七(7)班	96	99	98	
9	8	郭亚亚	七(8)班	89	93	93	
10	9	曹建红	七(9)班	92	99	86	
11							

图4-61　成绩表

根据C列的班级名新建不同的班级工作表，工作表以班级名命名，可以用这个程序：

```
Sub ShtAdd()
    '根据 C 列的班级名新建不同的工作表。
    Dim i As Integer, sht As Worksheet
    i = 2                                                         '第一条记录的行号为 2
    Set sht = Worksheets("成绩表")
    Do While sht.Cells(i, "C") <> ""                              '定义循环条件
        Worksheets.Add after:=Worksheets(Worksheets.Count)        '在所有工作表后插入新工作表
        ActiveSheet.Name = sht.Cells(i, "C").Value                '更改工作表的标签名称
        i = i + 1                                                 '行号增加 11
    Loop
End Sub
```

运行程序后VBA会自动完成新建工作表的任务，如图4-62所示。

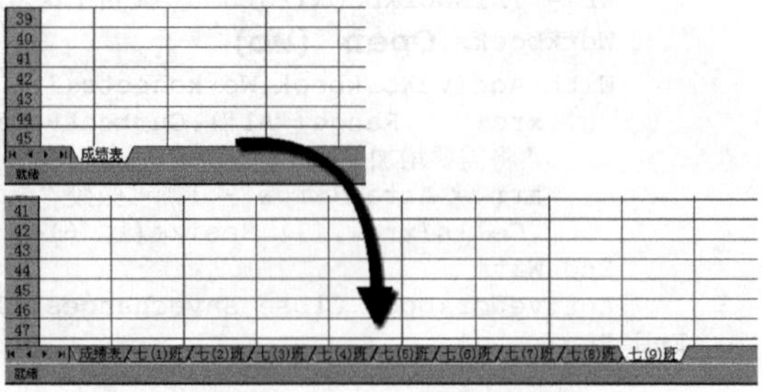

图4-62　程序运行前后

练习小课堂

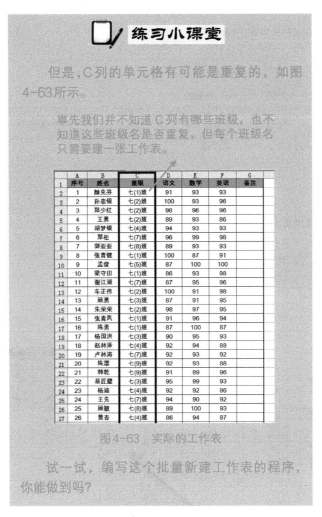

但是，C列的单元格有可能是重复的，如图4-63所示。

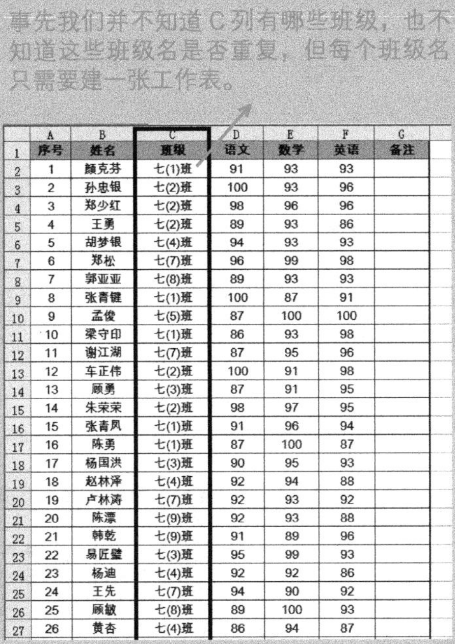
事先我们并不知道C列有哪些班级，也不知道这些班级名是否重复，但每个班级名只需要建一张工作表。

	A	B	C	D	E	F	G
1	序号	姓名	班级	语文	数学	英语	备注
2	1	颜克芬	七(1)班	91	93	93	
3	2	孙忠银	七(2)班	100	93	96	
4	3	郑少红	七(2)班	98	96	96	
5	4	王勇	七(2)班	89	93	86	
6	5	胡梦银	七(4)班	94	93	93	
7	6	郑松	七(7)班	96	99	98	
8	7	郭亚亚	七(8)班	89	93	93	
9	8	张青键	七(1)班	100	87	91	
10	9	孟俊	七(5)班	87	100	100	
11	10	梁守印	七(1)班	86	93	98	
12	11	谢江湖	七(7)班	87	95	96	
13	12	车正伟	七(2)班	100	91	98	
14	13	顾勇	七(3)班	87	91	95	
15	14	朱荣荣	七(2)班	98	97	95	
16	15	张青凤	七(1)班	91	96	94	
17	16	陈勇	七(1)班	87	100	87	
18	17	杨国洪	七(3)班	90	95	93	
19	18	赵林泽	七(4)班	92	94	88	
20	19	卢林涛	七(7)班	92	93	92	
21	20	陈漂	七(9)班	92	93	88	
22	21	韩乾	七(9)班	91	89	96	
23	22	易匠璧	七(3)班	95	99	93	
24	23	杨迪	七(4)班	92	92	86	
25	24	王先	七(7)班	94	90	92	
26	25	顾敏	七(8)班	89	100	93	
27	26	黄杏	七(4)班	86	94	87	

图4-63　实际的工作表

试一试，编写这个批量新建工作表的程序，你能做到吗？

参考答案

```
Sub ShtAdd_1()
    Dim i As Integer, sht As Worksheet
    i = 2                                          '第一条记录的行号为2
    Set sht = Worksheets("成绩表")
    Do While sht.Cells(i, "C").Value <> ""          '定义循环条件
        On Error Resume Next          '当没有对应班级工作表时，忽略下一行代码引起的运行时错误
        If Worksheets(sht.Cells(i, "C").Value) Is Nothing Then  '判断是否存在对应的班级工作表
        Worksheets.Add after:=Worksheets(Worksheets.Count)    '在所有工作表后插入新工作表
        ActiveSheet.Name = sht.Cells(i, "C").Value            '更改工作表的标签名称
       End If
       i = i + 1                   '行号增加1
    Loop
End Sub
```

4.7.7　批量对数据分类

不同的班级工作表建好了，接下来将根据班级名对成绩表进行分类，将各个班级的记录分类到相应的工作表里。

```
Sub FenLei()
    '把成绩表按班级分到各个工作表中
    Dim i As Long, bj As String, rng As Range
    i = 2
    bj = Cells(i, "C").Value
    Do While bj <> ""
        '将分表中 A 列第一个空单元格赋给 rng
        Set rng = Worksheets(bj).Range("A65536").End(xlUp).Offset(1, 0)
        Cells(i, "A").Resize(1, 7).Copy rng    '将记录复制到相应的工作表中
        i = i + 1
        bj = Cells(i, "C").Value
    Loop
End Sub
```

运行程序后的效果如图4-64所示。

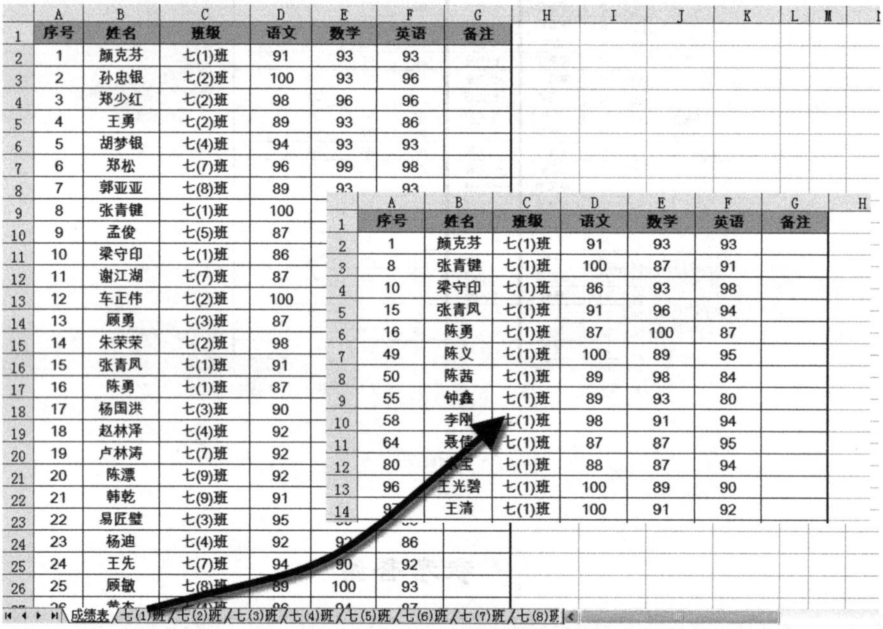

图4-64 运行程序前后

练习小课堂

如果班级工作表中原来已经有记录，执行程序，在班级工作表中添加记录前，要将原有记录清除，你知道怎么修改程序吗？

参考答案

执行4.7.7小节中对数据分类的程序前，先执行下面的程序，清除各班级表中的数据记录。

```
Sub ShtClear()
    Dim sht As Worksheet
    For Each sht In Worksheets
        If sht.Name<> "成绩表" Then             '"成绩表"为保存源数据记录的工作表标签名称
sht.Range("A2:G65536").ClearContents          '清除各分表中的数据记录
        End If
    Next
End Sub
```

4.7.8　将工作表保存为新工作簿

工作簿里有许多班级成绩表，如果想把各个班级的成绩表保存为一个单独的工作簿文件，可以用这个程序，如图4-65所示。

使用 MkDir 新建文件夹，变量 folder 指定文件夹的路径及名称。

```
Sub SaveToFile()
    '把各个工作表以单独的工作簿文件保存在本工作簿所在文件夹下的"班级成绩表"文件夹中
    Application.ScreenUpdating = False                             '关闭屏幕更新
    Dim folder As String
    folder = ThisWorkbook.Path & "\班级成绩表"
    '如果文件夹不存在，新建文件夹
    If Len(Dir(folder, vbDirectory)) = 0 Then MkDir folder
    Dim sht As Worksheet
    For Each sht In Worksheets                                   '遍历工作表
        sht.Copy                                                 '复制工作表到新工作簿
        ActiveWorkbook.SaveAs folder & "\" & sht.Name & ".xls"   '保存工作簿，并命名
        ActiveWorkbook.Close
    Next
    Application.ScreenUpdating = True                            '开启屏幕更新
End Sub
```

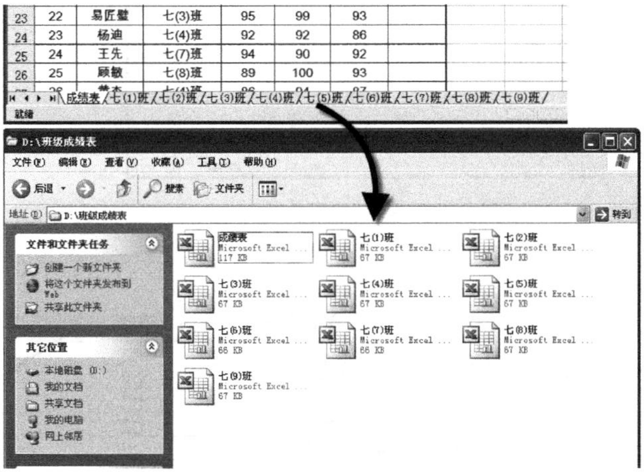

图4-65　将工作表保存为工作簿

4.7.9　快速合并多表数据

工作簿中保存着各个班级的成绩表，如果想把所有班级的成绩表汇总到一张工作表中，汇总多表数据，可以用这个程序：

```
Sub hebing()
    '把各班成绩表合并到 "总成绩 "工作表中
    Rows("2:65536").Clear                                          '删除原有记录
    Dim sht As Worksheet, xrow As Integer, rng As Range
    For Each sht In Worksheets                                     '遍历工作簿中所有工作表
        If sht.Name <> ActiveSheet.Name Then
            Set rng = Range("A65536").End(xlUp).Offset(1, 0)       '获得 A 列第一个空单元格
            xrow = sht.Range("A1").CurrentRegion.Rows.Count - 1    '获得分表中的记录条数
            sht.Range("A2").Resize(xrow, 7).Copy rng               '粘贴记录到汇总表
        End If
    Next
End Sub
```

4.7.10 汇总同文件夹下多工作簿数据

某文件夹下有许多工作簿，如图4-66所示，每张工作簿里只有一张工作表且结构相同，如图4-67所示，分别保存各班级的学生名册。

图4-66 同一文件夹下的多个工作簿

	A	B	C	D	E	F	G	H
1	序号	姓名	性别	民族	出生年月	家庭住址	班级	备注
2	1	徐忠阳	男	汉族	1998-1	犁倭乡右拾村中市组	七2	
3	2	张杰	男	布依族	1998-1	厂坡村莫家冲组	七2	
4	3	李育春	男	汉族	1999-1	左八村六组	七2	
5	4	何江湖	男	汉族	1999-9	细岩村细岩组	七2	
6	5	卓福杰	男	汉族	1998-10	犁倭乡右拾村右拾组	七2	
7	6	李坤	男	汉族	1998-1	大坝村雷打坑组	七2	
8	7	颜加军	男	汉族	1998-5	犁倭乡河溪村四组	七2	
9	8	杜远怀	男	汉族	1997-2	犁倭乡河溪村高翁组	七2	
10	9	罗松	男	汉族	1999-9	茅草村林木山组	七2	
11	10	张礼虎	男	穿青	1998-3	流长乡川心村川心寨组	七2	
12	11	孙显	男	汉族	1996-11	厂坡村莫家冲组	七2	
13	12	郭兴熊	男	穿青	1999-11	站街镇猫场村五一下组	七2	
14	13	王荣鑫	男	汉族	1999-5	犁倭乡右拾村雷公塘组	七2	

工作表的表头都是相同的。

图4-67 工作表的结构

把各个工作簿中保存的信息汇总到同文件夹中另一个工作簿的同一张工作表里，这是领导交给小张的工作。完成这个任务，可以用这个程序。

代表待汇总的工作簿所在的文件夹路径的字符串，因为程序所在的工作簿与待汇总的工作簿在同一文件夹，所以写为“ThisWorkbook.Path”。

```
Sub HzwWb()
    Dim r As Long, c As Long
    r = 1              '1 是表头的行数
    c = 8              '8 是表头的列数
    Range(Cells(r + 1, "A"), Cells(65536, c)).ClearContents     '清除汇总表中原表数据
    Application.ScreenUpdating = False
    Dim FileName As String, wb As Workbook, sht As Worksheet, Erow As Long, _
        fn As String, arr As Variant
    FileName = Dir(ThisWorkbook.Path & "\*.xls")
    Do While FileName <> ""
        If FileName <> ThisWorkbook.Name Then                  '判断文件是否是本工作簿
            Erow = Range("A1").CurrentRegion.Rows.Count + 1    '取得汇总表中第一条空行行号
            fn = ThisWorkbook.Path & "\" & FileName
            Set wb = GetObject(fn)                             '将 fn 代表的工作簿对象赋给变量
            Set sht = wb.Worksheets(1)                         '汇总的是第 1 张工作表
            '将数据表中的记录保存在 arr 数组里
            arr = sht.Range(sht.Cells(r+1, "A"), sht.Cells(65536, "B").End(xlUp).Offset(0, 8))
            '将数组 arr 中的数据写入工作表
            Cells(Erow, "A").Resize(UBound(arr, 1), UBound(arr, 2)) = arr
            wb.Close False
        End If
        FileName = Dir                          '用 Dir 函数取得其他文件名，并赋给变量
    Loop
    Application.ScreenUpdating = True
End Sub
```

执行程序后不用手动去复制粘贴，所有的记录全都汇总到程序所在工作簿的活动工作表中，如图4-68所示。

	A	B	C	D	E	F	G	H	I
1	序号	姓名	性别	民族	出生年月	家庭住址	班级	备注	
2	1	陈发新	男	汉族	1998-7	细岩村翁旮组	七1		
3	2	李文雄	男	汉族	1998-10	老院村茶园组	七1		
4	3	李涛	男	汉族	1999-9	左八村四组	七1		
5	4	杨明	男	彝族	1998-9	杨柳村杨柳井	七1		
6	5	龙涛	男	穿青	1997-8	茅 草	七1		
7	6	王国亮	男	汉族	1998-2	犁倭村二组	七1		
8	7	郭兴玉	男	汉族	1999-4	站街镇猫场村五下组	七1		
9	8	彭泽波	男	汉族	1999-7	犁倭乡盖山村蔡家坝组	七1		
10	9	梅涛	男	汉族	1998-5	河溪村高翁组	七1		
11	10	吴涛	男	汉族	1998-9	犁倭乡下寨村青杠林组	七1		
12	11	罗婷	女	汉族	1999-7	犁倭村七组	七1		
13	12	邵定昌	男	穿青	1998-2	清镇市青龙苑	七1		
14	13	王福雪	女	穿青	1997-12	犁倭村七组	七1		
15	14	李毓甜	女	穿青	1998-12	犁倭乡下寨村蔡家路组	七1		
16	1	徐忠阳	男	汉族	1998-1	犁倭乡右拾村中市组	七2		
17	2	张杰	男	布依族	1998-1	厂坡村莫家冲组	七2		
18	3	李育春	男	汉族	1999-1	左八村六组	七2		
19	4	何江湖	男	汉族	1999-9	细岩村细岩组	七2		
20	5	卓福杰	男	汉族	1998-10	犁倭乡右拾村右拾组	七2		
21	6	李坤	男	汉族	1998-1	大坝村雷打坑组	七2		
22	7	颜加军	男	汉族	1998-5	犁倭乡河溪村四组	七2		
23	8	杜远怀	男	汉族	1997-2	犁倭乡河溪村高翁组	七2		
24	9	罗松	男	汉族	1999-9	茅草村林木山组	七2		
25	10	张礼虎	男	穿青	1998-3	流长乡川心村川心寨组	七2		
26	11	孙显	男	汉族	1996-11	厂坡村莫家冲组	七2		
27	12	郭兴熊	男	穿青	1999-11	站街镇猫场村五一下组	七2		
28	13	王荣鑫	男	汉族	1999-5	犁倭乡右拾村雷公塘组	七2		
29	14	杨念	男	汉族	1998-5	左八村五组	七2		
30	1	李涛	男	穿青	1998-9	细岩村王建冲组	七3		

Sheet1

图4-68　汇总后的工作表

4.7.11 为工作表建立目录

工作簿中有许多工作表，想为工作表建一个目录，可以用这个程序，如图4-69所示。

```
Sub mulu()
    '为工作簿中所有工作表建立目录
    Rows("2:65536").ClearContents                          '清除工作表中原有数据
    Dim sht As Worksheet, irow As Integer
    irow = 2                                               '在第 2 行写入第一条记录
    For Each sht In Worksheets                             '遍历工作表
        Cells(irow, "A").Value = irow - 1                  '写入序号
        '写入工作表名，并建立超链接
        ActiveSheet.Hyperlinks.Add Anchor:=Cells(irow, "B"), Address:="", _
            SubAddress:="'" & sht.Name & "'!A1", TextToDisplay:=sht.Name
        irow = irow + 1          '行号加 1
    Next
End Sub
```

向工作表中添加一个超链接对象（Hyperlink），其中 Anchor 指定建立超链接的位置，Address 参数指定超链接的地址，subAddress 参数为超链接的子地址，TextToDisplay 参数指定要显示的超链接的文本。

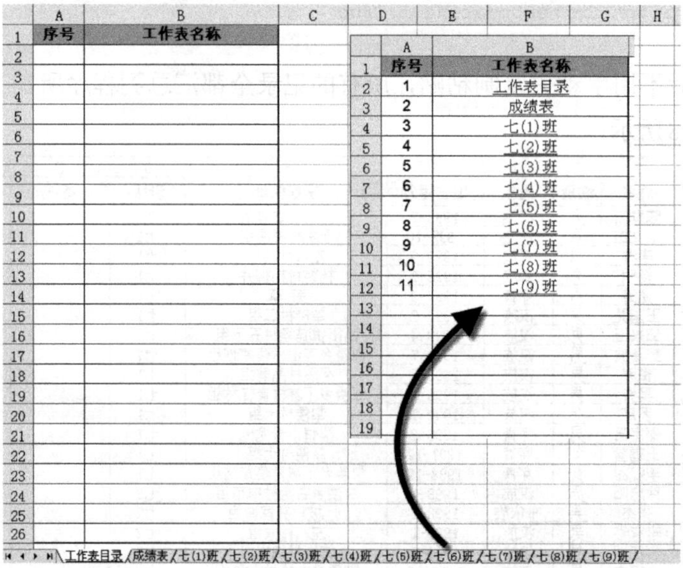

图4-69 建立工作表目录

第5章 Excel 事件

当我到楼梯口的时候，电灯能不能自动打开呢?

楼梯间的电灯开关

楼梯间装有电灯，但小丽记性不好，上楼后老是忘记关灯，而且每天晚上在漆黑的墙壁上寻找开关也让她感到头痛。

同事说，可以装一个声光控开关。

声光控开关，装上后真的很方便，小丽对这个自动化的电灯开关很满意。

VBA 中也有开关

按钮、图片、快捷键等都是VBA程序的开关。这类开关只有按下，程序才会运行。

声光控开关认识小丽走到楼梯口的动作，当“听”到这个动作发出的声音后就会自动打开电灯。

我们每天都在Excel里执行不同的操作，其中的某些特殊操作是Excel认识的，所以可以像安装声光控开关一样，给VBA程序安装一个自动运行的开关，当我们做了某个Excel认识的操作后自动运行指定的程序。

5.1 让Excel自动响应你的行为

5.1.1 让 Excel 自动问好

给程序加代码，让Excel自动问好，如图5-1所示。

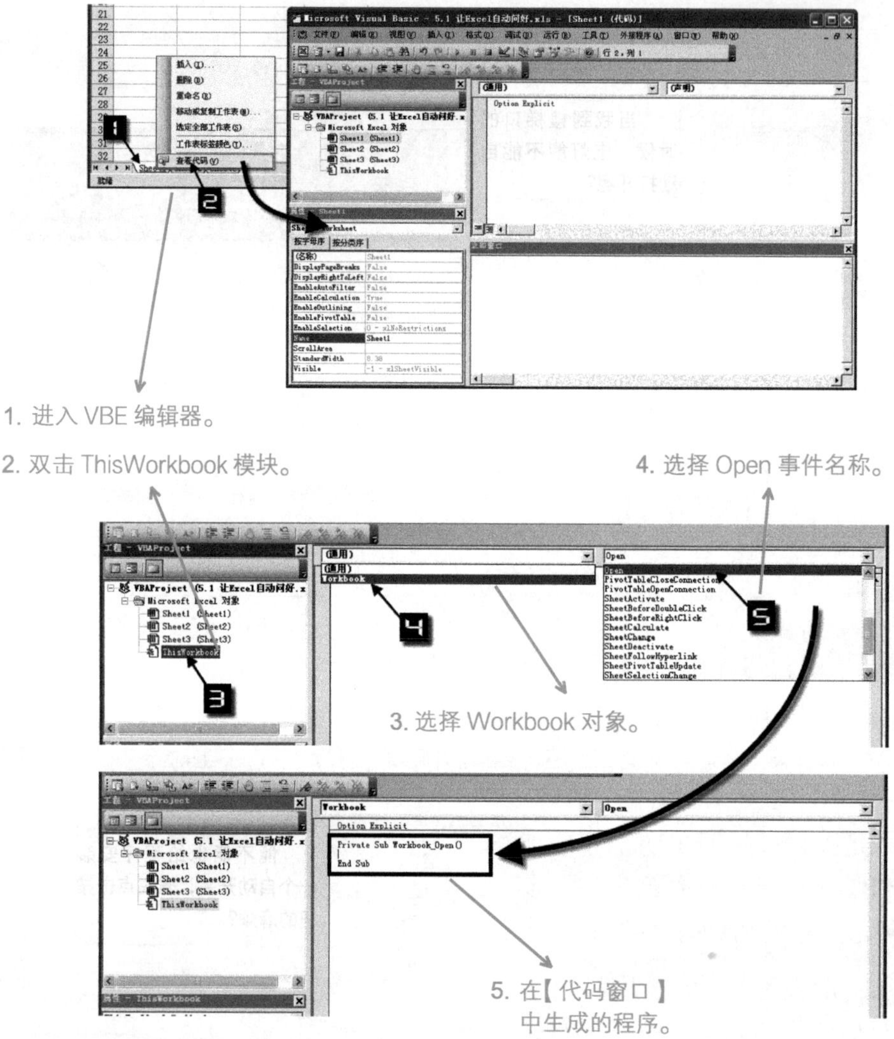

1. 进入 VBE 编辑器。
2. 双击 ThisWorkbook 模块。
3. 选择 Workbook 对象。
4. 选择 Open 事件名称。
5. 在【代码窗口】中生成的程序。

图5-1　输入程序

```
Private Sub Workbook_Open()
    MsgBox "你好，祝你工作愉快！"
End Sub
```

6. 在生成的程序中间加入代码。

完成后关闭并保存工作簿。重新打开它，就可以看到效果了，如图5-2所示。

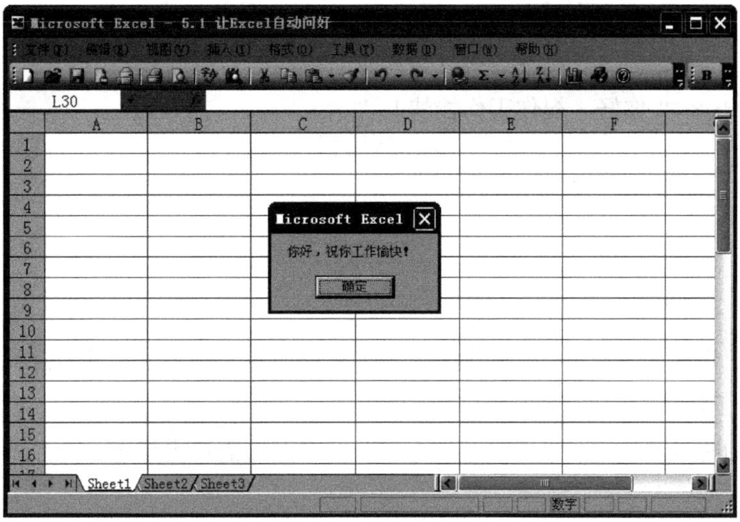

图5-2　打开文件后自动问好

在本例中，不用手动单击按钮运行程序，这是因为我们给程序安装了一个自动开关。

5.1.2　事件，VBA 里的自动开关

◇ 什么是事件

声控开关认识小丽在楼梯口踢高跟皮鞋的动作，所以当开关“听”到这个动作发出的声音后就自动打开电灯。这里踢高跟皮鞋的动作就是事件。

在Excel里，事件就是一个能被对象识别的操作。

◇ 事件是怎么控制程序的

“当有人踢皮鞋的时候自动开灯。”这是声控开关记住的规则。在Excel中，事件也按类似的规则控制程序。

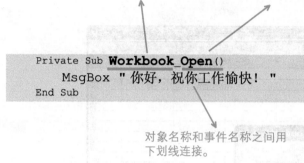

Workbook: 对象名称，告诉VBA这是什么对象的事件。

Open: 事件名称，是 Workbook 对象能识别的操作。

```
Private Sub Workbook_Open()
    MsgBox "你好，祝你工作愉快！"
End Sub
```

对象名称和事件名称之间用下划线连接。

“当打开工作簿的时候自动运行程序。”这是Workbook_Open事件控制程序的规则，于是，每次打开工作簿时，都会自动运行这个程序。

“当……的时候自动运行程序”，总是可以用这样的语句去描述一个Excel VBA的事件过程。

练习小课堂

试一试，把5.1.1小节中编写的程序写在模块对象里，再次打开工作簿，Excel向你问好了吗？猜一猜，为什么会出现这种情况？

参考答案

不能运行，原因参阅5.1.3小节。

5.1.3 事件过程

因为Workbook（工作簿）对象能识别Open（打开）这个动作，所以打开工作簿就会自动运行相应的程序。

像这种当某个事件发生后自动运行的过程称为事件过程。事件过程也是Sub过程。

事件过程必须写在特定对象所在的模块中，而且只有过程所在的模块里的对象才能触发这个事件。

5.1.4　编写事件过程

事件过程的过程名由Excel自动设置，以“对象名称_事件名称”的形式存在，不能更改。

进入VBE，想编写关于哪个对象的事件过程，就在【工程资源管理器】中双击激活该对象所在模块的【代码窗口】。

如果想写这样的一个程序，当激活Sheet1工作表时，自动完成某些操作或计算，步骤如图5-3所示。

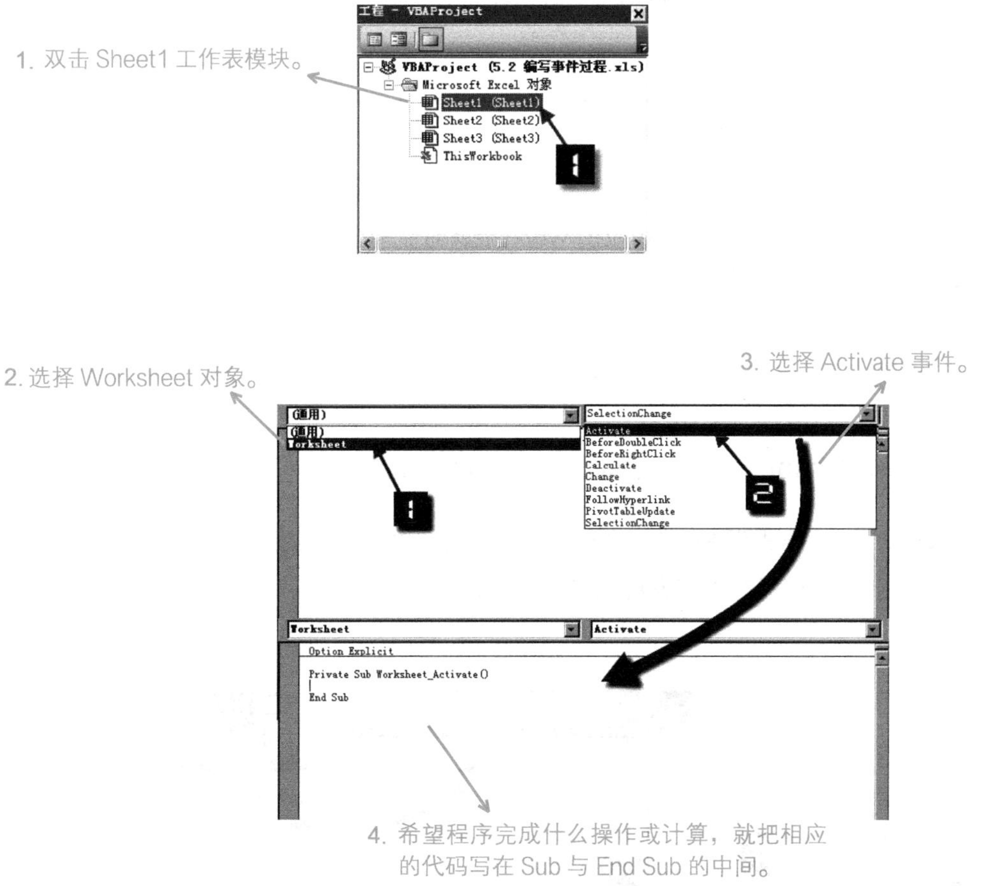

图5-3　编写事件的过程

完成后重新激活代码所在的工作表，程序就运行了。

5.2 Worksheet事件

5.2.1 关于 Worksheet 事件

Worksheet事件是发生在Worksheet对象里的事件，如图5-4所示。

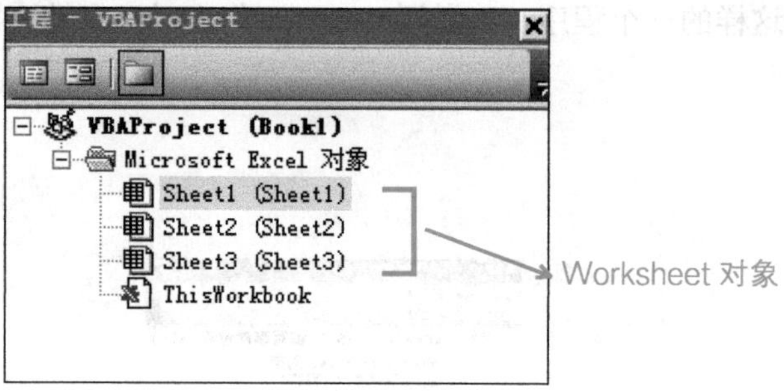

图5-4 Worksheet对象

Worksheet事件过程必须写在相应的Worksheet对象里，只有过程所在的Worksheet对象里的操作才能触发该事件。

5.2.2 常用的 Worksheet 事件

◇ Worksheet_Change事件：自动提示更改的内容

Worksheet_Change告诉Excel，当过程所在工作表的单元格发生更改时自动运行程序过程，程序必须写在相应的工作表对象里，如图5-5所示。

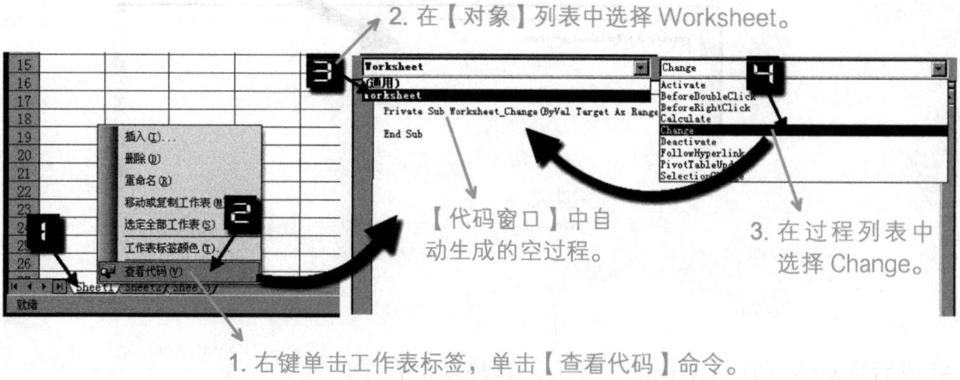

图5-5 在工作表里添加事件过程

```
Private Sub Worksheet_Change(ByVal Target As Range)

End Sub
```

变量 Target 是程序运行的参数，代表工作表中被更改的单元格。

在 Sub 与 End Sub 的中间添加执行的语句：

```
MsgBox Target.Address & "单元格的值被更改为：" & Target.Value
```

被修改的单元格的地址。

更改后的单元格的内容。

完成后返回该工作表区域，更改任意单元格的内容，按回车确认后可以看到程序运行的效果，如图 5-6 所示。

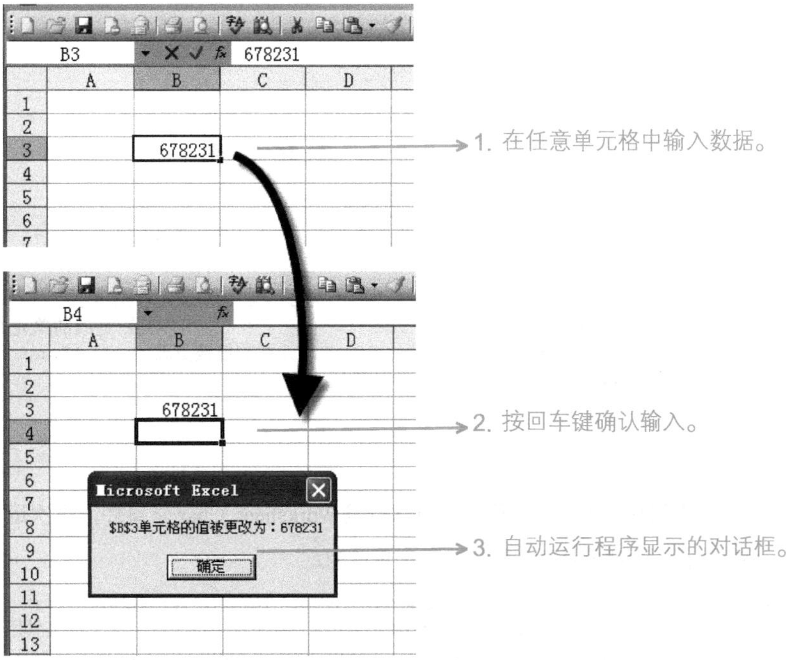

图 5-6　更改单元格内容后自动运行程序

练习小课堂

（1）如果只有更改A列单元格时才自动运行程序，程序应该怎样写？

（2）无论是手动还是使用VBA代码更改单元格，都会触发Worksheet的Change事件。

当单元格被修改后，自动在单元格内容的前面加上“新内容：”，如图5-7所示，在工作表模块中输入下面的程序，可以实现预期的目的吗？如果不能，程序应该怎样写？

```
Private Sub Worksheet_Change(ByVal Target As Range)
    Target.Value = "新内容：" & Target.Value
End Sub
```

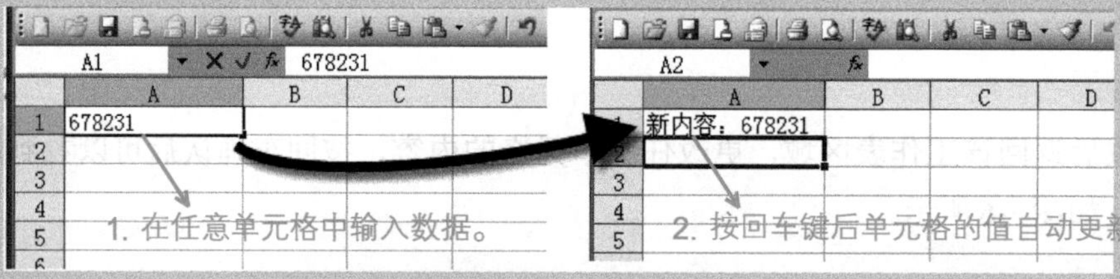

图5-7 希望程序运行的效果

参考答案

（1）

```
Private Sub Worksheet_Change(ByVal Target As Range)
   If Target.Column = 1 Then                    '判断更改的单元格是否为A列单元格
       MsgBoxTarget.Address& "单元格的值被更改为：" &Target.Value
   End If
End Sub
```

（2）

因为用程序更改单元格后会再次触发Worksheet_Change事件，再次运行程序，所以原程序不能得到预期的目的。可以将程序更改为：

```
Private Sub Worksheet_Change(ByVal Target As Range)
   Application.EnableEvents = False                       '禁用事件
   Target.Value = "新内容：" &Target.Value
   Application.EnableEvents = True                        '启用事件
End Sub
```

◇ Worksheet_ SelectionChange事件：你选中了谁

Worksheet_SelectionChange事件告诉Excel，当工作表中选定的单元格发生改变时自动运行程序，运行后的效果如图5-8所示。

变量 Target 是程序运行的参数，代表新选中的单元格区域。

```
Private Sub Worksheet_SelectionChange(ByVal Target As Range)
    MsgBox "当前选中的单元格区域为：" & Target.Address
End Sub
```

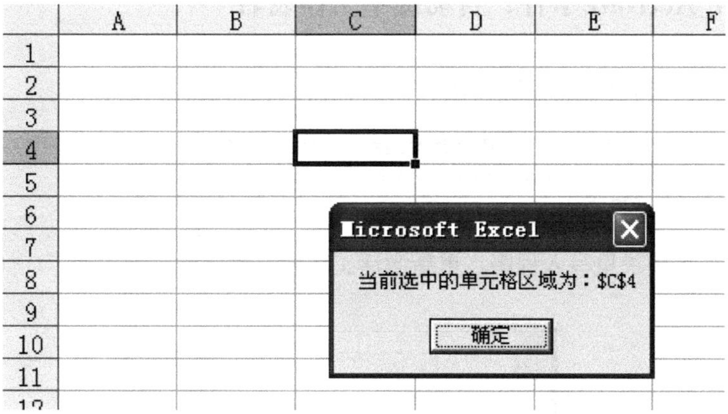

图5-8　程序运行后的效果

练习小课堂

（1）编写程序，当选中A1单元格时，提示A1单元格的内容。

（2）编写程序，当选中的单元格不是A列的单元格时，自动选中同行A列的单元格。

参考答案

（1）

```
Private Sub Worksheet_SelectionChange(ByVal Target As Range)
    If Target.Address = "$A$1" Then
       MsgBox "A1 的内容为：" & Range("A1").Value
    End If
End Sub
```

（2）

```
Private Sub Worksheet_SelectionChange(ByVal Target As Range)
    If Target.Column<> 1 Then
        Cells(Target.Row, "A").Select
    End If
End Sub
```

◆ Worksheet_Activate 事件：自动提示工作表名

Worksheet_Activate 事件告诉Excel，当激活工作表时自动运行程序。

```
Private Sub Worksheet_Activate()
    MsgBox "当前活动工作表为：" & ActiveSheet.Name
End Sub
```

在Sheet1工作表模块里写入程序，重新激活工作表，程序就自动运行了，如图5-9所示。

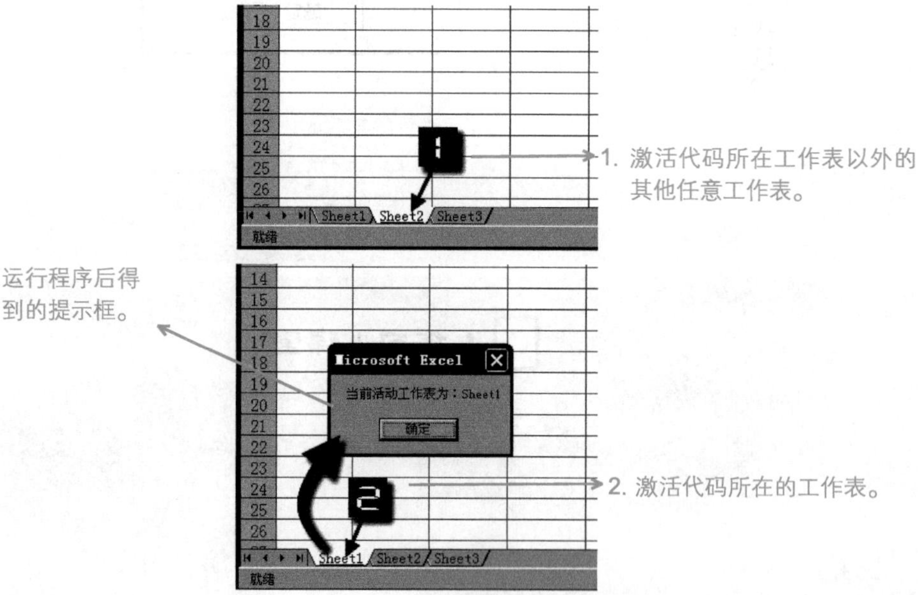

图5-9　激活工作表时自动运行程序

◇ Worksheet_Deactivate 事件：禁止选中其他工作表

Worksheet_Deactivate 事件告诉 Excel，当工作表由活动工作表变为不活动工作表时自动运行过程。

在 Sheet1 工作表模块中写入下面的程序：

```
Private Sub Worksheet_Deactivate()
    MsgBox "不允许选中 Sheet1 工作表外的其他工作表！"
    Worksheets("Sheet1").Select
End Sub
```

重新选中 Sheet1 工作表，实现不允许选中其他工作表的目的。

输入程序后，当激活其他工作表时，Excel 会进行提示，并自动重新激活 Sheet1 工作表，如图 5-10 所示。

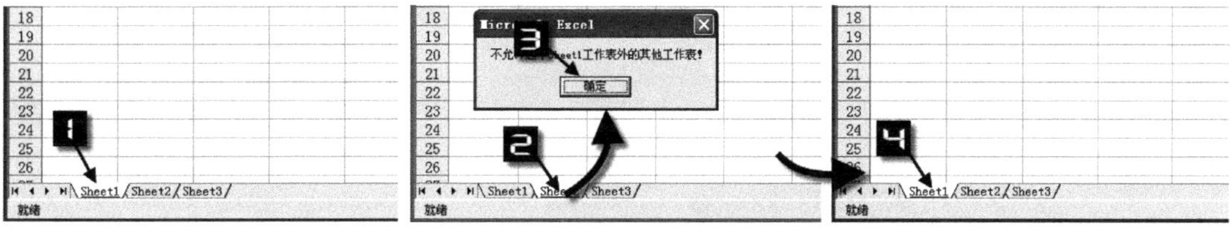

图 5-10　禁止激活其他工作表

5.2.3　Worksheet 事件列表

Worksheet 对象一共有 9 个事件可供使用，如表 5-1 所示。

表 5-1

Worksheet 对象的事件列表

事件名称	事件说明
Activate	激活工作表时发生
BeforeDoubleClick	双击工作表之后，默认的双击操作之前发生
BeforeRightClick	右击工作表之后，默认的右击操作之前发生
Calculate	重新计算工作表之后发生
Change	工作表中的单元格发生更改时发生
Deactivate	工作表由活动工作表变为不活动工作表时发生
FollowHyperlink	单击工作表中的任意超链接时发生
PivotTableUpdate	在工作表中更新数据透视表之后发生
SelectionChange	工作表中所选内容发生更改时发生

5.3 Workbook事件

5.3.1 关于 Workbook 事件

Workbook事件是发生在Workbook对象里的事件。

进入VBE，在【工程资源管理器】中可以看到ThisWorkbook模块，如图5-11所示。

这个模块专门用来保存 Workbook 对象的事件过程，Workbook 对象的事件过程只有保存在这个模块里才能被 Excel 识别。

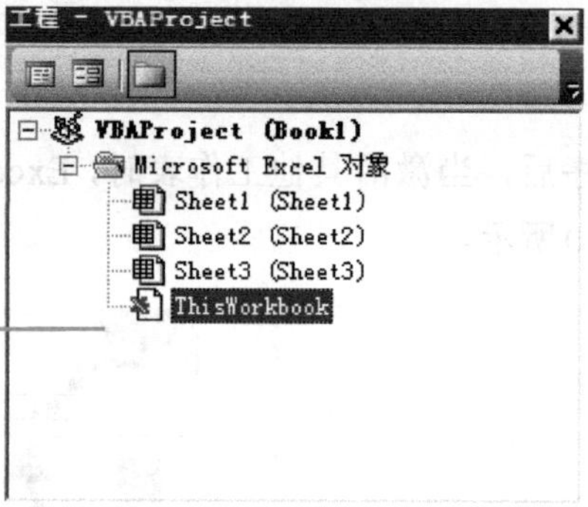

图5-11　ThisWorkbook模块

5.3.2 常用的 Workbook 事件

◆ Open事件

Workbook_Open事件告诉Excel，当打开工作簿时自动运行程序。

练习小课堂

“当打开工作簿后，总是让第一张工作表成为活动工作表”，这样的程序你知道应该怎样写吗？（可参阅5.1.1小节）

参考答案

在ThisWorkbook对象中写入程序：

```
Private Sub Workbook_Open()
    Worksheets(1).Select
End Sub
```

保存关闭工作簿，再重新打开它即可。

◇ BeforeClose 事件

Workbook_BeforeClose 事件告诉 Excel，在关闭工作簿之前自动运行程序。

变量 Cancel 是程序的参数，如果值为 True，则取消关闭工作簿。

```
Private Sub Workbook_BeforeClose(Cancel As Boolean)
    If MsgBox("你确定要关闭工作簿吗？", vbYesNo) = vbNo Then
        Cancel = True    '取消关闭
    End If
End Sub
```

判断用户单击了对话框中的哪个按钮，如果按下的是【否】，则修改参数值为 True。

在 ThisWorkbook 模块中输入该程序后，每次关闭工作簿都会自动运行程序，让你选择是否关闭工作簿，如图 5-12 所示。

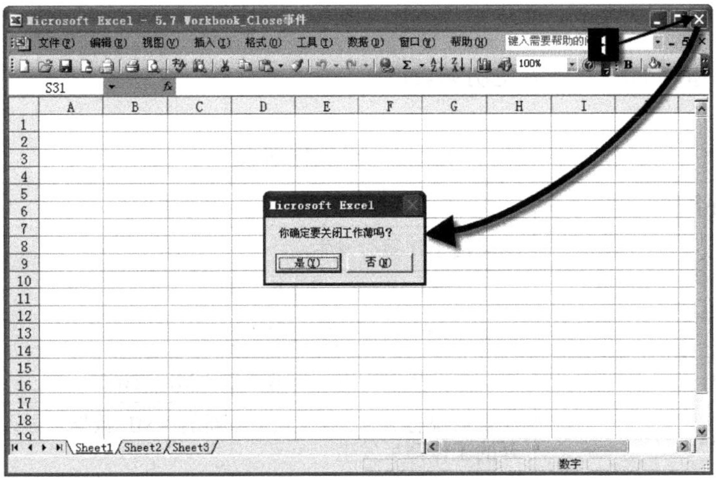

图 5-12　关闭工作簿前的提示框表

◇ Workbook_SheetChange 事件

Workbook_SheetChange 事件告诉 Excel，当工作簿里任意一个单元格被更改时，自动运行程序。

变量 Sh 代表发生更改的单元格所在的工作表。

变量 Target 代表被更改的单元格。

```
Private Sub Workbook_SheetChange(ByVal Sh As Object, ByVal Target As Range)
    MsgBox "当前更改的工作表为：" & Sh.Name & Chr(13) & _
           "发生更改的单元格地址为：" & Target.Address
End Sub
```

在句末用“_”把一行代码分成两行代码。

练习小课堂

你知道Workbook_SheetChange事件与Worksheet_Change事件的异同吗？

你认为什么时候应该使用Workbook_SheetChange事件？什么时候应该使用Worksheet_Change事件？

参考答案

如果只想在指定的某张工作表中更改选中的单元格时自动运行程序，使用Worksheet_Change事件比较适合；如果希望选中工作簿中任意一张工作表里的单元格都自动运行程序，使用Workbook_SheetChange事件更适合。

5.3.3 Workbook 事件列表

Workbook事件名称及相应说明见表所示。

表5-2

Workbook事件列表

事件名称	事件说明
Activate	当激活工作簿时发生
AddinInstall	当工作簿作为加载宏安装时发生
AddinUninstall	当工作簿作为加载宏卸载时发生
AfterXmlExport	在保存或导出指定工作簿中的 XML 数据之后发生
AfterXmlImport	在刷新现有 XML 数据连接或新的 XML 数据被导入任意一个打开的工作簿后发生
BeforeClose	在关闭工作簿前发生。如果工作簿已更改，则此事件在询问用户是否保存更改之前发生
BeforePrint	在打印指定工作簿（或其中任何内容）之前发生
BeforeSave	在保存工作簿前发生
BeforeXmlExport	在保存或导出指定工作簿中的 XML 数据之前发生
BeforeXmlImport	在刷新现有 XML 数据连接或新的 XML 数据被导入任意一个打开的工作簿前发生

续表

事件名称	事件说明
Deactivate	在工作簿从活动状态转为非活动状态时发生
NewSheet	在工作簿中新建工作表时发生
Open	在打开工作簿时发生
PivotTableCloseConnection	在数据透视表的连接关闭之后发生
PivotTableOpenConnection	在数据透视表的连接打开之后发生
SheetActivate	在激活任意工作表时发生
SheetBeforeDoubleClick	在双击任意工作表时（默认的双击操作之前）发生
SheetBeforeRightClick	在右键单击任意工作表时（默认的右键单击操作之前）发生
SheetCalculate	在重新计算工作表时或在图表上绘制更改的数据之后发生
SheetChange	当更改了任何工作表中的单元格时发生
SheetDeactivate	当工作表从活动工作表变为不活动工作表时发生
SheetFollowHyperlink	当单击工作簿中的任何超链接时发生
SheetPivotTableUpdate	在更新数据透视表的工作表后发生
SheetSelectionChange	当任意工作表上的选定区域发生更改时发生（但图表工作表上的选定区域发生改变时，不会发生此事件）
Sync	当作为“文档工作区”一部分的工作簿的本地副本与服务器上的副本进行同步时发生
WindowActivate	在激活任意工作簿窗口时发生
WindowDeactivate	当任意工作簿窗口由活动窗口变为不活动窗口时发生
WindowResize	在调整任意工作簿窗口的大小时发生

5.4　别样的自动化

5.4.1　MouseMove 事件

当鼠标指针移动到按钮上时，按钮迅速闪开。鼠标和按钮，就像在玩老鹰捉小鸡的游戏。这样的效果可以用命令按钮的MouseMove事件实现，如图5-13所示。

新添加的按钮，可以通过在【属性窗口】中设置它的属性来改变它的外观样式，如图5-14所示。

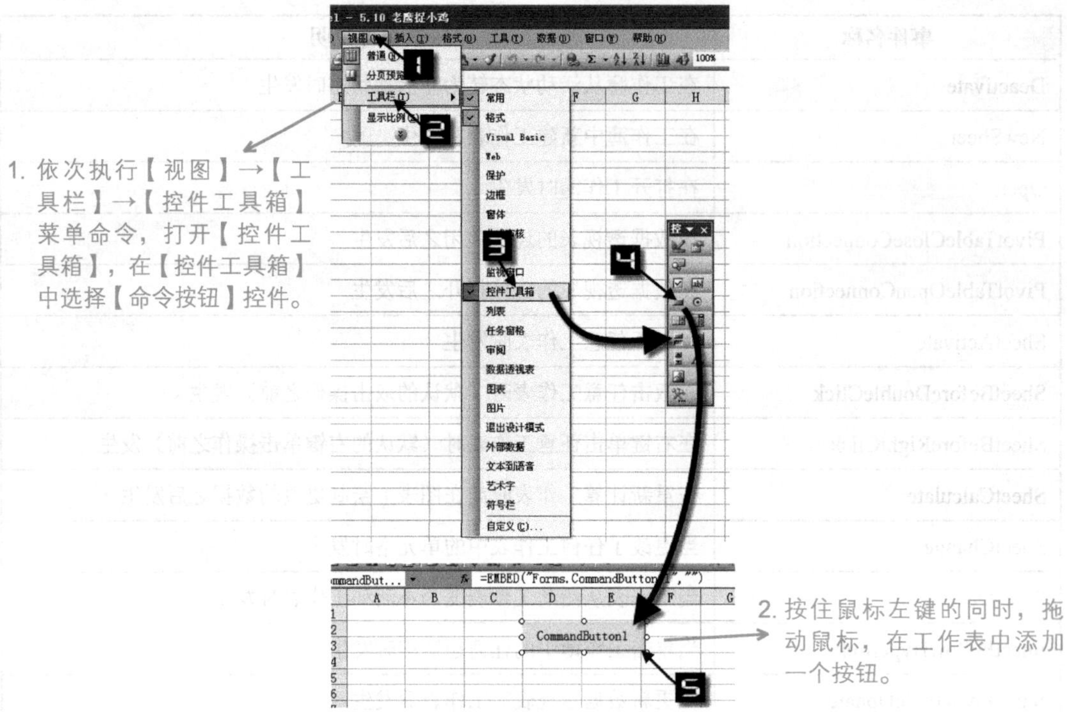
1. 依次执行【视图】→【工具栏】→【控件工具箱】菜单命令，打开【控件工具箱】，在【控件工具箱】中选择【命令按钮】控件。
2. 按住鼠标左键的同时，拖动鼠标，在工作表中添加一个按钮。
CommandButton1
=EMBED("Forms.CommandButton.1","")

图5-13　在工作表中添加一个按钮

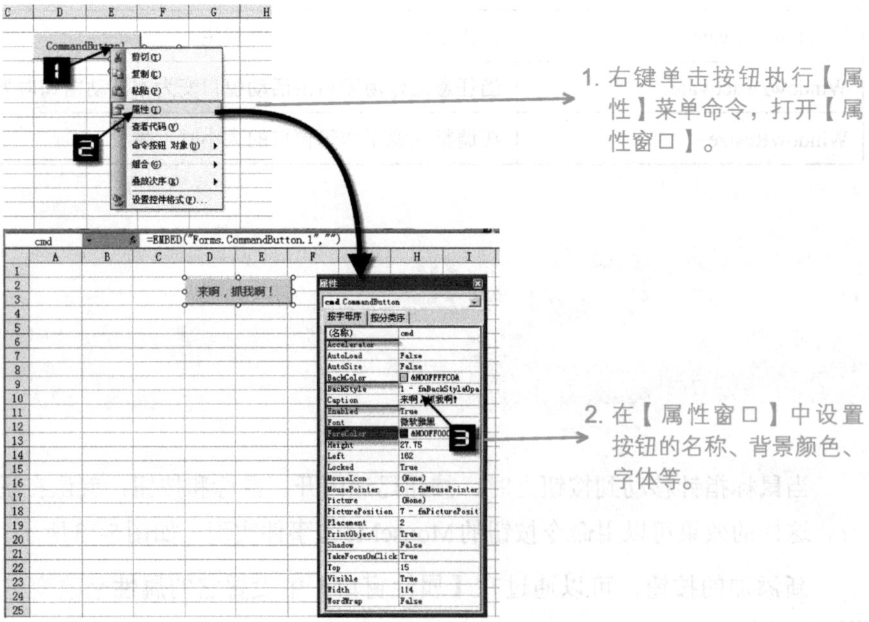
1. 右键单击按钮执行【属性】菜单命令，打开【属性窗口】。
2. 在【属性窗口】中设置按钮的名称、背景颜色、字体等。
来啊，抓我啊！
=EMBED("Forms.CommandButton.1","")

图5-14　利用属性窗口设置按钮的属性

完成后在按钮所在工作表的【代码窗口】中输入程序，如图5-15所示。

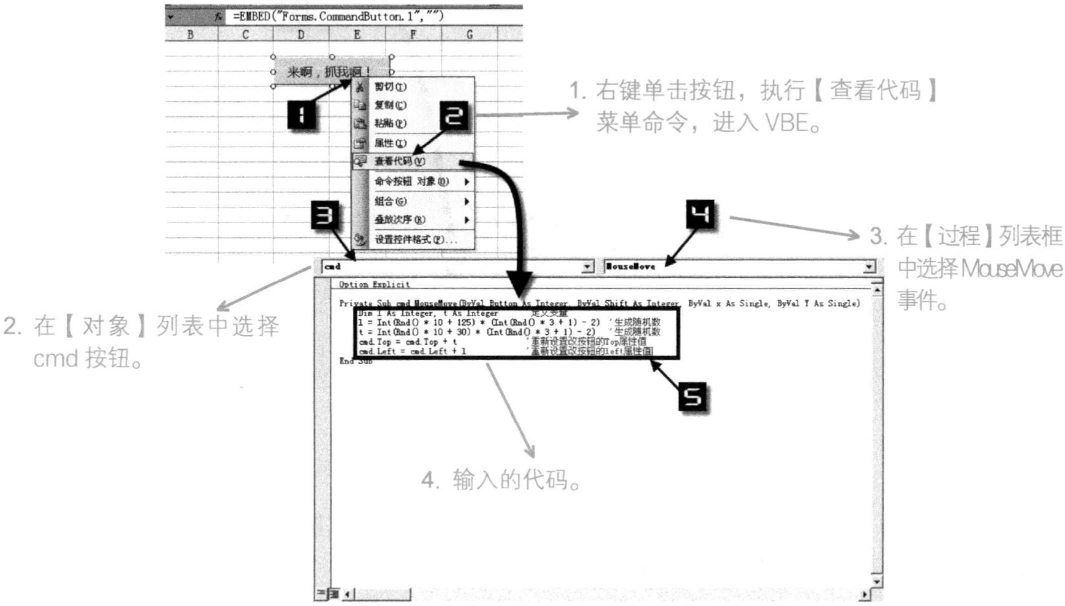

图5-15　在代码窗口中写入程序

MouseMove 事件告诉 Excel，当鼠标指针在 cmd 按钮上移动时自动运行程序。

```
Private Sub cmd_MouseMove(ByVal Button As Integer, ByVal Shift As Integer, ByVal
x As Single, ByVal Y As Single)
    Dim l As Integer, t As Integer              '定义变量
    l = Int(Rnd() * 10 + 125) * (Int(Rnd() * 3 + 1) - 2)    '生成随机数
    t = Int(Rnd() * 10 + 30) * (Int(Rnd() * 3 + 1) - 2)     '生成随机数
    cmd.Top = cmd.Top + t                      '重新设置改按钮的 Top 属性值
    cmd.Left = cmd.Left + l                    '重新设置改按钮的 Left 属性值
End Sub
```

完成后返回工作表区域，在【控件工具箱】中单击【退出设计模式】按钮，如图5-16所示。

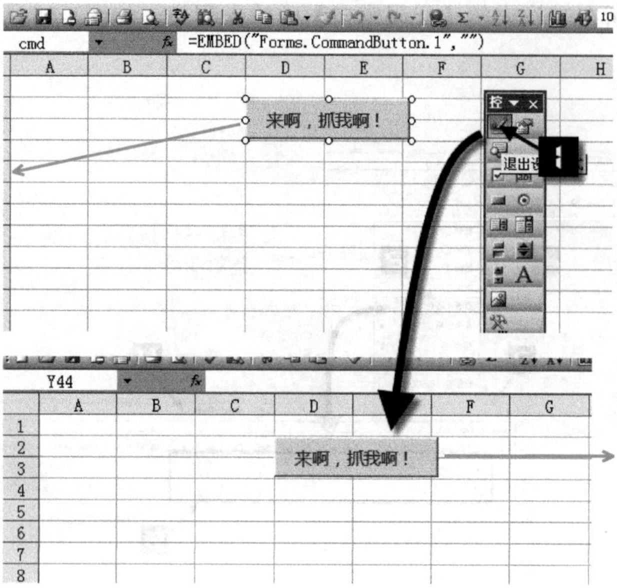

图5-16　退出设计模式完成编辑

完成后就可以用鼠标指针去“抓”按钮了，试一试，你能把鼠标指针放到按钮上面吗？如果按钮跑远了，想让按钮回到初始位置，就单击Back按钮。

在工作表中再添加一个按钮，命名为“Back”，双击按钮，在代码窗口中输入程序：

Back：按钮的名称。　Click：事件名称。Click 事件告诉 Excel，当单击按钮时，自动运行程序。

```
Private Sub Back_Click()
    cmd.Top = 15                                  '设置 cmd 按钮的 Top 属性为 15
    cmd.Left = 160                                '设置 cmd 按钮的 Left 属性为 160
End Sub
```

设置 cmd 按钮有 Top 和 Left 属性值。

5.4.2　不是事件的事件

除了对象的事件，Application对象还有两种方法，可以像事件一样让程序自动运行。

◆ Application 对象的 OnKey 方法

OnKey方法告诉Excel，当在键盘上按下指定键或组合键时自动运行程序。

Step 1： 进入VBE，新插入一个模块，在模块中输入程序：

```
Sub ok()
    Application.OnKey "+e", "test"          '当按下 Shift+e 组合键时，运行 test 过程
End Sub
```

“+e”表示按下 <Shift+e> 组合键。　参数是要运行的程序名称的字符串。

Step 2：把需要自动运行的代码全部写在单独的过程 Test 里，保存在模块中：

```
Sub Test()
    MsgBox "你好，我在学习 OnKey 方法！"
End Sub
```

步骤如图 5-17 所示。

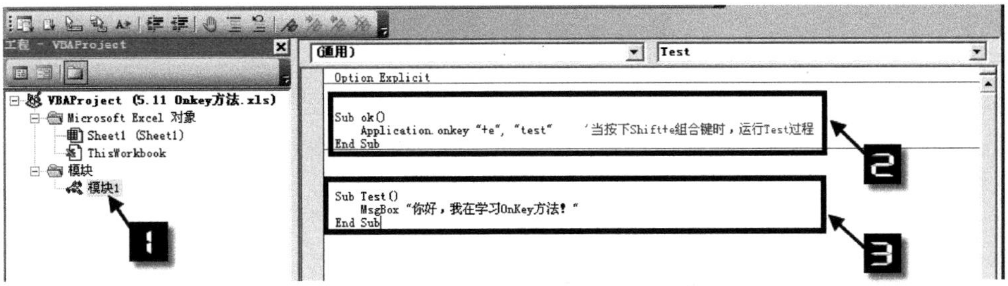

图 5-17　输入程序的步骤

Step 3：运行 ok 过程，返回工作表区域，按 <Shift+E> 组合键即可自动运行 Test 过程，如图 5-18 所示。

图 5-18　当按下 <Shift+e> 后

如果想知道还能设置哪些快捷键，可以查看 OnKey 方法的帮助信息，如图 5-19 所示。

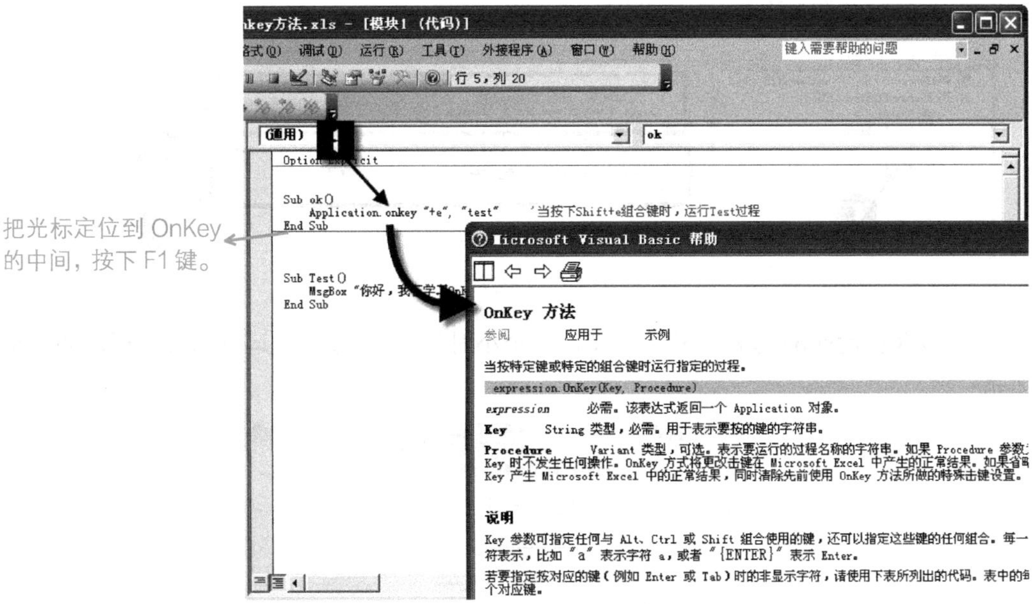

图 5-19　查看 OnKey 的帮助信息

◆ Application 对象的 OnTime 方法

OnTime方法告诉Excel，当到指定的时间时自动运行程序（可以是指定的某个时间，也可以是指定的一段时间之后），如图5-20所示。

Step 1： 进入VBE，新插入一个模块，在模块中写入程序。

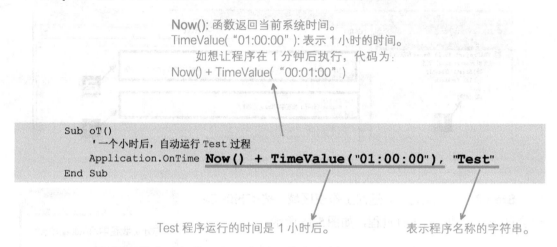

Now(): 函数返回当前系统时间。
TimeValue("01:00:00"): 表示 1 小时的时间。
如想让程序在 1 分钟后执行，代码为：
Now() + TimeValue("00:01:00")

```
Sub oT()
    '一个小时后，自动运行 Test 过程
    Application.OnTime Now() + TimeValue("01:00:00"), "Test"
End Sub
```

Test 程序运行的时间是 1 小时后。

表示程序名称的字符串。

Step 2： 把提醒休息时间的语句写在另一个程序Test里，保存在模块中。

```
Sub Test()
    MsgBox "你好，你已经连续工作一个小时了，请注意休息！"
End Sub
```

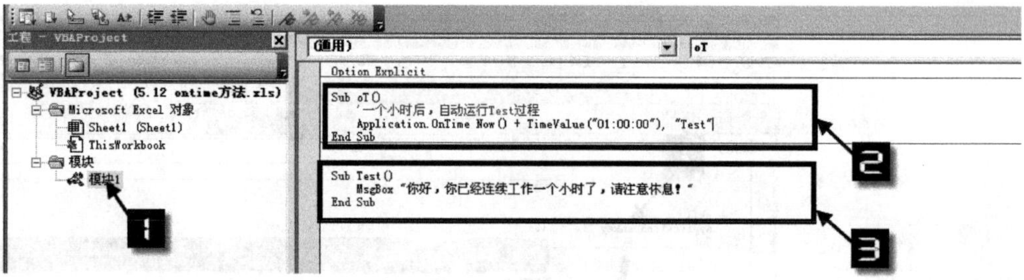

图5-20　输入程序的步骤

Step 3： 运行oT过程，开始工作，一个小时后Excel会自动运行Test过程，如图5-21所示。

图5-21　Excel的温馨提示

练习小课堂

发现了吗？

无论是OnKey还是OnTime方法，想让指定的程序自动运行，都必须先运行该方法所在的程序，如果不运行ok或oT过程，指定的Test过程并不会自动运行。

如果想省去手动运行ok或oT过程的步骤，想一想，你有什么好的办法？

参考答案

在ThisWorkbook对象中输入下面的过程即可。

```
Private Sub Workbook_Open()
      Call ok       '运行 ok 过程
      Call oT       '运行 ot 过程
End Sub
```

5.5 典型的技巧与示例

5.5.1 一举多得，快速录入数据

商店里每售出一件商品，都要把相应的信息输入到“商品销售登记表”中，如图5-22所示。

商品销售登记表

序号	销售日期	商品名称	商品代码	单价（元）	销售数量	销售金额
1	2011-8-10	笔记本	WJ-BJB-005	8.5	2	17
2	2010-8-11	钢笔	WJ-GB-012	25	1	25
3	2011-8-10	削笔刀	WJ-XBD-002	18	3	54
4						0
5						0
6						0
7						0
8						0
9						0
10						0
11						0
12						0
13						0
14						0
15						0
16						0
17						0
18						0
19						0
20						0

图5-22　商品销售登记表

Step 1：建一张参照表，指明各种商品的商品名称、商品代码、单价等信息，如图5-23所示。

输入时只需输入商品的首字母,其他信息即可自动输入。

商品销售登记表

商品名称	商品代码	单价（元）	销售数量	销售金额
笔记本	WJ-BJB-005	8.5	2	17
钢笔	WJ-GB-012	25	1	25
削笔刀	WJ-XBD-002	18	3	54
				0
				0
				0
				0
				0

参照表

录入字母	商品名称	商品代码	单价（元）
WJH	文具盒	WJ-WJH-001	12
QB	铅笔	WJ-QB-003	0.5
BJB	笔记本	WJ-BJB-005	8.5
GB	钢笔	WJ-GB-012	25
XBD	削笔刀	WJ-XBD-002	18

图5-23　登记表里的参照表

Step 2： 在该工作表模块里写入程序。

```
Private Sub Worksheet_Change(ByVal Target As Range)
'如果更改的单元格不是 C 列第 3 行以下的单元格或更改的单元格个数大于 1 时退出程序
    If Application.Intersect(Target, Range("C3:C65536")) Is Nothing Or Target.Count > 1 Then
          Exit Sub
    End If
    Dim i As Integer    '定义变量
    i = 3               '参照表中第 1 条记录在第 3 行，所以初值设为 3
    Do While Cells(i, "I").Value <> ""              '在参照表里循环
        '判断录入的字母与参照表的字母是否相符
        If UCase(Target.Value) = Cells(i, "I").Value Then
            Application.EnableEvents = False' 禁用事件，防止将字母改为商品名称时，再次执行程序
             Target.Value = Cells(i, "I").Offset(0, 1).Value          '写入产品名称
             Target.Offset(0, -1).Value = Date                         '写入销售日期
             Target.Offset(0, 1) = Cells(i, "I").Offset(0, 2).Value   '写入商品代码
             Target.Offset(0, 2) = Cells(i, "I").Offset(0, 3).Value   '写入商品单价
             Target.Offset(0, 3).Select                   '选中销售数量列，等待输入销售数量
             Application.EnableEvents = True              '重新启用事件
             Exit Sub
            End If
            i = i + 1
        Loop
    End Sub
```

Step 3： 返回工作表区域，在商品名称列输入商品名称的首字母，查看程序运行效果，如图 5-24 所示。

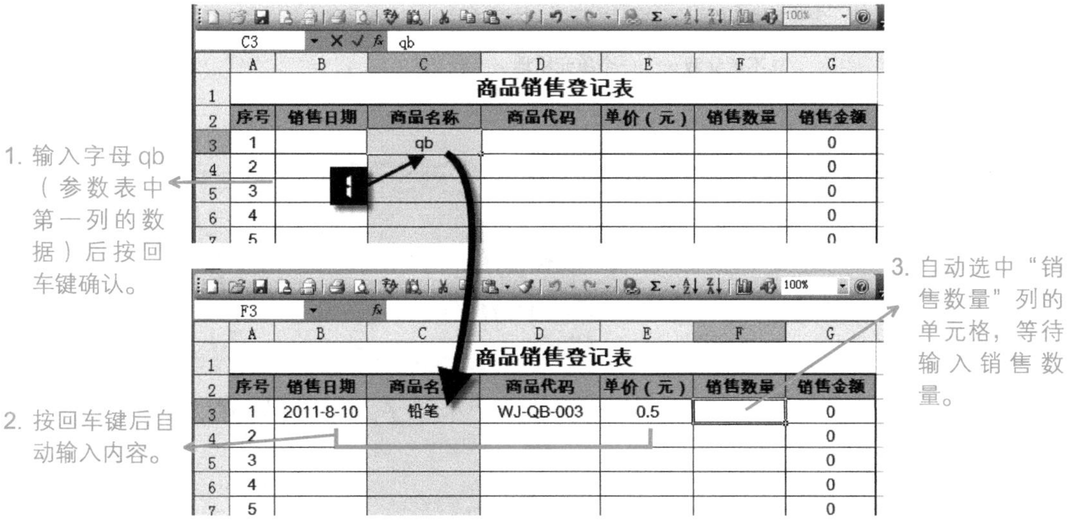

图5-24　输入内容前后

5.5.2 我该监考哪一场

一张监考安排表，密密麻麻的全是监考老师的名字，如图5-25所示。

XX中学2009——2010学年第一学期期中考试监考安排表

考场	语文		数学		英语		物理		化学		历史		政治		地理	
考场1	乔彩	刘志学	李林	邓先华	龙伦	郑称坚	罗丽	邓先华	施进刚	于琳	司坚良	习欣兰	冉赤学	刘俊	周继录	李婉君
考场2	刘世全	艾江洪	王芳	曹元林	李露	寠进	张姣	张悦	刘华芝	夏致新	屈岸华	王洪林	柴宜	曹元春	田辉元	林海军
考场3	申天	丁应林	常开华	鲁兵	高华	王加艳	林平飞	陈国华	王艳	梁奇榕	华冰	张家兵	高珊	聂童	柳飞艳	白兴江
考场4	王飞学	罗娟	史全	杨倩	汪中栋	周丽娟	方田	陶柔	郑菁	孔林军	顾庆芳	王琴	李军	陈忠友	庄博	张三华
考场5	司坚良	习欣兰	罗丽	邓先华	施进刚	于琳	冉赤学	刘俊	周继录	李婉君	龙伦	郑称坚	乔彩	刘志学	李林	邓先华
考场6	屈岸华	王洪林	张姣	张悦	刘华芝	夏致新	柴宜	曹元春	田辉元	林海军	李露	寠进	刘世全	艾江洪	王芳	曹元林
考场7	华冰	张家兵	林平飞	陈国华	王艳	梁奇榕	高珊	聂童	柳飞艳	白兴江	高华	王加艳	申天	丁应林	常开华	鲁兵
考场8	顾庆芳	王琴	方田	陶柔	郑菁	孔林军	李军	陈忠友	庄博	张三华	汪中栋	周丽娟	王飞学	罗娟	史全	杨倩
考场9	龙伦	郑称坚	冉赤学	刘俊	周继录	李婉君	乔彩	刘志学	李林	邓先华	施进刚	于琳	司坚良	习欣兰	罗丽	邓先华
考场10	李露	寠进	柴宜	曹元春	田辉元	林海军	刘世全	艾江洪	王芳	曹元林	刘华芝	夏致新	屈岸华	王洪林	张姣	张悦
考场11	高华	王加艳	高珊	聂童	柳飞艳	白兴江	申天	丁应林	常开华	鲁兵	王艳	梁奇榕	华冰	张家兵	林平飞	陈国华
考场12	汪中栋	周丽娟	李军	陈忠友	庄博	张三华	王飞学	罗娟	史全	杨倩	郑菁	孔林军	顾庆芳	王琴	方田	陶柔
考场13	施进刚	于琳	乔彩	刘志学	李林	邓先华	司坚良	习欣兰	罗丽	邓先华	周继录	李婉君	龙伦	郑称坚	冉赤学	刘俊
考场14	刘华芝	夏致新	刘世全	艾江洪	王芳	曹元林	屈岸华	王洪林	张姣	张悦	田辉元	林海军	李露	寠进	柴宜	曹元春
考场15	王艳	梁奇榕	申天	丁应林	常开华	鲁兵	华冰	张家兵	林平飞	陈国华	柳飞艳	白兴江	高华	王加艳	高珊	聂童
考场16	郑菁	孔林军	王飞学	罗娟	史全	杨倩	顾庆芳	王琴	方田	陶柔	庄博	张三华	汪中栋	周丽娟	李军	陈忠友
考场17	周继录	李婉君	司坚良	习欣兰	罗丽	邓先华	龙伦	郑称坚	冉赤学	刘俊	李林	邓先华	施进刚	于琳	乔彩	刘志学
考场18	田辉元	林海军	屈岸华	王洪林	张姣	张悦	李露	寠进	柴宜	曹元春	王芳	曹元林	刘华芝	夏致新	刘世全	艾江洪
考场19	柳飞艳	白兴江	华冰	张家兵	林平飞	陈国华	高华	王加艳	高珊	聂童	常开华	鲁兵	王艳	梁奇榕	申天	丁应林
考场20	庄博	张三华	顾庆芳	王琴	方田	陶柔	汪中栋	周丽娟	李军	陈忠友	史全	杨倩	郑菁	孔林军	王飞学	罗娟

图5-25　监考安排表

怎样才能快速知道张姣老师监考哪些考场?
总不能让我一个一个单元格地查看吧?
Help

你应该试试用Worksheet_SelectionChange事件编写过程，当选中某位老师姓名所在的单元格后，自动把写有该老师姓名的所有单元格填充相同的底纹颜色。
事件

Step 1： 在“监考安排表”所在的工作表模块中输入程序。

Intersect 方法返回参数指定的多个单元格的公共区域。参数至少是两个 Range 对象。

```
Private Sub Worksheet_SelectionChange(ByVal Target As Range)
    Range("B3:Q22").Interior.ColorIndex = xlNone      '清除单元格里原有底纹颜色
'当选中的单元格个数大于1时，重新给Target赋值
    If Target.Count > 1 Then
        Set Target = Target.Cells(1)
    End If
    '当选中的单元格不包含指定区域的单元格时，退出程序
    If Application.Intersect(Target, Range("B3:Q22")) Is Nothing Then
        Exit Sub
    End If
    Dim rng As Range      '定义一个Range型变量
    '遍历单元格
    For Each rng In Range("B3:Q22")
        If rng.Value = Target.Value Then
            rng.Interior.ColorIndex = 39
        End If
    Next
End Sub
```

Step 2： 返回工作表区域，想知道张姣老师监考哪些考场，就用鼠标选中她的姓名所在的任意一个单元格，如图5-26所示。

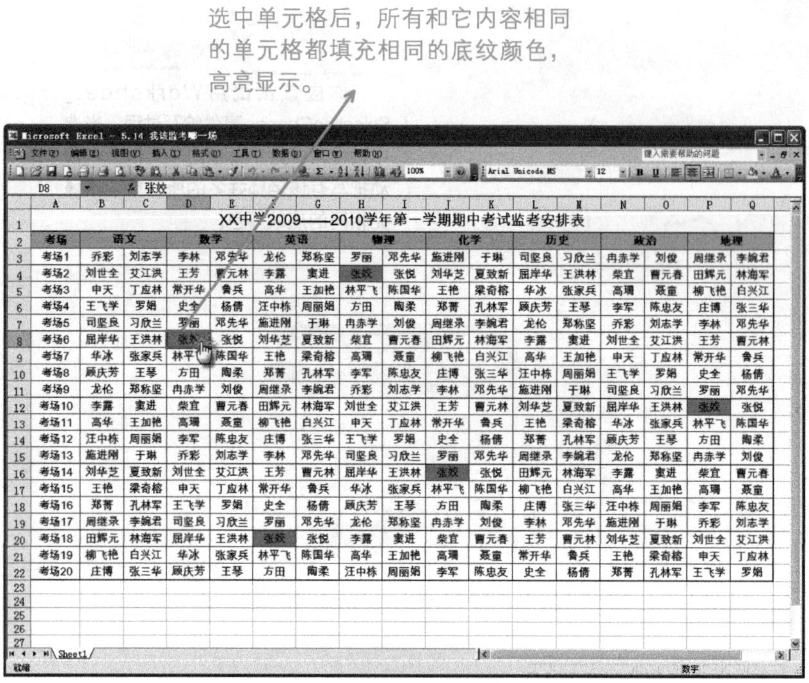
选中单元格后，所有和它内容相同
的单元格都填充相同的底纹颜色，
高亮显示。
Microsoft Excel - 5.14 我该监考哪一场
D8
张姣
Sheet1
就绪
数字

	A	B	C	D	E	F	G	H	I	J	K	L	M	N	O	P	Q
1	XX中学2009——2010学年第一学期期中考试监考安排表																
2	考场	语文		数学		英语		物理		化学		历史		政治		地理	
3	考场1	乔彩	刘志学	李林	邓先华	龙伦	郑称坚	罗丽	邓先华	施进刚	于琳	司坚良	习欣兰	冉赤学	刘俊	周继录	李婉君
4	考场2	刘世全	艾江洪	王芳	曹元林	李露	窦进	张姣	张悦	刘华芝	夏致新	屈岸华	王洪林	柴宜	曹元春	田辉元	林海军
5	考场3	申天	丁应林	常开华	鲁兵	高华	王加艳	林平飞	陈国华	王艳	梁奇榕	华冰	张家兵	高珊	聂童	柳飞艳	白兴江
6	考场4	王飞学	罗娟	史全	杨倩	汪中栋	周丽娟	方田	陶柔	郑菁	孔林军	顾庆芳	王琴	李军	陈忠友	庄博	张三华
7	考场5	司坚良	习欣兰	罗丽	邓先华	施进刚	于琳	冉赤学	刘俊	周继录	李婉君	龙伦	郑称坚	乔彩	刘志学	李林	邓先华
8	考场6	屈岸华	王洪林	张姣	张悦	刘华芝	夏致新	柴宜	曹元春	田辉元	林海军	李露	窦进	刘世全	艾江洪	王芳	曹元林
9	考场7	华冰	张家兵	林平飞	陈国华	王艳	梁奇榕	高珊	聂童	柳飞艳	白兴江	高华	王加艳	申天	丁应林	常开华	鲁兵
10	考场8	顾庆芳	王琴	方田	陶柔	郑菁	孔林军	李军	陈忠友	庄博	张三华	汪中栋	周丽娟	王飞学	罗娟	史全	杨倩
11	考场9	龙伦	郑称坚	冉赤学	刘俊	周继录	李婉君	乔彩	刘志学	李林	邓先华	施进刚	于琳	司坚良	习欣兰	罗丽	邓先华
12	考场10	李露	窦进	柴宜	曹元春	田辉元	林海军	刘世全	艾江洪	王芳	曹元林	刘华芝	夏致新	屈岸华	王洪林	张姣	张悦
13	考场11	高华	王加艳	高珊	聂童	柳飞艳	白兴江	申天	丁应林	常开华	鲁兵	王艳	梁奇榕	华冰	张家兵	林平飞	陈国华
14	考场12	汪中栋	周丽娟	李军	陈忠友	庄博	张三华	王飞学	罗娟	史全	杨倩	郑菁	孔林军	顾庆芳	王琴	方田	陶柔
15	考场13	施进刚	于琳	乔彩	刘志学	李林	邓先华	司坚良	习欣兰	罗丽	邓先华	周继录	李婉君	龙伦	郑称坚	冉赤学	刘俊
16	考场14	刘华芝	夏致新	刘世全	艾江洪	王芳	曹元林	屈岸华	王洪林	张姣	张悦	田辉元	林海军	李露	窦进	柴宜	曹元春
17	考场15	王艳	梁奇榕	申天	丁应林	常开华	鲁兵	华冰	张家兵	林平飞	陈国华	柳飞艳	白兴江	高华	王加艳	高珊	聂童
18	考场16	郑菁	孔林军	王飞学	罗娟	史全	杨倩	顾庆芳	王琴	方田	陶柔	庄博	张三华	汪中栋	周丽娟	李军	陈忠友
19	考场17	周继录	李婉君	司坚良	习欣兰	罗丽	邓先华	龙伦	郑称坚	冉赤学	刘俊	李林	邓先华	施进刚	于琳	乔彩	刘志学
20	考场18	田辉元	林海军	屈岸华	王洪林	张姣	张悦	李露	窦进	柴宜	曹元春	王芳	曹元林	刘华芝	夏致新	刘世全	艾江洪
21	考场19	柳飞艳	白兴江	华冰	张家兵	林平飞	陈国华	高华	王加艳	高珊	聂童	常开华	鲁兵	王艳	梁奇榕	申天	丁应林
22	考场20	庄博	张三华	顾庆芳	王琴	方田	陶柔	汪中栋	周丽娟	李军	陈忠友	史全	杨倩	郑菁	孔林军	王飞学	罗娟

图5-26　高亮显示指定同一姓名的老师所在的单元格

练习小课堂

如果想高亮显示工作表中选中单元格所在的行和列，应该怎么编写程序?

参考答案

如果数据区域是B3:Q22，可以在数据所在的工作表对象中输入下面的程序。

```
Private Sub Worksheet_SelectionChange(ByVal Target As Range)
    Range("B3:Q22").Interior.ColorIndex = xlNone  '清除单元格里原有底纹颜色
    '当选中的单元格个数大于1时，重新给 Target 赋值
    If Target.Count> 1 Then
        Set Target = Target.Cells(1)
    End If
    '当选中的单元格不包含指定区域的单元格时，退出程序
    If Application.Intersect(Target, Range("B3:Q22")) Is Nothing Then
         Exit Sub
    End If
    '添加底纹颜色
    Range(Cells(Target.Row, "B"), Cells(Target.Row, "Q")).Interior.ColorIndex = 39
    Range(Cells(3, Target.Column), Cells(22, Target.Column)).Interior.ColorIndex = 39
End Sub
```

5.5.3 让文件每隔一分钟自动保存一次

“晕死，怎么又停电了，我做了一上午的表格还没保存。”这一幕，经常发生在我同事的身上。

看着他欲哭无泪的样子，我只能深表同情。其实，这样的遗憾是可以避免的。

如果你担心自己会有同样悲催的经历，可以编写一个程序，让你的文件每隔一段时间自动保存一次。

Step 1： 新插入一个模块，在模块中输入程序，如图5-27所示。

```
Sub otime()
    '一分钟后自动运行 WbSave 过程
    Application.OnTime Now() + TimeValue("00:01:00"), "WbSave"
End Sub
```

```
Sub WbSave()
    ThisWorkbook.Save          '保存本工作簿
    Call otime                 '再次运行 otime 过程
End Sub
```

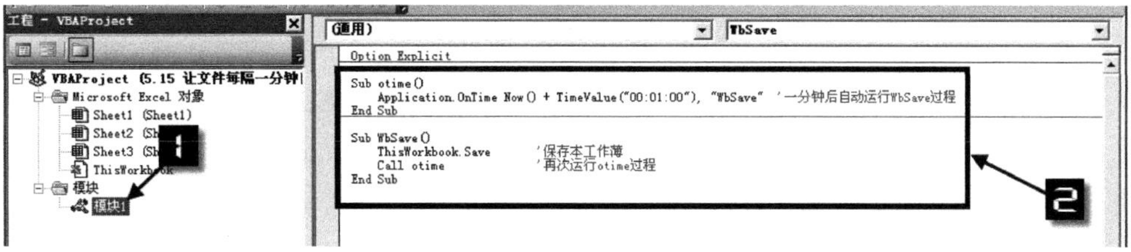

图5-27 在模块中输入程序

Step 2：在ThisWorkbook模块中输入程序，如图5-28所示。

```
Private Sub Workbook_Open()
    Call otime                        '打开工作簿后自动运行 otime 过程
End Sub
```

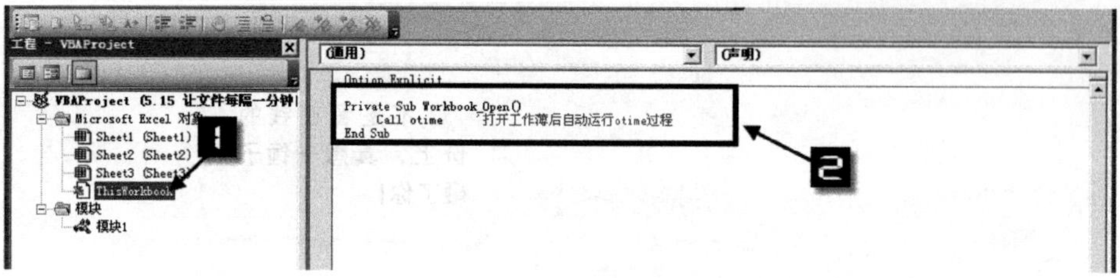

图5-28　在ThisWorkbook模块中输入程序

Step 3：保存修改，关闭并重新打开工作簿，你就可以放心使用，而不用担心文件没有保存了。

练习小课堂

想一想，为什么要在ThisWorkbook模块中写入5.5.3小节Step 2中的程序？

参考答案

目的是让打开工作簿时，自动运行otime过程，实现自动保存的目的。

第6章 用户界面设计

整洁、美观、得体、不落俗气……我们总羡慕别人能裁剪出这样美丽的风景。

是的，你总是有这样一个心愿:让自己设计的表格个性一点，像热遍全球的苹果手机那样抓住别人的眼球，让人爱不释手。

6.1 在Excel中自由地设计界面

6.1.1 关于用户界面

◆ 为什么要设计用户界面

用户界面就像电视机的遥控板，是用户与程序进行互动的窗口。一个合理的程序，总会设计一个或多个供用户操作的界面。

用户界面不仅能为操作提供便利，还能增强视觉感，使程序显得更直观、更专业。

◆ 怎样设计用户界面

同绘画一样，设计界面就是用户按自己的意愿，在工作表或用户窗体中有目的地添加控件，并给这些控件指定功能。

6.1.2 控件，必不可少的调色盘

Excel里有两种类型的控件：窗体控件（【窗体】工具栏中的控件）和ActiveX控件（【控件工具箱】中的控件）。

◆ 窗体控件

要向工作表中添加窗体控件，应先调出【窗体】工具栏，如图6-1所示。

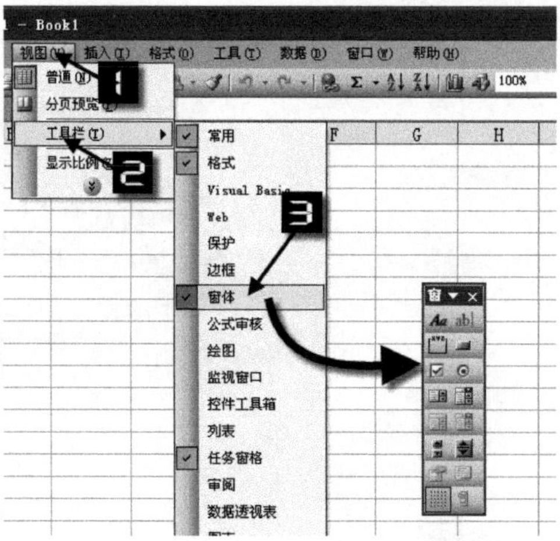

图6-1 调出【窗体】工具栏

【窗体】工具栏中一共有16个控件，其中有9个可以添加到工作表中，如图6-2所示，控件说明见表6-1所示。

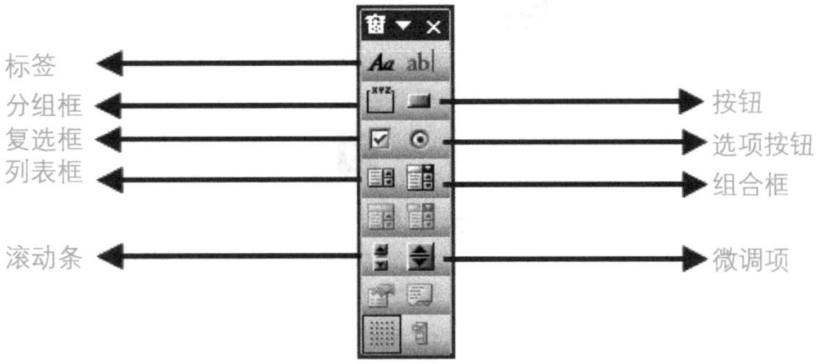

图6-2　窗体工具栏中可使用的控件

表6-1

各种窗体控件的说明

控件名称	控件说明
标签	用于输入和显示静态文本
分组框	用于组合其他多个控件
按钮	用于执行宏命令
复选框	选择控件，可以多项选择
选项按钮	用于选择的控件，通常几个选项按钮用组合框组合在一起使用，在一组中只能同时选择一个选项按钮
列表框	显示多个选项的列表，用户可以从中选择一个选项
组合框	提供可选择的多个选项，用户可以选择其中的一个项目
滚动条	包括水平滚动条和垂直滚动条
微调控件	通过单击控件的箭头来选择数值

◆ ActiveX控件

要添加ActiveX控件，应先调出【控件工具箱】，如图6-3所示。

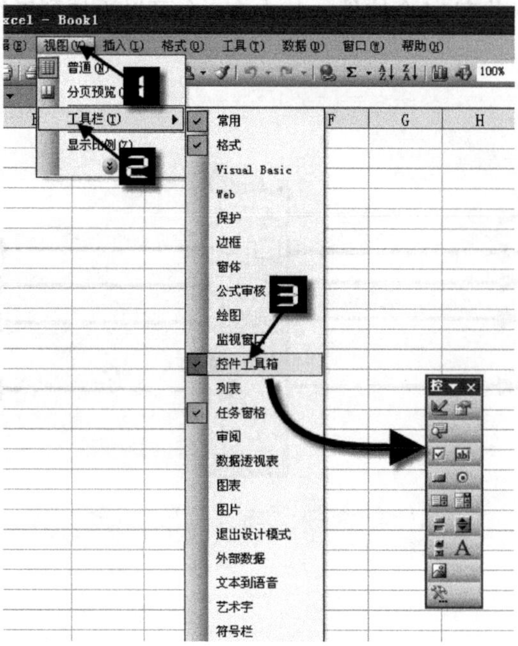

图6-3　调出控件工具栏

默认情况下，【控件工具箱】中有11个控件，如图6-4所示。

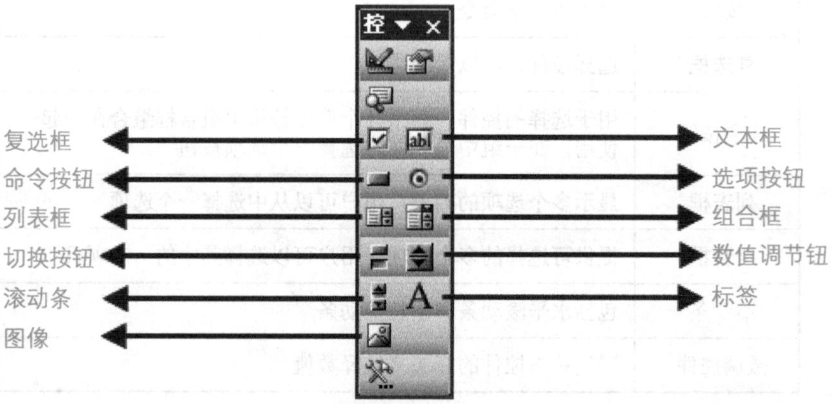

图6-4　控件工具箱中默认的控件

但能使用的ActiveX控件并不只有11个，单击【控件工具箱】中的【其他控件】按钮，如图6-5所示。

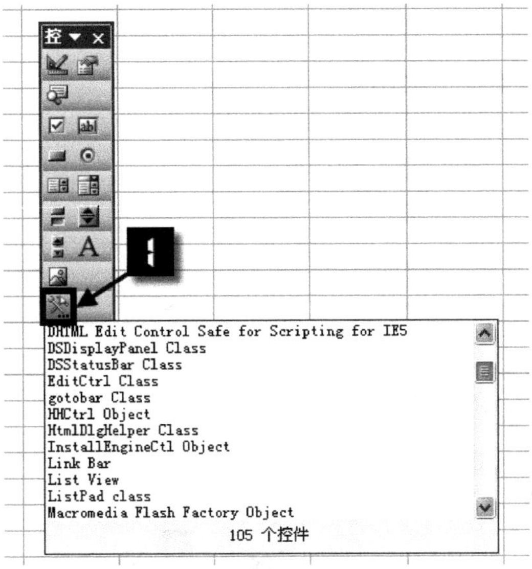

图6-5　选择其他的控件

6.2　使用控件，将工作表当作画布

窗体控件和ActiveX控件就像两个调色盘，画蓝天的时候从里面选择蓝色，画白云的时候从里面选择白色。而Excel的工作表就像一张大画布，你可以在上面任意勾勒，绘出一幅漂亮的蓝天白云图。

6.2.1　在工作表中使用窗体控件

◇ 添加一个组合框控件

调出【窗体】工具栏，选中组合框控件，按住鼠标左键的同时，拖动鼠标即可在工作表中添加控件，如图6-6所示。

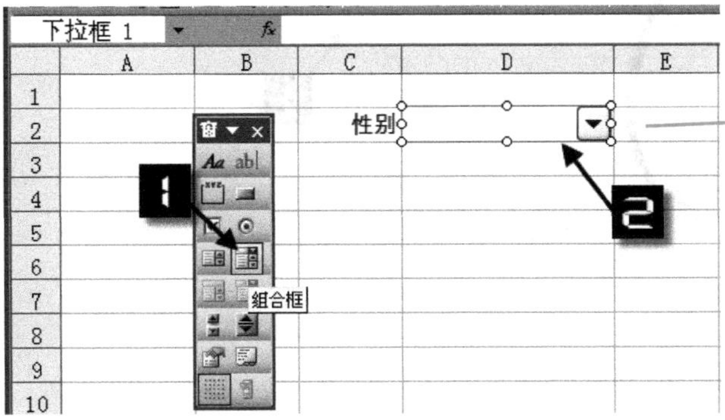

可以用鼠标调整控件的大小或位置。如果控件不是可编辑状态，先用鼠标右键单击它，再进行调整。

图6-6　添加控件

◆ 设置控件格式

设置控件格式的步骤如图6-7所示。

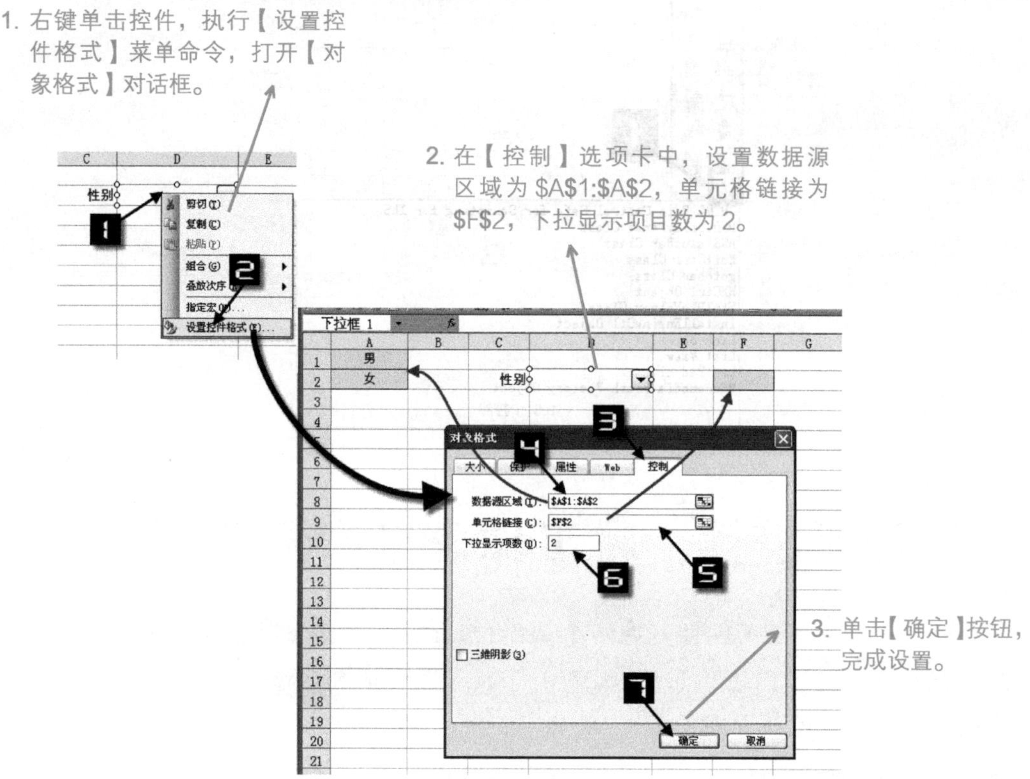

图6-7　设置控件

如果想修改控件的名称，可以选中控件，在名称框里修改，如图6-8所示。

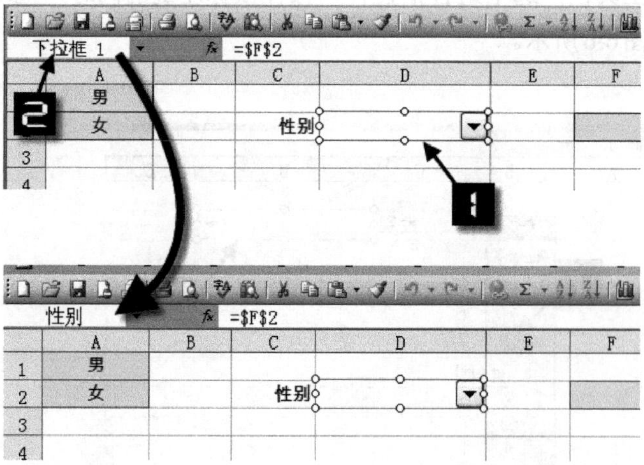

图6-8　修改控件的名称

◇ 使用控件

使用窗体控件的步骤如图6-9所示。

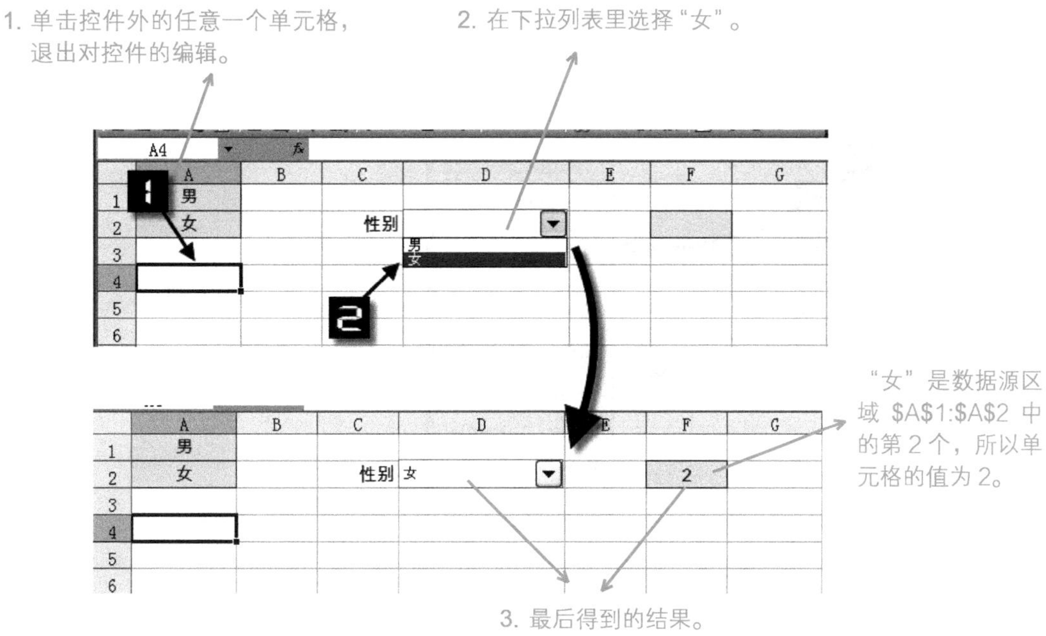
1. 单击控件外的任意一个单元格，退出对控件的编辑。
2. 在下拉列表里选择“女”。
A4
男
女
性别
“女”是数据源区域 $A$1:$A$2 中的第 2 个，所以单元格的值为 2。
3. 最后得到的结果。

图6-9　使用窗体控件

6.2.2　在工作表中使用 ActiveX 控件

◇ 向工作表中添加选项按钮

在【控件工具箱】中选择【选项按钮】控件，按住鼠标左键的同时，拖动鼠标即可在工作表中添加一个选项按钮，如图6-10所示。

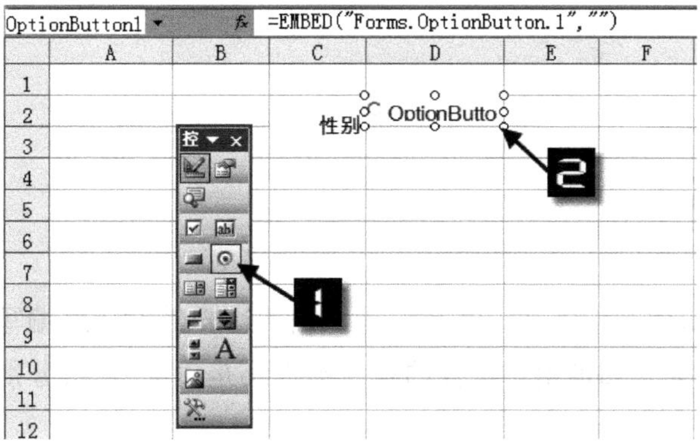
OptionButton1
=EMBED("Forms.OptionButton.1","")
性别
OptionButto

图6-10　在工作表中添加选项按钮

◆ 设置控件格式

新添加的按钮，可以在【属性窗口】中设置它的属性来更改它的外观样式，如图6-11所示。

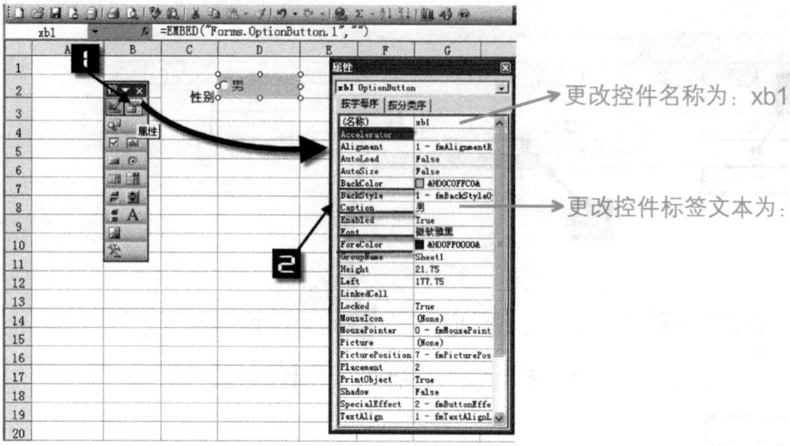

图6-11　设置ActiveX控件的格式

继续在工作表中添加一个选项按钮控件，在【属性窗口】中设置标签为“女”，名称为xb2，如图6-12所示。

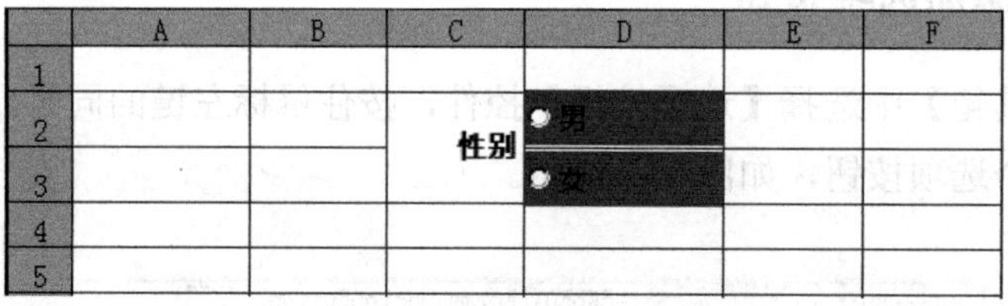

图6-12　新添加的ActiveX控件

◆ 为控件添加程序

ActiveX控件与窗体控件不同，在使用前，需要用户针对控件编写相应的代码。前文添加的两个控件，如果想知道用户选择的是“男”还是“女”，得分别给这两个控件编写事件过程，如图6-13所示。

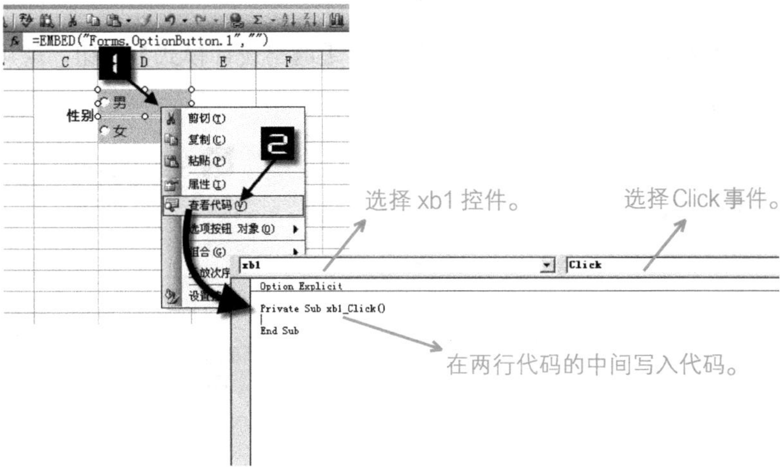

图6-13　为控件添加事件过程

```
Private Sub xb1_Click()
    If xb1.Value = True Then                '如果xb1已选中则执行If与End If之间的代码
        Range("F2").Value = "男"            '在F2单元格里输入"男"
        xb2.Value = False                   '更改xb2为未选中状态
    End If
End Sub
```

用同样的方法为控件xb2编写事件过程，如图6-14所示。

```
Private Sub xb2_Click()
    If xb2.Value = True Then              '如果xb2被选中则执行If与End If之间的代码
        Range("F2").Value = "女"           '在F2单元格里输入"女"
        xb1.Value = False                 '更改xb1为未选中状态
    End If
End Sub
```

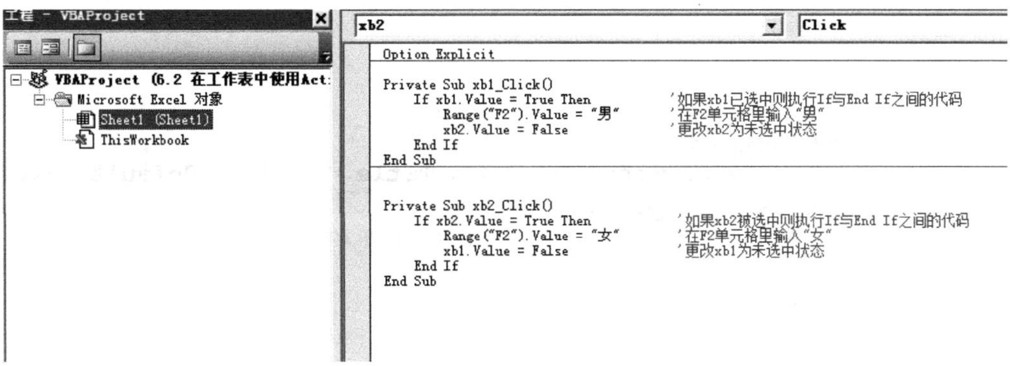

图6-14　为控件添加的程序代码

◆ 使用控件

返回工作表区域，单击【控件工具箱】中的【退出设计模式】按钮，就可以使用控件了，如图6-15所示。

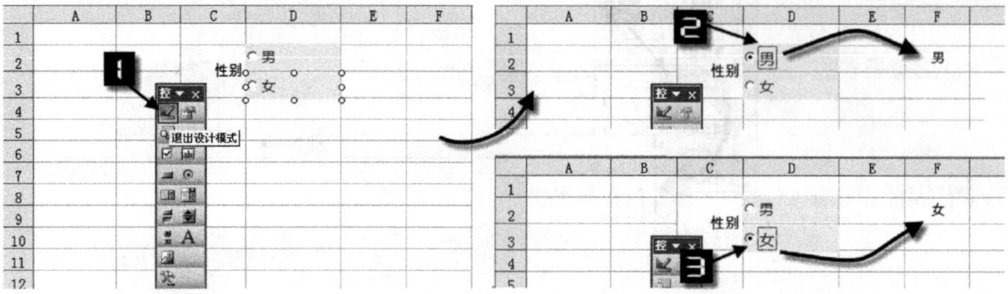

图6-15　在工作表中使用ActiveX控件

6.2.3　窗体控件和 ActiveX 控件的区别

窗体控件只能在工作表中通过设置控件的格式或指定宏来使用，ActiveX控件拥有很多属性和事件，可以在工作表和用户窗体中使用。如果是以编辑数据为目的，一般使用窗体控件就可以了，但如果在编辑数据的同时还要进行其他操作，使用ActiveX控件会灵活得多。

6.3　与用户交互，简单的输入输出对话框

对话框是程序与用户进行交互的工具，用来输入或输出信息。

6.3.1　InputBox 函数

InputBox函数创建一个接受用户输入的对话框，供用户输入数据。

第一个参数 prompt 是对话框上的提示文字。

第二个参数 Title 是对话框的标题，如果省略，默认标题为"Microsoft Excel"。

第三个参数 Default 是默认输入值，如果省略，文本框中的内容为空。

```
Sub InBox()
    Dim str As String                   '定义一个变量
    '将输入的值赋给变量 str
    str = InputBox(prompt:="请输入姓名", Title:="操作提示", Default:="张姣",_
        xpos:=2000, ypos:=2500)
    Range("A1") = str                   '将输入的值写入 A1 单元格
End Sub
```

第四个参数 xpos 是对话框的左端与屏幕左端的距离，如果省略，对话框在水平方向居中显示。

第五个参数 ypos 是对话框的顶端与屏幕顶端的距离，如果省略，对话框将显示距离屏幕顶端约屏幕高度三分之一的位置。

运行程序后Excel会显示一个对话框，如图6-16所示。

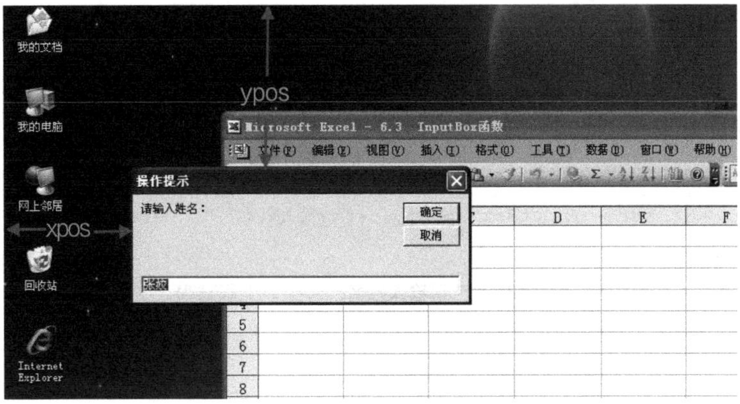

图6-16 运行程序后显示的对话框

根据提示，在对话框中输入姓名后单击【确定】按钮，输入的姓名即可自动写进活动工作表的A1单元格，如图6-17所示。

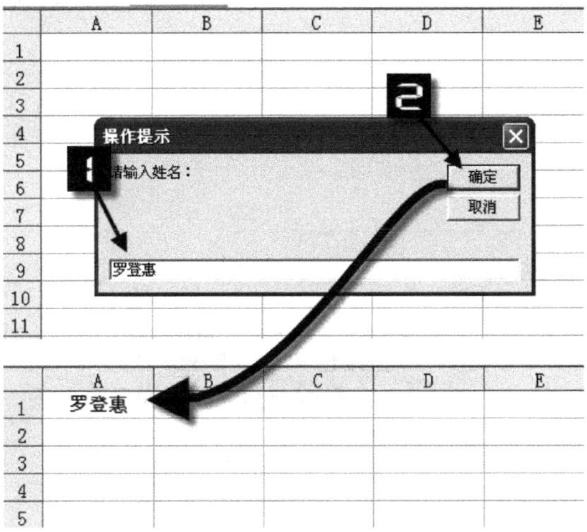

图6-17 利用对话框输入姓名

编写代码时，所有的参数名称都是可以省略的。

```
str = InputBox("请输入姓名：", "操作提示", "张姣", 2000, 2500)
```

不同的参数之间用英文逗号分隔。

除了prompt参数外，其实参数都可以省略。

```
str = InputBox ("请输入姓名：")
```

```
str = InputBox (prompt:="请输入姓名：")
```

也可以只省略其中的一个或几个参数。

```
str = InputBox (prompt:="请输入姓名：", Default:=""张三")
```

```
str = InputBox ("请输入姓名：", , "张三")
```

省略参数名的情况下，中间省略的参数必须用英文逗号空出来。

6.3.2 Application 对象的 InputBox 方法

使用Application对象的InputBox方法也可以创建接受用户输入的对话框。

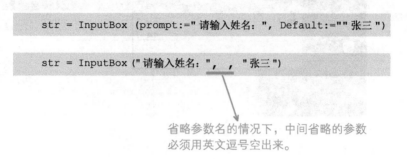

Title 参数指定对话框的标题，如果省略，默认标题为“输入”。

```
Sub AppInBox()
    Dim str As String            '定义一个变量
    '将输入的值赋给变量 str
    str = Application.InputBox(prompt:="请输入姓名：", Title:="操作提示",_
          Default:="张姣", Left:=100, Top:=100)
    Range("A1") = str           '将输入的值写入 A1 单元格
End Sub
```

这两个参数名称与 InputBox 函数的参数名称不相同。

除了Left与Top参数，InputBox方法的其他参数与InputBox函数的参数的作用相同。

InputBox方法的Left和Top参数指定对话框在Excel工作表窗口中的位置，如图6-18所示，而InputBox函数的xpos与ypos参数指定对话框在整个屏幕窗口中的位置，如图6-15所示。

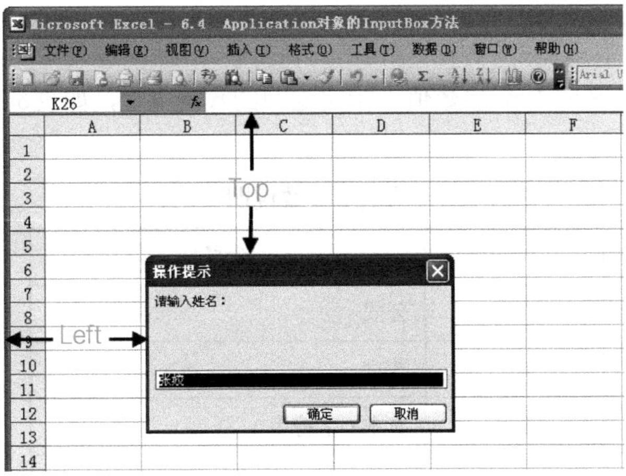

图6-18　InputBox方法的Top与Left参数

◇ 既生InputBox函数，何生InputBox方法

对比一下它们的参数区别，可以知道二者的区别。

完整的参数，可以在VBA帮助里看到，也可以在输入代码的时候，在代码窗口里看到，如图6-19所示。

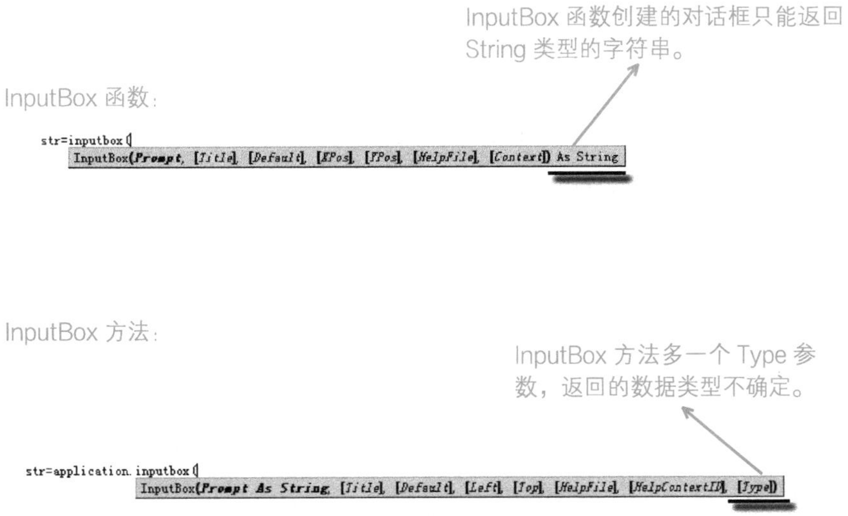

图6-19　在代码窗口中查看参数

InputBox函数只能返回一个String型的字符串，而InputBox方法返回的数据类型不确定，并且，InputBox方法比InputBox函数多一个Type参数。

◆ Type参数有什么作用

设置InputBox方法的Type参数值，指定返回的数据类型，如表6-2所示。

表6-2

Type参数说明

参数值	含义
0	公式
1	数字
2	文本 (字符串)
4	逻辑值 (True 或 False)
8	单元格引用（Range 对象）
16	错误值，如 #N/A
64	数值数组

下面的程序让用户选择一个单元格区域，然后在单元格区域输入数值100，如图6-20所示。

参数值是 8，所以返回的是一个 Range 对象。

```
Sub RngInput()
    Dim rng As Range            '定义一个 Range 对象
    On Error GoTo cancel        '如果单击"取消"按钮，出现错误，跳转到 cancel 处
    '将选中的单元格对象赋给变量 rng
    Set rng = Application.InputBox(prompt:="请选择需要输入数值的单元格区域", Type:=8)
    rng.Value = 100         '在选中的单元格输入 100
cancel:
End Sub
```

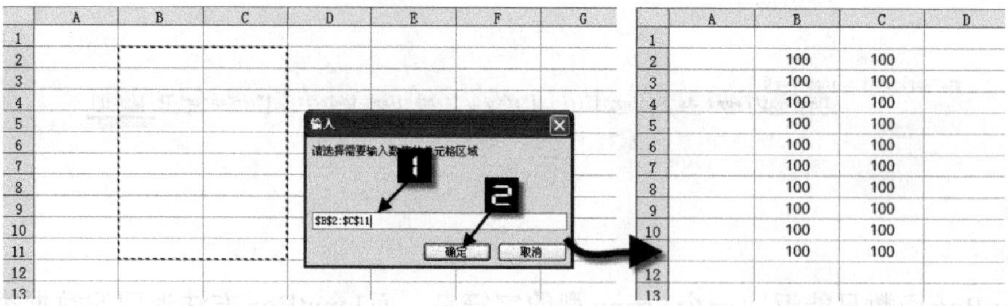

图6-20　使用InputBox方法

如果返回值为多种类型中的一种，就把Type参数的值设为相应类型的和。

1 表示数字，2 表示文本。
1+2 表示返回值可以是文本和数字中的任意一种。

```
Application.InputBox(prompt:=" 请输入内容：", Type:=1 + 2)
```

这两条语句是等效的。

```
Application.InputBox(prompt:=" 请输入内容：", Type:=3)
```

3 = 1+2，所以参数值设为 3
和 1+2 是等效的。

练习小课堂

在表6-2中，你知道Type的参数值为什么是0、1、2、4、8……这样有间隔而不是连续的自然数吗？

参考答案

因为中间空开的数值（如3）可以是多种参数值之和（如1+2），为了不混淆，所以参数值是有间隔而不是连续的自然数。

6.3.3 MsgBox 函数

使用MsgBox函数，可以创建一个对话框，告诉用户某些信息，并等待用户单击其中某个按钮后继续运行。

第一个参数 prompt 是对话框中要显示的文本信息，是必选参数。

第二个参数 Buttons 指定对话框中显示的按钮数目、按钮形式、使用的图标样式、缺省按钮以及消息框的强制回应等。参数值是值（或常数）的总和，如果省略，缺省值为 0。

```
Sub msg()
   MsgBox prompt:=" 中午十二点，该吃午饭了！ ", Buttons:=vbOKOnly + vbInformation,_
          Title:=" 温馨提醒 "
End Sub
```

第三个参数Title指定在对话框的标题栏中显示的字符串。
如果省略，默认为应用程序名“Microsoft Excel”。

其效果如图6-21所示。

图6–21　MsgBox 函数创建的对话框

◆ 设置显示的按钮

MsgBox 函数一共有6种按钮设定，如表6-3和图6-22所示。

表6–3

Msgbox 的6种按钮设定

常数	值	说明
vbOkonly	0	只显示【确定】按钮
vbOkCancel	1	显示【确定】和【取消】两个按钮
vbAbortRetryIgnore	2	显示【终止】、【重试】和【忽略】3 个按钮
vbYesNoCancel	3	显示【是】、【否】和【取消】3 个按钮
vbYesNo	4	显示【是】和【否】两个按钮
vbRetryCancel	5	显示【重试】和【取消】两个按钮

```
Sub msgbut()
    MsgBox prompt:=" 只显示 "确定" 按钮", Buttons:=vbOKOnly
    MsgBox prompt:=" 显示 "确定" 和 "取消" 按钮", Buttons:=vbOKCancel
    MsgBox prompt:=" 显示 "终止"、"重试" 和 "忽略" 按钮", Buttons:=vbAbortRetryIgnore
    MsgBox prompt:=" 显示 "是"、"否" 和 "取消" 按钮", Buttons:=vbYesNoCancel
    MsgBox prompt:=" 显示 "是" 和 "否" 按钮", Buttons:=vbYesNo
    MsgBox prompt:=" 显示 "重试" 和 "取消" 按钮", Buttons:=vbRetryCancel
End Sub
```

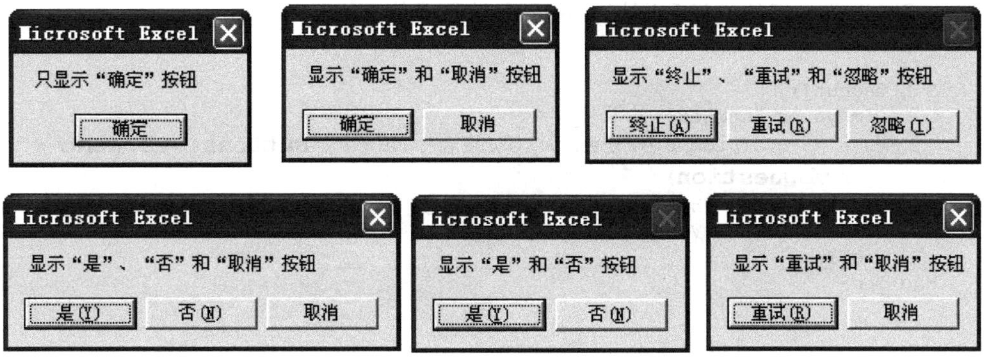

图6-22　Msgbox函数6种按钮设定

◇ 设置显示的图标样式

MsgBox函数一共有4种图标样式，如表6-4和图6-23所示。

表6-4

Msgbox的4种图标样式

常数	值	说明
vbCritical	16	显示“关键信息”图标
vbQuestion	32	显示“警告询问”图标
vbExclamation	48	显示“警告消息”图标
vbInformation	64	显示“通知消息”图标

```
Sub msgbut()
    MsgBox prompt:="显示"关键消息"图标", Buttons:=vbCritical
    MsgBox prompt:="显示"警告询问"图标", Buttons:=vbQuestion
    MsgBox prompt:="显示"警告消息"图标", Buttons:=vbExclamation
    MsgBox prompt:="显示"通知消息"图标", Buttons:=vbInformation
End Sub
```

图6-23　不同的图标样式

可以同时设置显示的按钮和图标，在两个常数或值之间用+号连接：

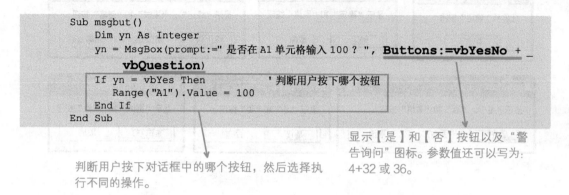

```
Sub msgbut()
    Dim yn As Integer
    yn = MsgBox(prompt:=" 是否在 A1 单元格输入 100 ? ", Buttons:=vbYesNo + _
        vbQuestion)
    If yn = vbYes Then              ' 判断用户按下哪个按钮
       Range("A1").Value = 100
    End If
End Sub
```

判断用户按下对话框中的哪个按钮，然后选择执行不同的操作。

显示【是】和【否】按钮以及“警告询问”图标。参数值还可以写为：4+32 或 36。

其效果如图6-24所示。

Microsoft Excel
是否在A1单元格输入100?
是(Y)
否(N)

图6-24　设置按钮及显示图标

◆ 设置缺省按钮

默认情况下按回车键即可执行的按钮称为缺省按钮，如图6-25所示。

Microsoft Excel
是否在A1单元格输入100?
是(Y)
否(N)
如果一个按钮上有虚线框则表示这个按钮为缺省按钮。

图6-25　缺省按钮

如果要修改第二个按钮为缺省按钮，可以设置Buttons参数的参数值。

```
yn = MsgBox(prompt:=" 是否在 A1 单元格输入 100 ? ", Buttons:=vbYesNo + vbQuestion + _
    vbDefaultButton2)
```

设置第 2 个按钮为缺省按钮。参数值也可以写为 4+32+256 或 292。

其效果如图6-26所示。

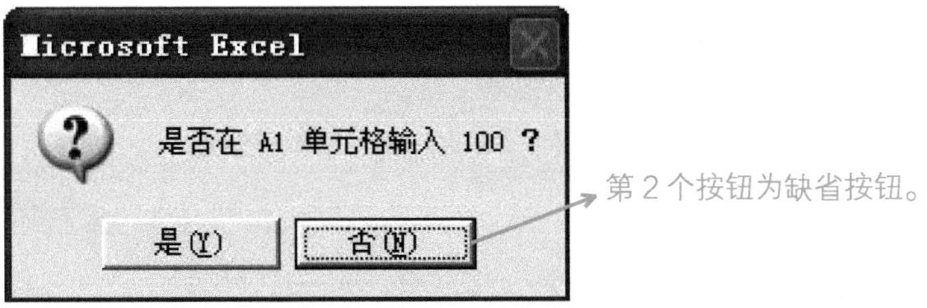

图6-26 设置第2个按钮为缺省按钮

如果想设置第三个、第四个按钮为缺省按钮，相应的参数如表6-5所示。

表6-5

设置缺省按钮的参数

常数	值	说明
vbDefaultButton1	0	第一个按钮为缺省按钮
vbDefaultButton2	256	第二个按钮为缺省按钮
vbDefaultButton3	512	第三个按钮为缺省按钮
vbDefaultButton4	768	第四个按钮为缺省按钮

◆ 指定对话框类型

Buttons参数还有第四组设定值，用来决定对框的类型，如表6-6所示。

表6-6

对话框的类型

常数	值	说明
vbApplicationModal	0	应用程序强制返回；暂停执行应用程序，直到用户对消息框作出响应才继续工作
vbSystemModal	4096	系统强制返回；暂停执行所有程序，直到用户对消息框作出响应才工作

◆ MsgBox 函数的返回值

设置Buttons参数可以让对话框显示不同的按钮，单击不同的按钮，将返回不同的值，如表6-7所示，程序可以根据返回值选择不同的操作，如：

将 Msgbox 函数的返回值赋给变量 yn。当需要将返回结果赋给变量时，参数必须写在括号里，否则不能加括号。

```
Sub msgbut()
    Dim yn As Integer
    yn = MsgBox(prompt:=" 是否在 A1 单元格输入 100 ? ", Buttons:=vbYesNo + vbQuestion)
    If yn = vbYes Then              ' 判断用户按下哪个按钮
        Range("A1").Value = 100
    End If
End Sub
```

如果用户单击对话框中的【是】按钮，返回值为“vbYes”，否则返回值为“vbNo”。也可以将 vbyes 改写为 6，写为：If yn=6 Then。

表6-7

MsgBox函数的返回值

常数	值	描述
vbOK	1	单击【确定】按钮
vbCancel	2	单击【取消】按钮
vbAbort	3	单击【终止】按钮
vbRetry	4	单击【重试】按钮
vbIgnore	5	单击【忽略】按钮
vbYes	6	单击【是】按钮
vbNo	7	单击【否】按钮

6.3.4 Application 对象的 FindFile 方法

使用Application对象的FindFile方法可以显示【打开】对话框，用户可以在对话框中选择并打开文件，如图6-27所示。

如果成功打开一个文件，Application.FindFile 的返回值为 True，否则为 False。

```
Sub OpenFile()
    If Application.FindFile = True Then    ' 判断文件是否打开
        MsgBox "选择的文件已打开！"
    Else
        MsgBox "没有打开任何文件！"
End If
End Sub
```

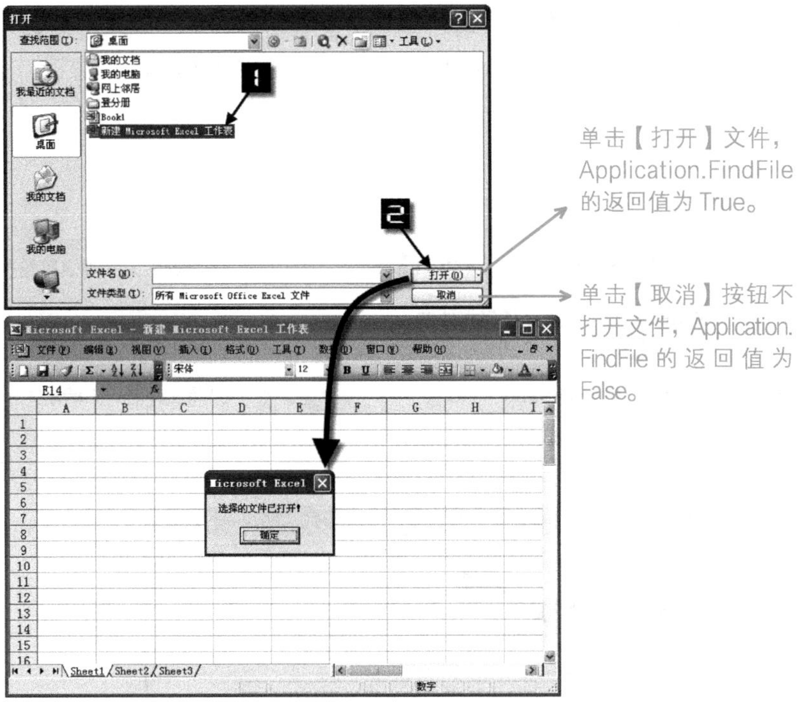

图6-27　用FindFile方法打开文件

6.3.5 Application对象的GetOpenFilename方法

可以调用Application对象的GetOpenFilename方法显示【打开】对话框，在对话框里选择文件，获得文件名称。

都是显示【打开】对话框，FindFile方法和GetOpenFilename方法有什么区别?

虽然同是显示【打开】对话框，但GetOpenFilename方法并不会打开选中的文件，而是返回所选文件的文件名（含路径）字符串，如图6-28所示。

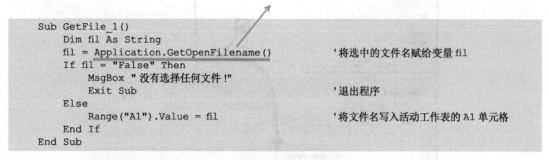

如果不使用任何参数，默认可以选择一个任意类型的文件。

```
Sub GetFile_1()
    Dim fil As String
    fil = Application.GetOpenFilename()              '将选中的文件名赋给变量 fil
    If fil = "False" Then
        MsgBox "没有选择任何文件！"
        Exit Sub                                     '退出程序
    Else
        Range("A1").Value = fil                      '将文件名写入活动工作表的 A1 单元格
    End If
End Sub
```

如果单击【取消】按钮，返回值为False。

输入工作表中的文件名。

图6-28　不使用参数时【打开】

可以使用FileFilter参数限制可选择的文件类型，如图6-29所示。

```
Sub GetFile()
    Dim fil As String
```

```
fil = Application.GetOpenFilename(filefilter:="Excel 97-2003 工作簿 _
    (*.xls),*.xls")
    Range("A1").Value = fil        ' 将文件名写入 A1 单元格
End Sub
```

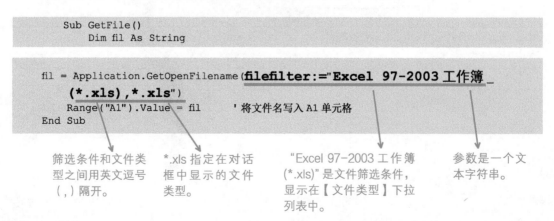

筛选条件和文件类型之间用英文逗号（,）隔开。

*.xls 指定在对话框中显示的文件类型。

"Excel 97-2003 工作簿(*.xls)"是文件筛选条件，显示在【文件类型】下拉列表中。

参数是一个文本字符串。

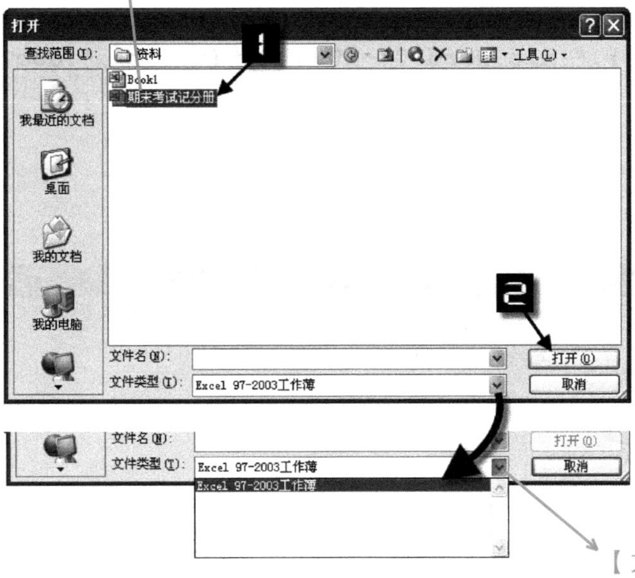

对话框中只显示扩展名为“.xls”的文件。
【文件类型】下拉列表中只显示指定的文件筛选条件。

图6-29　使用参数限制文件类型

如果希望能在两种或多种类型的文件中选择，可以修改参数值，如图6-30所示。

筛选条件和文件类型之间用英文逗号（,）隔开。

```
Sub GetFile_3()
   Dim fil As String
   fil = Application.GetOpenFilename(filefilter:="Excel 或 Word 97-2003 文件 (*.xls;*.doc),*.xls;*.doc")
       Range("A1").Value = fil        ' 将文件名写入 A1 单元格
End Sub
```

filefilter参数是一个文本字符串。

不同的文件类型之间用英文分号（;）隔开。

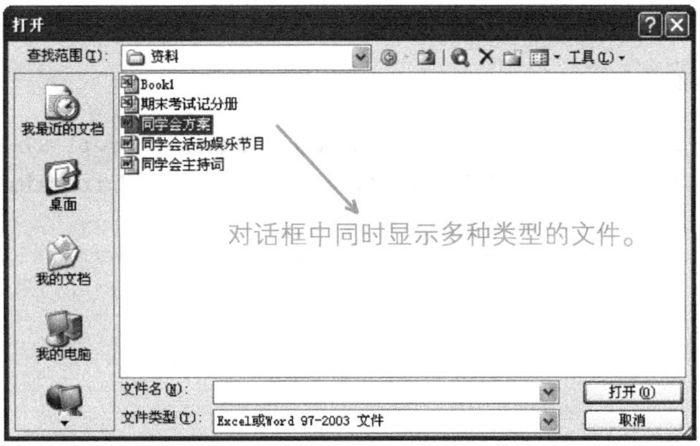

对话框中同时显示多种类型的文件。

图6-30　使用参数限制文件类型

也可以增加文件类型下拉列表中的项目，如图6-31所示。

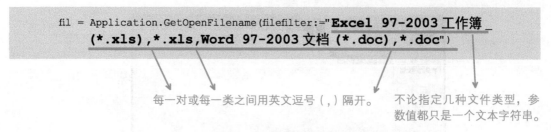

```
fil = Application.GetOpenFilename(filefilter:="Excel 97-2003 工作簿_
    (*.xls),*.xls,Word 97-2003 文档 (*.doc),*.doc")
```

每一对或每一类之间用英文逗号（,）隔开。

不论指定几种文件类型，参数值都只是一个文本字符串。

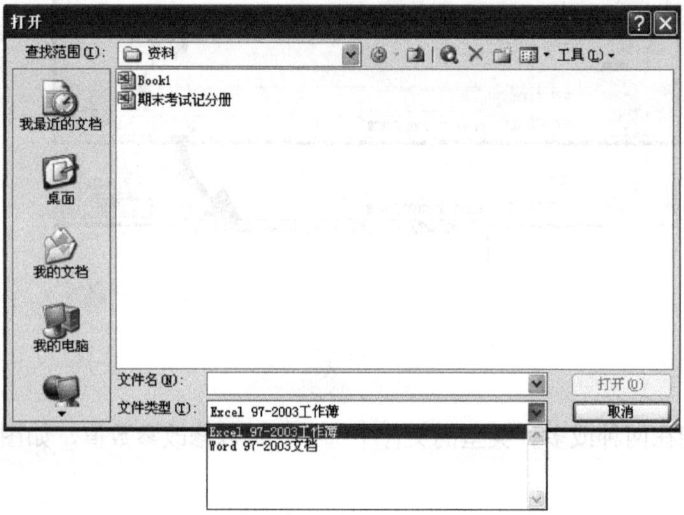

图6-31　增加文件类型下拉列表中的项目

除了filefilter，GetOpenFilename方法还有其他参数，如图6-32所示。

filefilter 参数指定在对话框中显示的文件类型。

filterIndex 参数指定【文件类型】下拉列表中的第几项为默认文件筛选条件，如果省略，默认为 1。

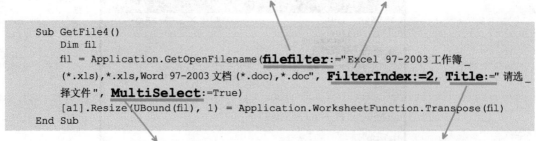

```
Sub GetFile4()
    Dim fil
    fil = Application.GetOpenFilename(filefilter:="Excel 97-2003 工作簿_
    (*.xls),*.xls,Word 97-2003 文档 (*.doc),*.doc", FilterIndex:=2, Title:=" 请选_
    择文件", MultiSelect:=True)
    [a1].Resize(UBound(fil), 1) = Application.WorksheetFunction.Transpose(fil)
End Sub
```

MultiSelect 参数决定可以选中的文件个数。如果设置为 True，表示可以同时选中多个文件，默认值为 False，即只能选中一个文件。

Title 参数设置对话框的标题，如果省略，默认为“打开”。

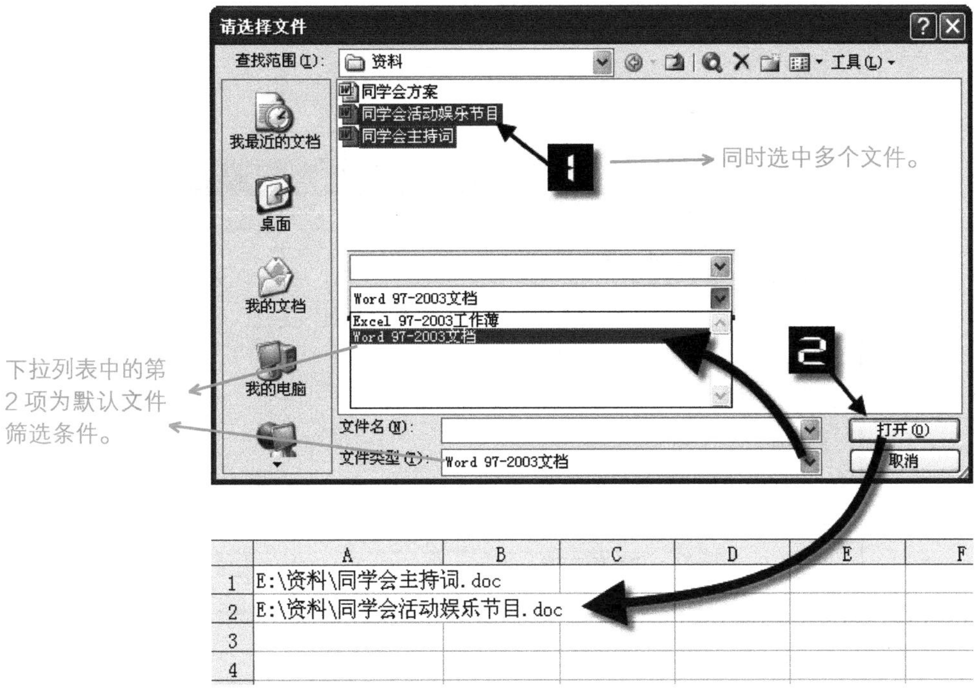

图6-32　当设置更多参数时

6.3.6　Application对象的GetSaveAsFilename方法

可以调用Application对象的GetSaveAsFilename方法打开【另存为】对话框，在对话框里选择文件，获得文件名，如图6-33所示。

```
Sub GetSaveAs()
    Dim fil As String, filename As String, filter As String, tle As String
    filename = "我要选择的文件"
    filter = "Excel 97-2003 工作簿 (*.xls),*.xls,Word 97-2003 文档 (*.doc),*.doc,文本_
            文件 (*.txt),*.txt"
    tle = "请选择需要的文件"
    '用变量做方法的参数
    fil = Application.GetSaveAsFilename(InitialFileName:=filename,_
        filefilter:=filter, FilterIndex:=2, Title:=tle)
    Range("A1") = fil  '把文件名写入A1单元格
End Sub
```

第一个参数InitialFileName指定显示的文件名，如果省略，则显示活动工作簿的名称。

第二个参数filefilter指定文件的筛选条件。

第三个参数FilterIndex设置【保存类型】下拉列表中的第几项默认筛选条件，如果省略，默认值为1。

第四个参数Title指定对话框的标题，如果省略，默认为“另存为”。

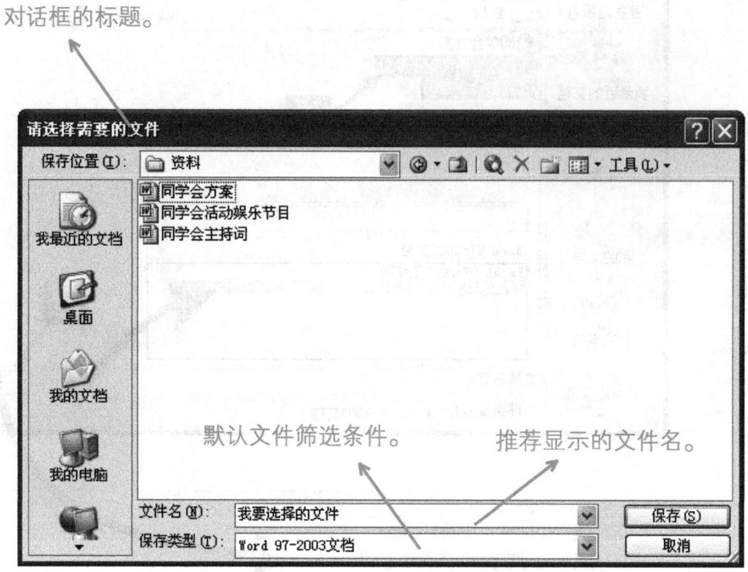

图6-33　用GetSaveAsFilename方法获取文件名

6.3.7 Application 对象的 FileDialog 属性

使用Application对象的FileDialog属性可以获得指定目录的路径及名称，如图6-34所示。

参数只允许用户选择一个文件夹。

```
Sub getFolder()
    With Application.FileDialog(filedialogtype:=msoFileDialogFolderPicker)
         .InitialFileName = "D:\"                  ' 设置D盘根目录为起始目录
         .Title = "请选择一个目录"                  ' 设置对话框标题
         .Show                                     ' 显示对话框
         If .SelectedItems.Count > 0 Then          ' 判断是否选中了目录
              Range("A1").Value = .SelectedItems(1)' 将选中的目录名及路径写进A1单元格
         End If
    End With
End Sub
```

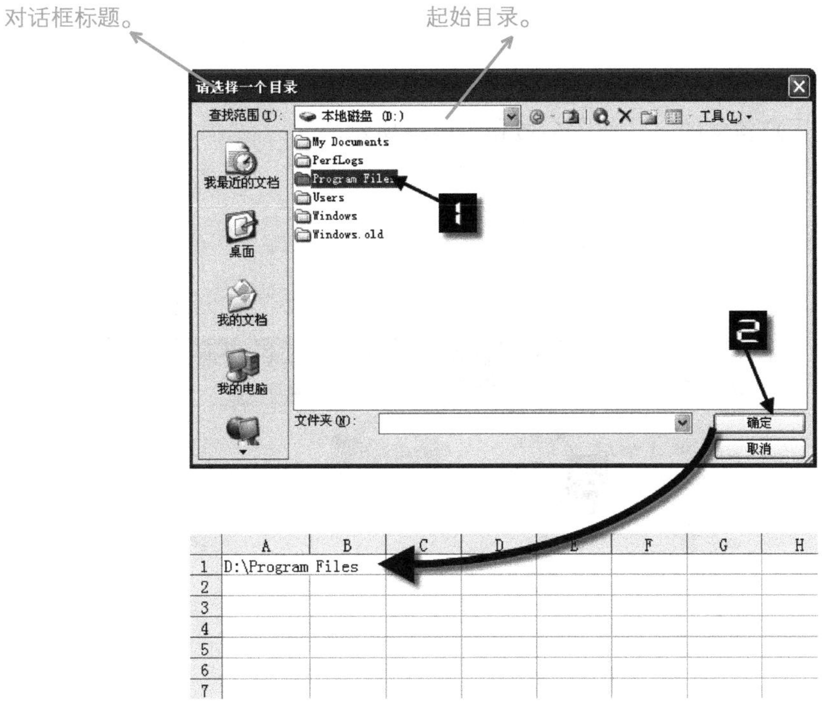

图6-34　获取目录名称

除了msoFileDialogFolderPicker，filedialogtype参数还可以选用其他的值，如表6-8所示。

表6-8

msoFileDialogType常量列表

常量	说明
msoFileDialogFilePicker	允许选择一个文件
msoFileDialogFolderPicker	允许选择一个文件夹
msoFileDialogOpen	允许打开一个文件
msoFileDialogSaveAs	允许保存一个文件

6.4　构建用户窗体，自己设计交互界面

6.4.1　关于用户窗体

用户窗体是Excel中的另一对象——UserForm对象。用户可以在窗体上自由添加ActiveX控件，并利用这些控件从用户那里获得信息，或将信息输出给用户。

6.4.2 添加一个用户窗体

添加一个用户窗体的方法如图6-35和图6-36所示。

方法一：

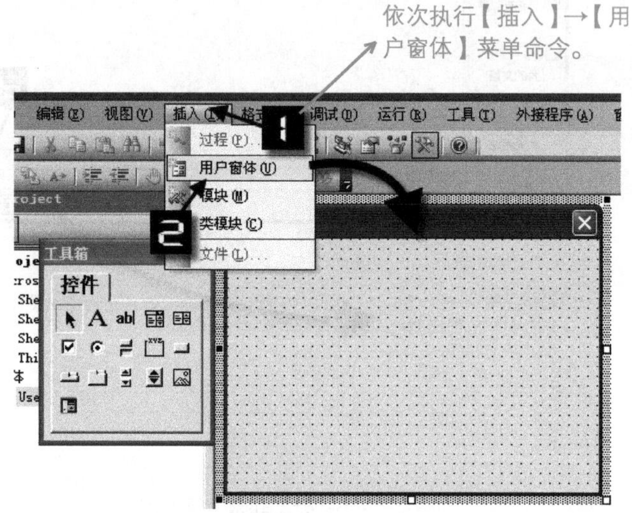

图6-35 利用菜单命令插入窗体

方法二：

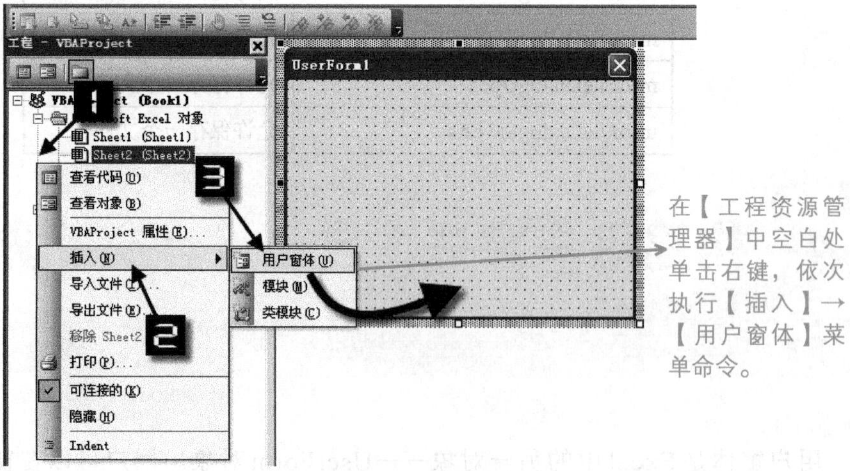

图6-36 利用右键菜单插入窗体

6.4.3　设置窗体的属性

作为对象，用户窗体也有自己的属性，如名称、大小等。

新窗体的所有属性都是默认的，可以在【属性窗口】中重新设置，如图6-37所示。

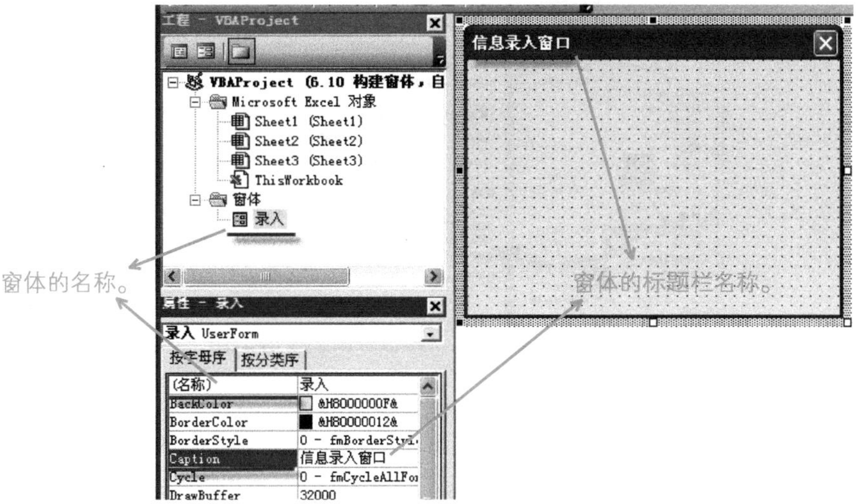

图6-37　设置窗体

想将窗体设置为何种样式，就在【属性窗口】里修改对应的属性。

为了便于查询，Excel允许用户按不同的排序方式查看对象的属性，如图6-38所示。

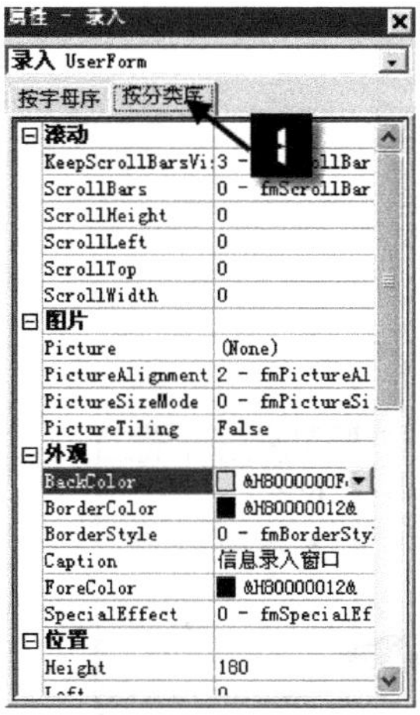

图6-38　按分类序查看对象属性

如果对属性列表中某个属性不太熟悉，选中属性名称，按<F1>键，即可查看关于它的帮助信息，如图6-39所示。

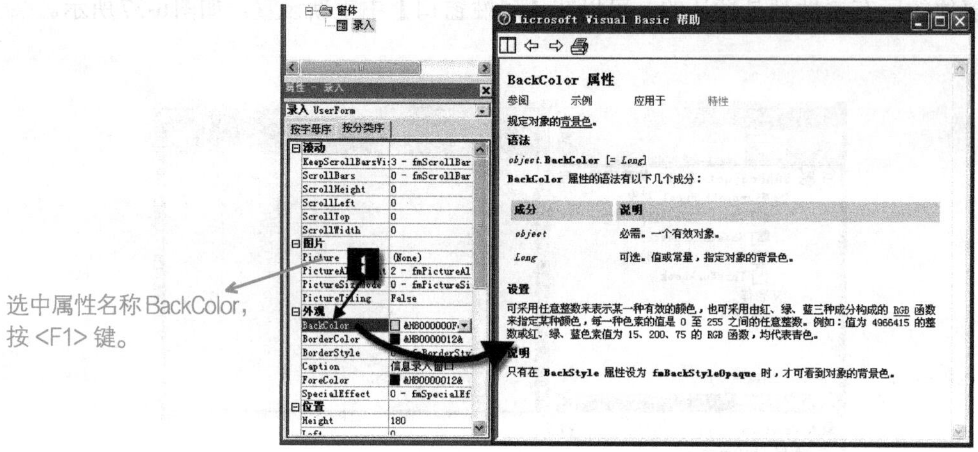

图6-39　查看帮助信息

6.4.4　在窗体上添加控件

新插入的窗体，只是一个空白的对话框，要想实现同用户交互的目的，需要往窗体上添加不同的控件。要向窗体中添加控件，应先调出【工具箱】，如图6-40所示。

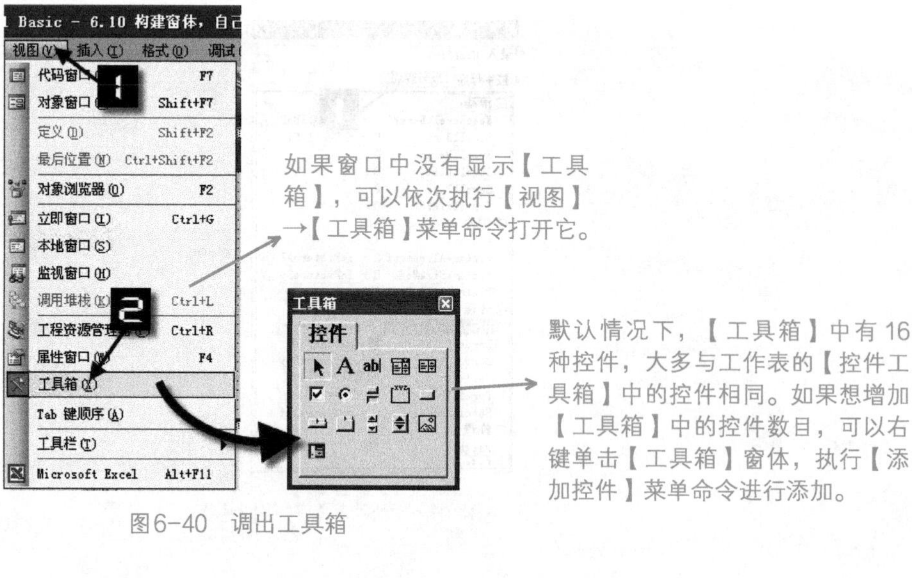

图6-40　调出工具箱

向窗体中添加控件的方法如图6-41和图6-42所示。

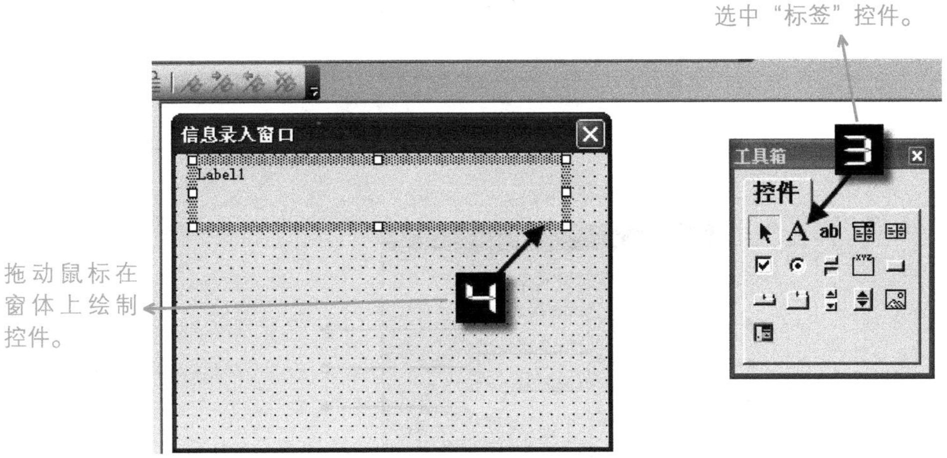

图6-41　向窗体中添加控件

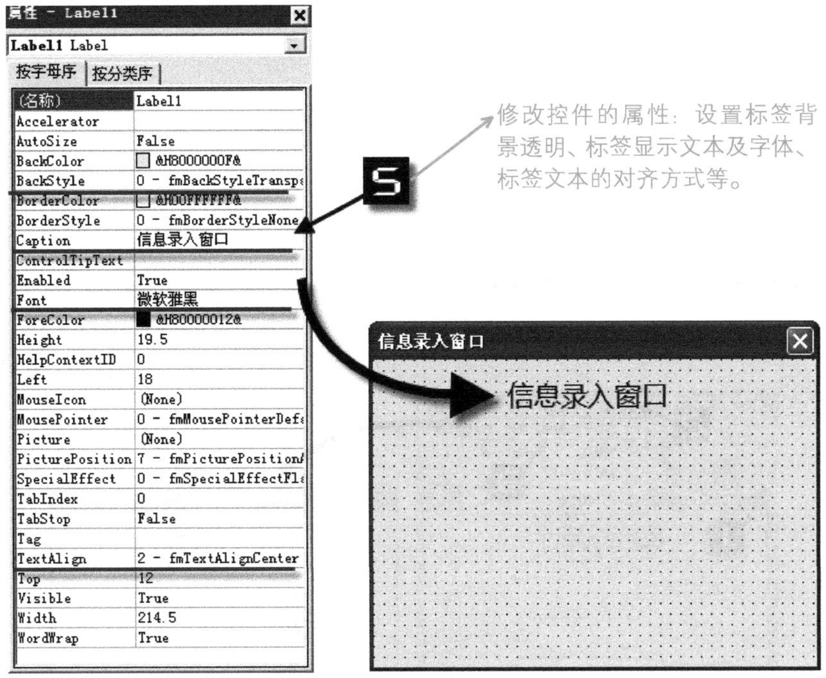

图6-42　设置控件的属性

练习小课堂

参照添加和设置标签控件的方法，继续在窗体上添加其他控件，设计一个简单的信息录入界面，如图6-43所示。

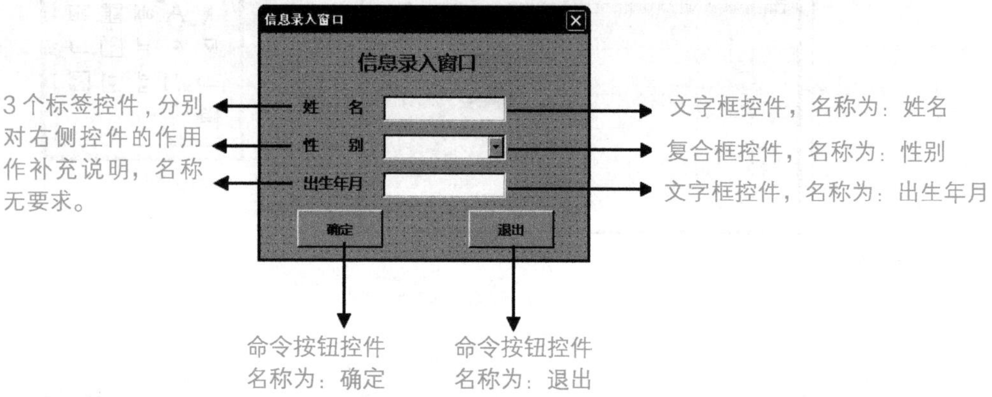

图6-43　信息录入界面

6.4.5　显示窗体

显示窗体就是把设计好的窗体显示给用户。

◆ 手动显示窗体

手动显示窗体的方法如图6-44所示。

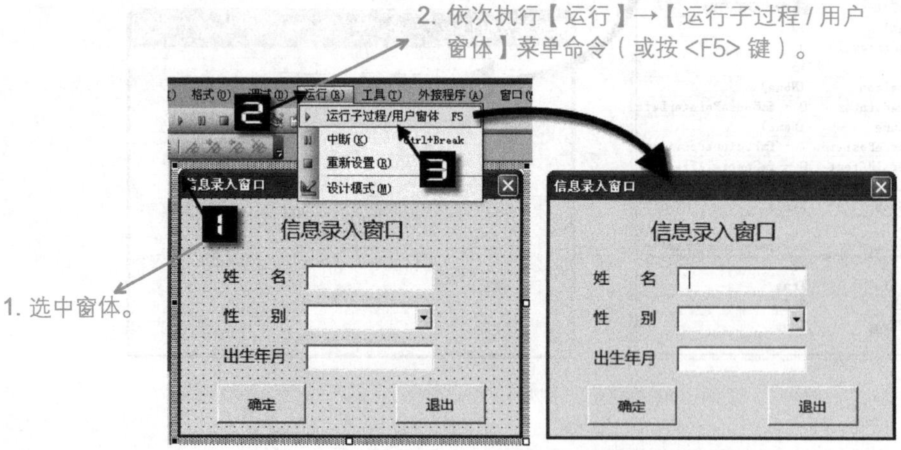

图6-44　手动显示窗体

◇ 用代码显示窗体

显示一个窗体要经过两个步骤：

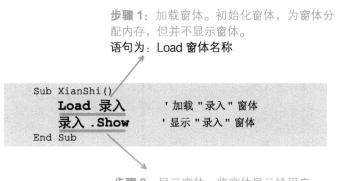

步骤1：加载窗体。初始化窗体，为窗体分配内存，但并不显示窗体。
语句为：Load 窗体名称

```
Sub XianShi()
    Load 录入           '加载"录入"窗体
    录入.Show           '显示"录入"窗体
End Sub
```

步骤2：显示窗体。将窗体显示给用户。
语句为：窗体名称.Show

如果在调用窗体的Show方法前窗体没有加载，Excel会自动加载这个窗体，然后再显示它。

所以显示窗体可以省略加载窗体的语句，直接调用窗体对象的Show方法。

```
Sub XianShi()
    录入.Show           '显示名称为"录入"的窗体
End Sub
```

◇ 窗体的显示模式

模式窗体：窗体显示后将停止执行“显示窗体”之后的代码，直到退出或隐藏窗体，并且只有退出或隐藏窗体后，才可以操作窗体外的其他元素，如图6-45所示。

如果省略或设置参数为vbModal，这个窗体将以模式窗体显示。

```
Sub Modal()
    录入.Show vbModal                  '显示模式窗体
    Range("A1") = "现在显示的是模式窗体！"
End Sub
```

无模式窗体：窗体显示后会继续执行程序里余下的语句，并且可以操作其他窗体或界面，如图6-46所示。

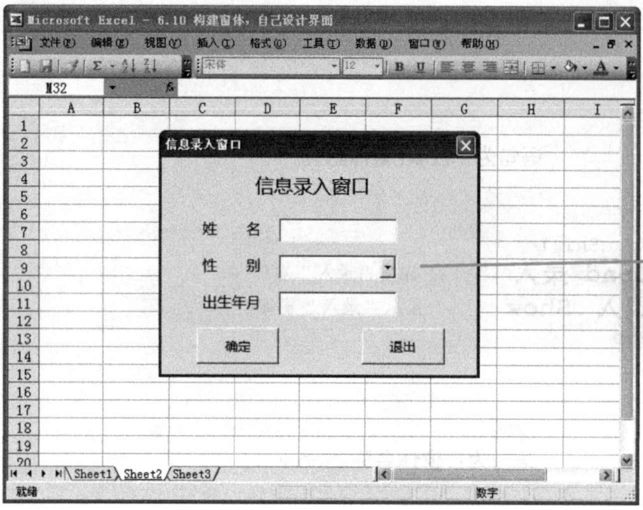

图6-45 显示模式窗体

```
Sub Modalless()
    录入.Show vbModeless   '显示无模式窗体
    Range("A1") = "现在显示的是无模式窗体！"
End Sub
```

参数设为vbModeless，这个窗体将以无模式窗体显示。

显示窗体后，继续执行之后的代码，在单元格中输入数据。

显示窗体后还可以进行其他操作。

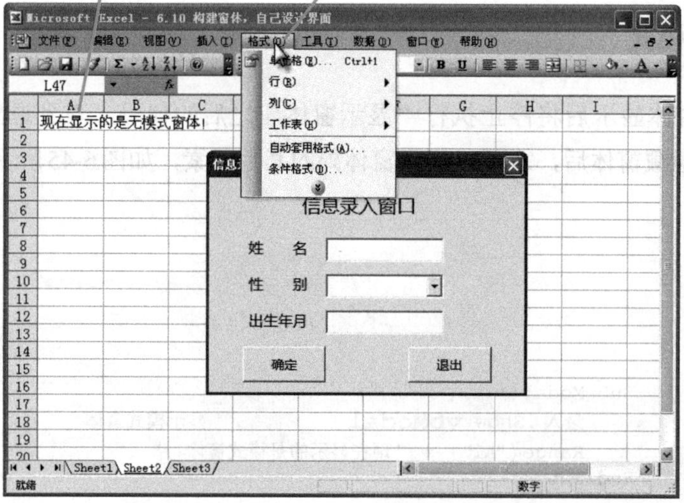

图6-46 显示无模式窗口

6.4.6 关闭窗体

◇ 手动关闭窗体

手动关闭窗体如图6-47所示。

单击窗体上的【关闭】按钮即可关闭该窗体。

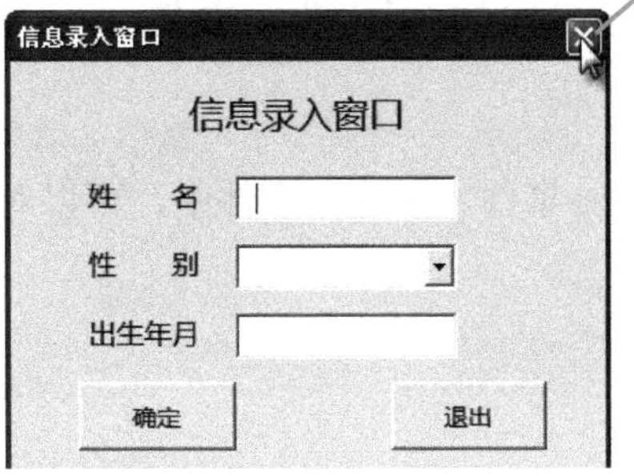

图6-47　手动关闭窗体

◇ 使用代码关闭窗体

如果想取消显示窗体，可以隐藏或卸载它。

隐藏窗体只将窗体从屏幕上删除，但仍然保存在内存中。
语句为：窗体名称 .hide

隐藏窗体：

```
Sub hidefrom()
    录入 .hide                    '隐藏 "录入" 窗体
End Sub
```

卸载窗体：

```
Sub unloadfrom()
    Unload 录入                   '卸载 "录入" 窗体
End Sub
```

卸载窗体后，窗体将从屏幕和内存中同时删除。
语句为：Unload 窗体名称

尽管隐藏和卸载窗体都能将窗体从屏幕上删除，但因为显示一个隐藏的窗体比显示一个卸载的窗体用的时间短，所以当需要反复使用某个窗体时，建议用Hide方法隐藏，而不用Unload语句卸载它。

6.4.7 使用控件

作为对象，窗体和窗体上的控件，都有不同的事件。

想让窗体真正工作起来，应为窗体和控件编写相应的事件过程。

◆ 初始化窗体,UserForm 对象的 Initialize 事件

加载窗体时会触发 Initialize 事件。在这个事件中，可以对窗体、变量等进行初始化设置，如图 6-48 所示。

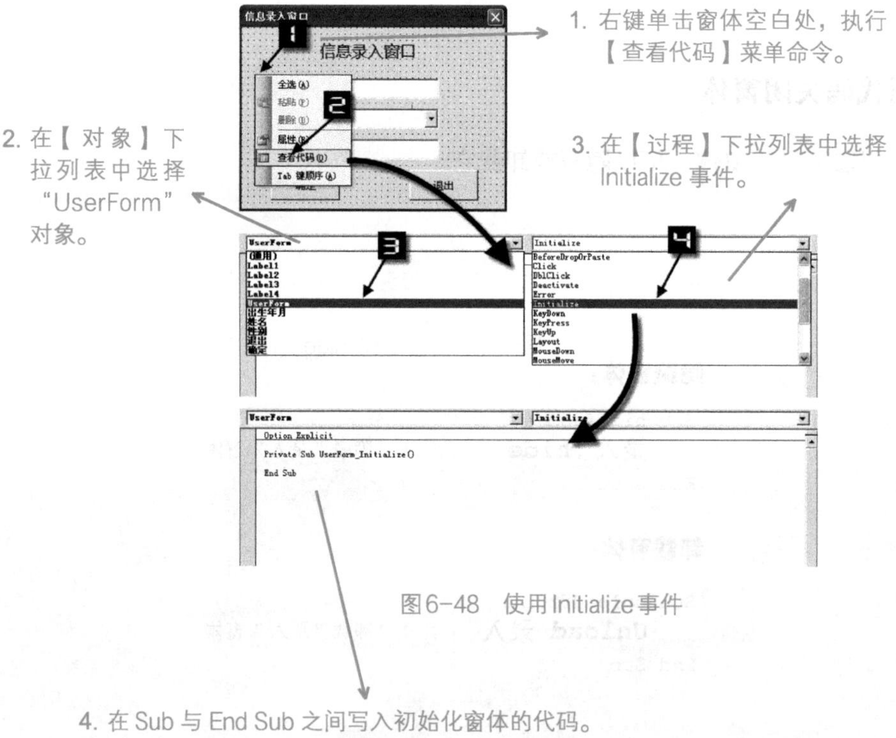

1. 右键单击窗体空白处，执行【查看代码】菜单命令。
2. 在【对象】下拉列表中选择“UserForm”对象。
3. 在【过程】下拉列表中选择 Initialize 事件。
4. 在 Sub 与 End Sub 之间写入初始化窗体的代码。
信息录入窗口
Option Explicit
Private Sub UserForm_Initialize()
End Sub

图 6-48 使用 Initialize 事件

```
Private Sub UserForm_Initialize()
    '设置性别复合框的条目为 "男" 和 "女"
    性别 .List = Array("男", "女")
End Sub
```

设置性别复合框的条目为“男”和“女”后如图6-49所示。

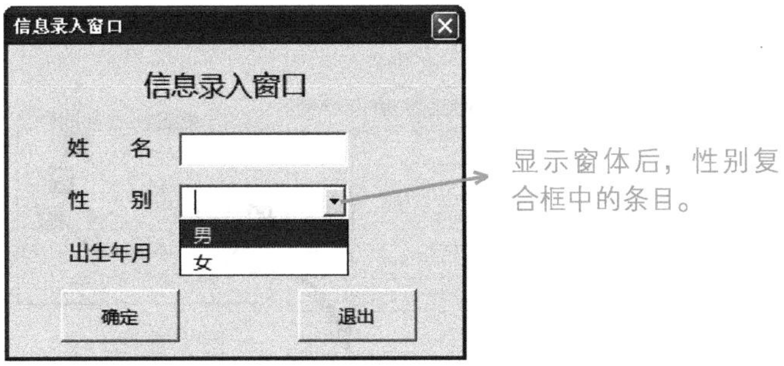

图6-49　使用控件

◇ 为命令按钮添加事件过程

Step 1： 用同样的方法给“确定”按钮添加事件过程。

```
Private Sub 确定_Click()
'判断信息是否输入完整
    If 姓名.Value = "" Or 性别.Value = "" Or 出生年月.Value = "" Then
        MsgBox "信息输入不完整，请重新输入！", vbExclamation, "错误提示"
        Exit Sub                                        '退出执行程序
    End If
    Dim xrow As Integer
    xrow = Range("A1").CurrentRegion.Rows.Count + 1      '求第一条空行行号
    '将姓名、性别、出生年月写入第一条空行
    Cells(xrow, "A") = 姓名.Value
    Cells(xrow, "B") = 性别.Value
    Cells(xrow, "C") = 出生年月.Value
    '内容写入工作表后，将控件中的内容清除
    姓名.Value = ""
    性别.Value = ""
    出生年月.Value = ""
End Sub
```

Step 2： 给【退出】按钮添加事件过程。

```
Private Sub 退出_Click()
     Unload Me        '卸载录入窗体
End Sub
```

Me 指录入窗体，即代码所在的模块。

◆ 使用窗体录入数据

完成上述设置后，显示窗体，就可以使用窗体向工作表中录入数据了，如图6-50所示。

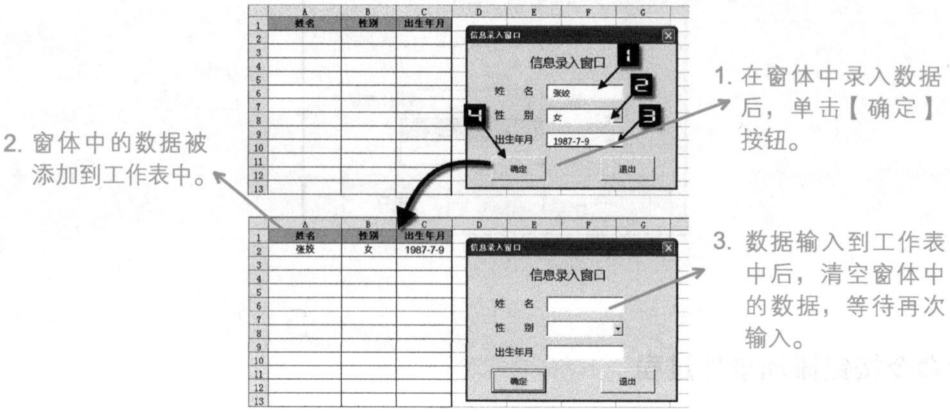

图6-50 使用窗体录入数据

6.4.8 用键盘控制控件

◆ 更改控件的<Tab>键顺序

只有对象具有焦点时，才能接受键盘输入。控件的<Tab>键顺序决定用户在按下<Tab>键或<Shift+Tab>组合键后激活控件的顺序。在设计用户窗体时，系统会按添加控件的先后顺序确定控件的<Tab>键顺序。当然，这个顺序是可以更改的，如图6-51所示。

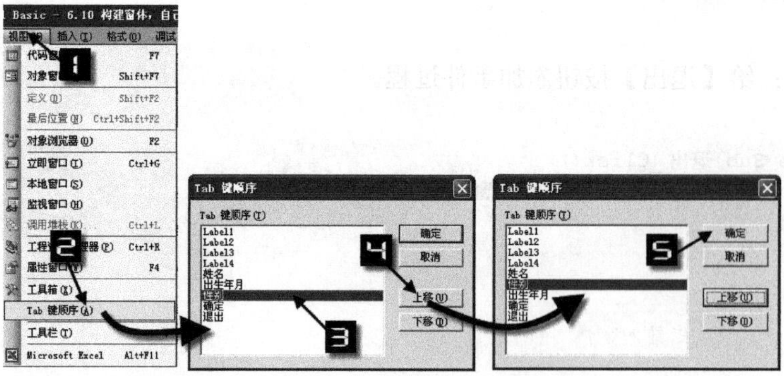

图6-51 更改控件的<Tab>键顺序

◆ 给控件指定快捷键

给控件指定快捷键如图6-52所示。

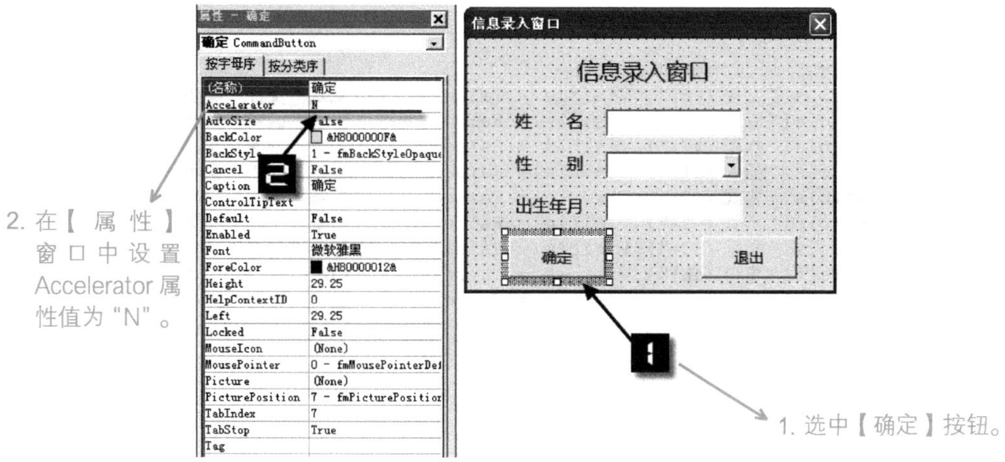

图6-52　给控件设置快捷键

设置【确定】按钮的Accelerator属性为N后，按下<Alt+N>组合键，就等同于在窗体中单击【确定】按钮。

6.5　改造Excel现有的界面

6.5.1　更改标题栏的程序名称

Excel的标题栏用于显示程序及文件名称，默认的程序名称为“Microsoft Excel”，可以设置Application对象的Caption属性修改它，如图6-53所示。

```
Application.Caption = "我的程序"  '更改标题栏程序名称为"我的程序"
```

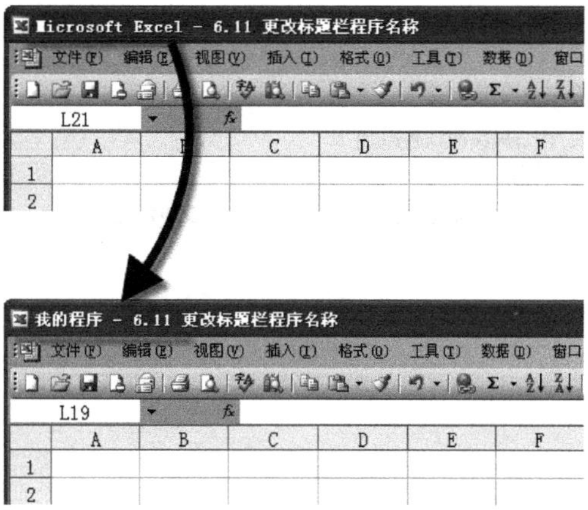

图6-53　更改标题栏程序名称

6.5.2 显示或隐藏菜单栏

隐藏菜单栏的代码如下所示：

```
Sub MenuHide()
    With Application.CommandBars(1)
        .Controls("文件(&F)").Visible = False          '隐藏"文件"菜单
        .Controls("编辑(&E)").Visible = False          '隐藏"编辑"菜单
        .Controls("视图(&V)").Visible = False          '隐藏"视图"菜单
        .Controls("插入(&I)").Visible = False          '隐藏"插入"菜单
        .Controls("格式(&O)").Visible = False          '隐藏"格式"菜单
        .Controls("工具(&T)").Visible = False          '隐藏"工具"菜单
        .Controls("数据(&D)").Visible = False          '隐藏"数据"菜单
        .Controls("窗口(&W)").Visible = False          '隐藏"窗口"菜单
        .Controls("帮助(&H)").Visible = False          '隐藏"帮助"菜单
    End With
End Sub
```

其效果如图6-54所示。

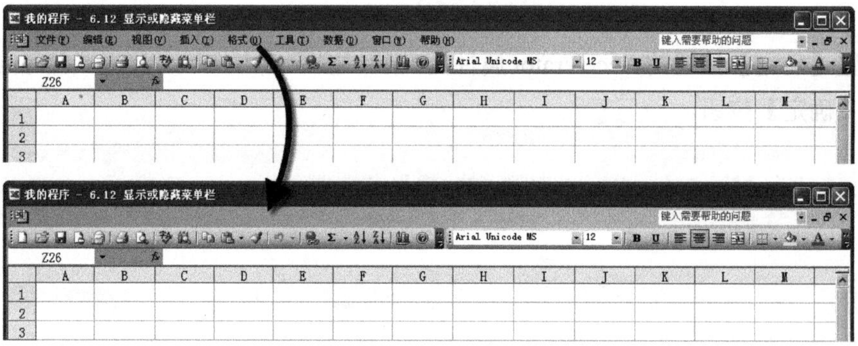

图6-54　隐藏菜单栏

也可以使用循环语句来隐藏所有的菜单项：

```
Sub MenuHide()
    Dim i%  '定义一个变量
    With Application.CommandBars(1)
        For i = 1 To .Controls.Count
            .Controls(i).Visible = False    '隐藏第i个菜单
        Next
    End With
End Sub
```

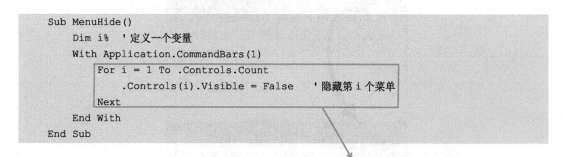

利用索引号引用对象，并设置对象的 Visible 属性值为 False。如果想重新显示菜单，将属性值设回 True 即可。

如果要隐藏全部的菜单项，代码可以为：

```
Sub MenuHide()
    Application.CommandBars(1).Enabled = False    '隐藏菜单栏
End Sub
```

属性名称不再是 Visible。

设置的属性不同，最后得到的效果也不相同，如图6-55所示。

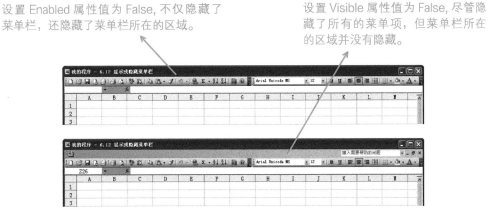

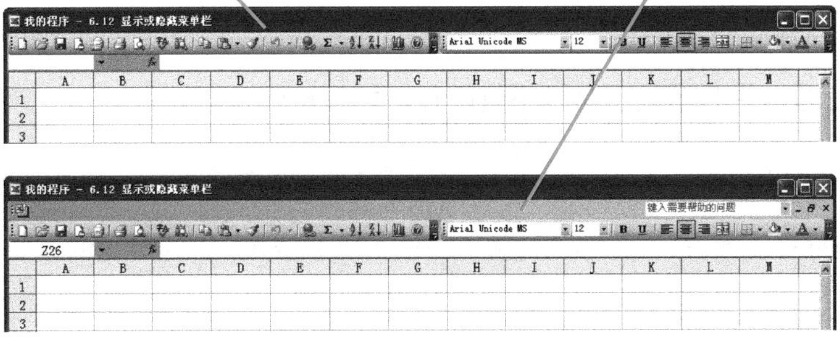

设置 Enabled 属性值为 False，不仅隐藏了菜单栏，还隐藏了菜单栏所在的区域。
设置 Visible 属性值为 False，尽管隐藏了所有的菜单项，但菜单栏所在的区域并没有隐藏。

图6-55　设置Visible与Enabled属性的区别

6.5.3　显示或隐藏工具栏

默认情况下，Excel窗口中显示的工具栏只有【常用】工具栏和【格式】工具栏，如图6-56所示。

图6-56　默认显示的工具栏

可以通过相应的代码来隐藏或显示它们，如图6-57所示。

```
Sub ToolHide()
    '隐藏常用工具栏和格式工具栏
    With Application
        .CommandBars("Standard").Visible = False                '隐藏常用工具栏
        .CommandBars("Formatting").Visible = False              '隐藏格式工具栏
    End With
End Sub
```

如果要显示它，将 Visible 属性设为 True。

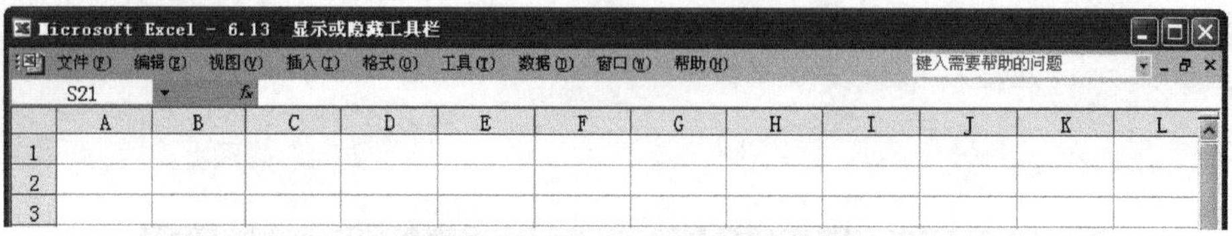

图6-57　隐藏常用和格式工具栏

如果Excel窗口中显示的工具栏不只两种，如图6-58所示。

图6-58　实际可能会同时显示很多工具栏

想隐藏窗口中显示的所有工具栏，可以使用程序：

```
Sub ToolHide()
    Dim i%        '定义变量
    For i = 2 To Application.CommandBars.Count          '索引号从2开始，因为1是菜单栏
        Application.CommandBars(i).Enabled = False      '隐藏所有工具栏
    Next
End Sub
```

利用索引号引用对象，并设置对象的 Enabled 属性值为 False。如果想重新显示工具栏，将属性值设回 True 即可。

其效果如图6-59所示。

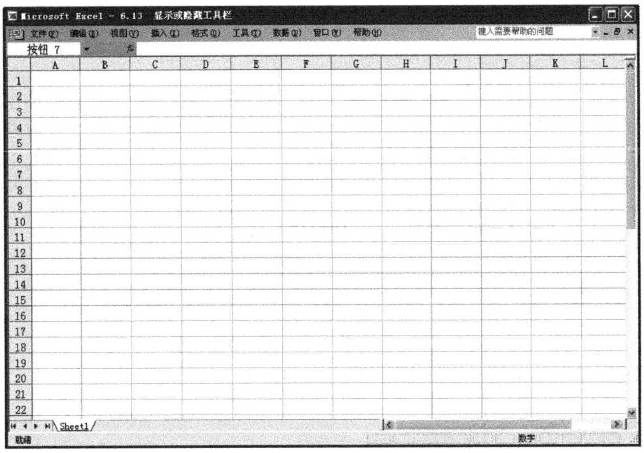

图6-59　隐藏所有工具栏

6.5.4　设置窗口

还可以对工作表的窗口进行设置，如图6-60所示。

```
Sub WindowSet()
    With ActiveWindow
        .DisplayHeadings = False                         '隐藏行标和列标
        .DisplayHorizontalScrollBar = False              '隐藏水平滚动条
        .DisplayVerticalScrollBar = False                '隐藏垂直滚动条
        .DisplayGridlines = False                        '隐藏网格线
        .DisplayWorkbookTabs = False                     '隐藏工作表标签
    End With
End Sub
```

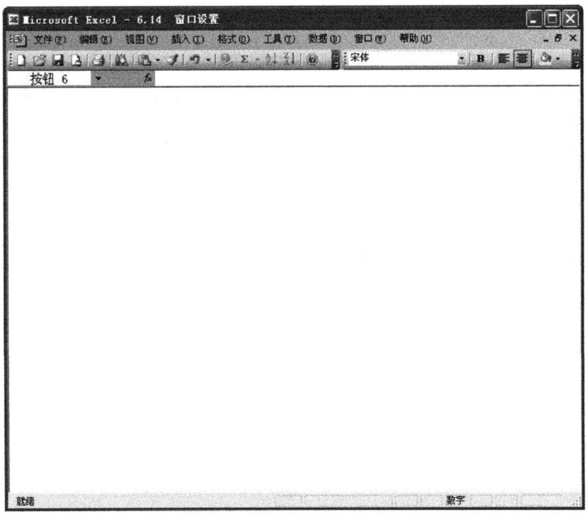

图6-60　设置窗口

6.5.5 其他设置

```
Sub Other()
    With Application
        .DisplayFormulaBar = False                              '隐藏编辑栏
        .CommandBars.DisableAskAQuestionDropdown = True        '隐藏帮助
        .CommandBars("ply").Enabled = False                    '右键单击工作表标签后不显示菜单
        .CommandBars("cell").Enabled = False                   '右键单击工作表区域后不显示菜单
        .DisplayStatusBar = False                              '隐藏状态栏
        .ShowStartupDialog = False                             '隐藏任务窗格
    End With
End Sub
```

6.6 典型的技巧或示例

6.6.1 设计一张调查问卷

Excel Home免费培训中心第一期培训结束了，希望通过调查问卷了解学员对培训的评价和建议，因此，需要设计一张调查问卷，如图6-61所示。

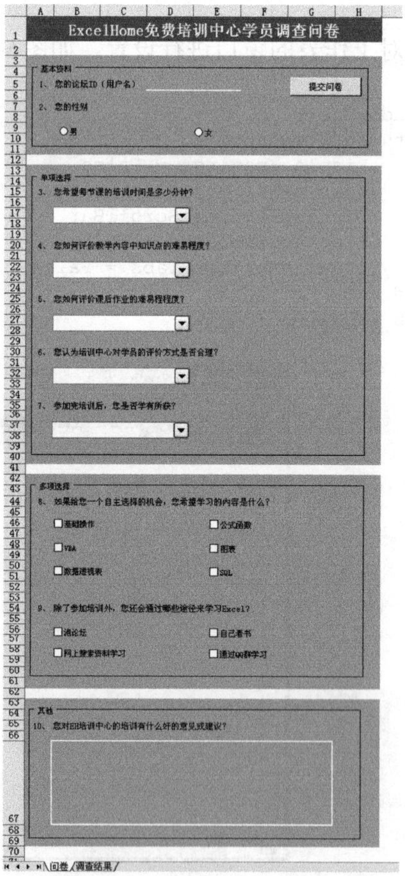

图6-61　用Excel设计的调查问卷

问卷的内容包括学员基本资料、单项选择、多项选择和学员建议4部分。

◇ 设计学员基本资料部分

设计学员基本资料部分的操作如图6-62所示。

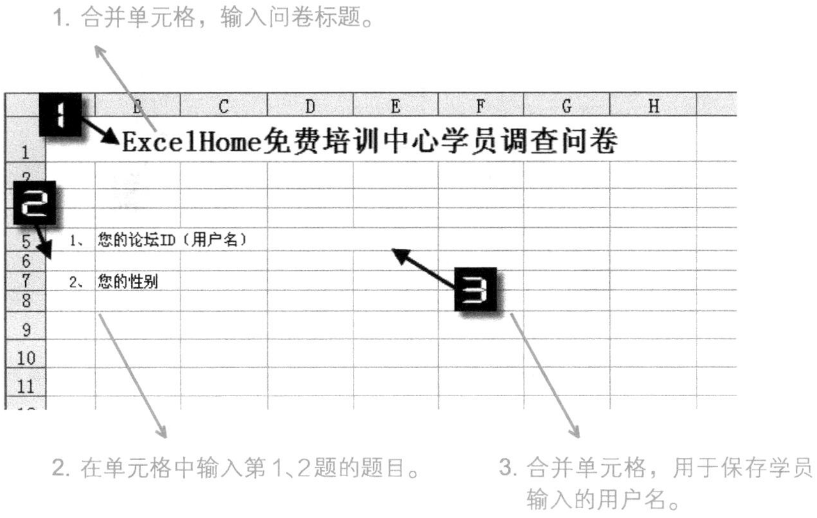

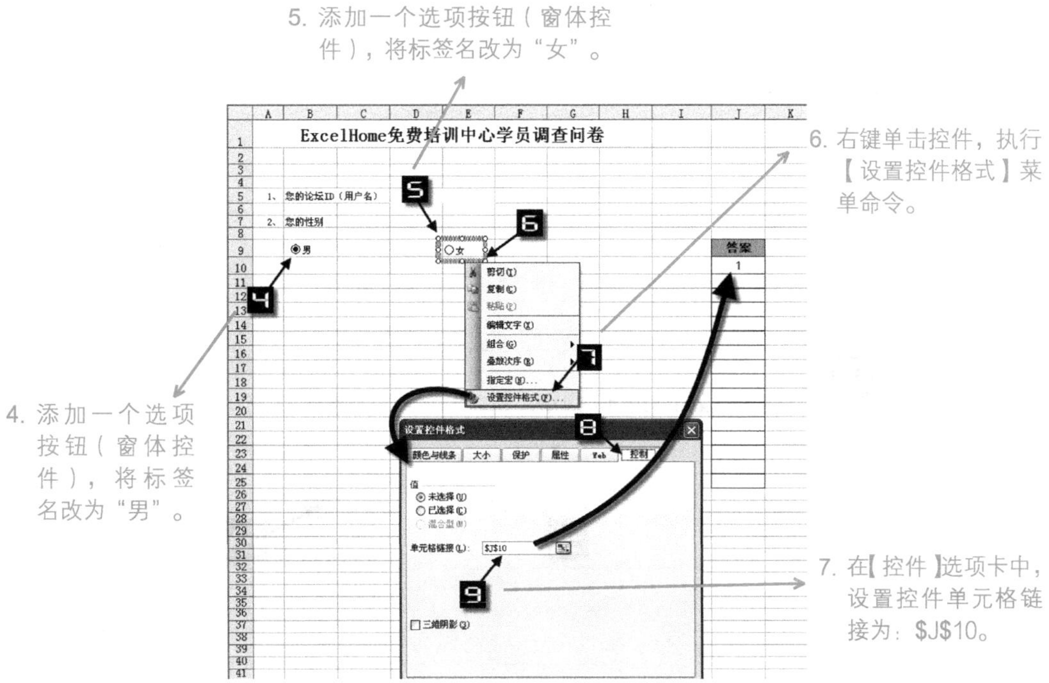

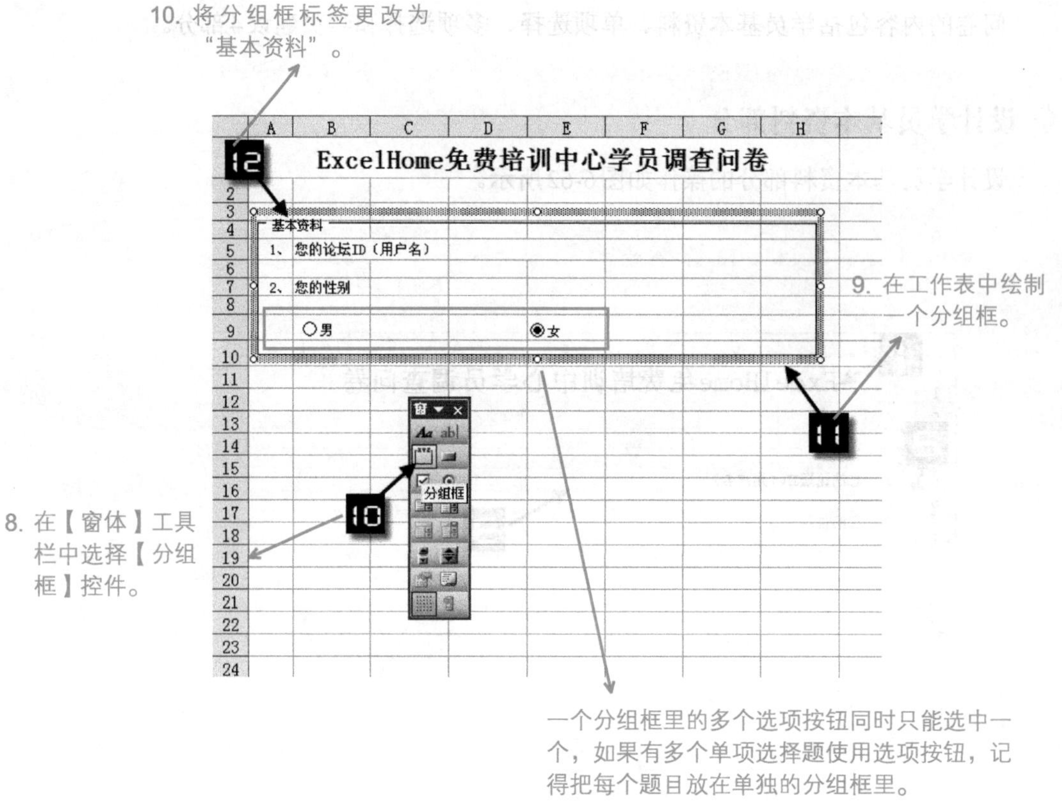
10. 将分组框标签更改为“基本资料”。
ExcelHome免费培训中心学员调查问卷
基本资料
1、 您的论坛ID（用户名）
2、 您的性别
男
女
分组框
9. 在工作表中绘制一个分组框。
8. 在【窗体】工具栏中选择【分组框】控件。
一个分组框里的多个选项按钮同时只能选中一个，如果有多个单项选择题使用选项按钮，记得把每个题目放在单独的分组框里。

图6-62 设置学员基本资料

◆ 设计单项选择部分

设计单项选择部分的操作如图6-63所示。

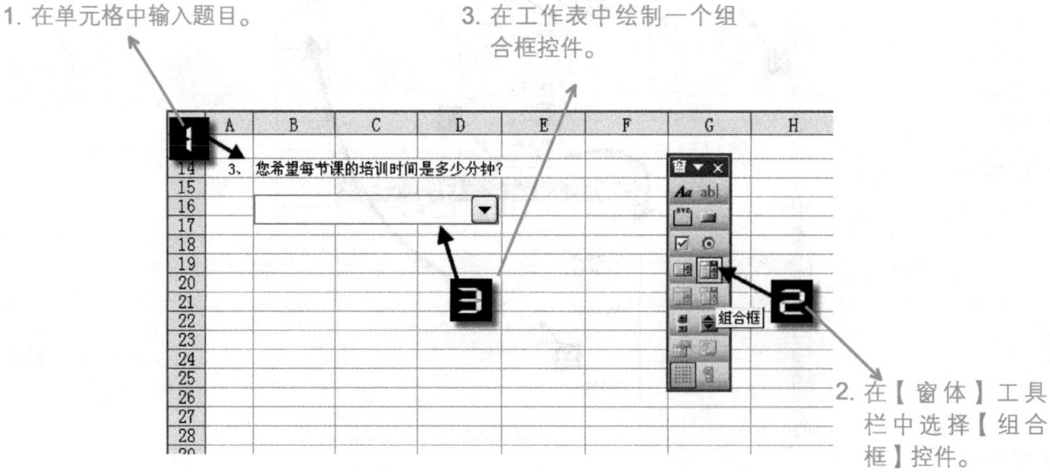
1. 在单元格中输入题目。
3. 在工作表中绘制一个组合框控件。
3、 您希望每节课的培训时间是多少分钟?
组合框
2. 在【窗体】工具栏中选择【组合框】控件。

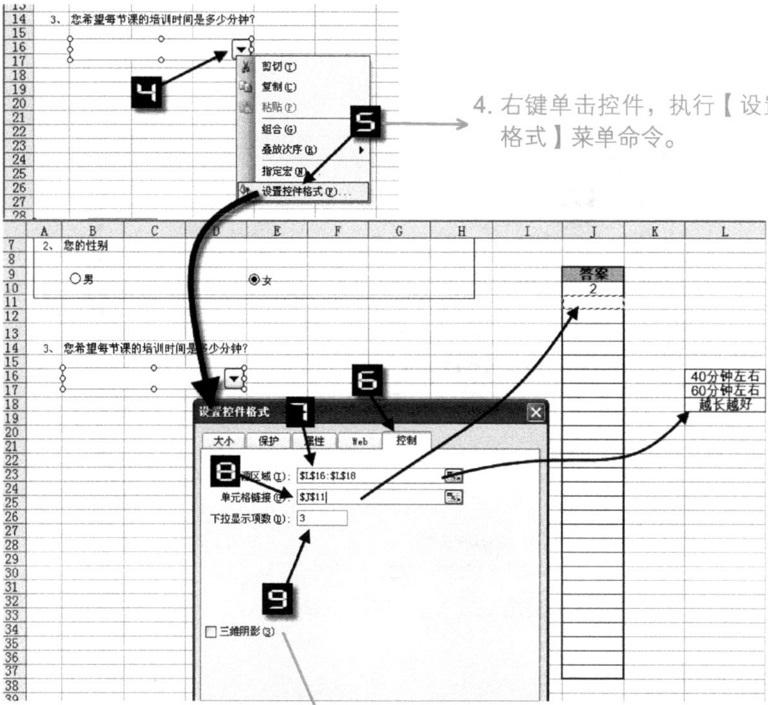

4. 右键单击控件，执行【设置控件格式】菜单命令。

5. 设置数据源区域为：$L$16:$L$18
单元格链接为：$J$11。

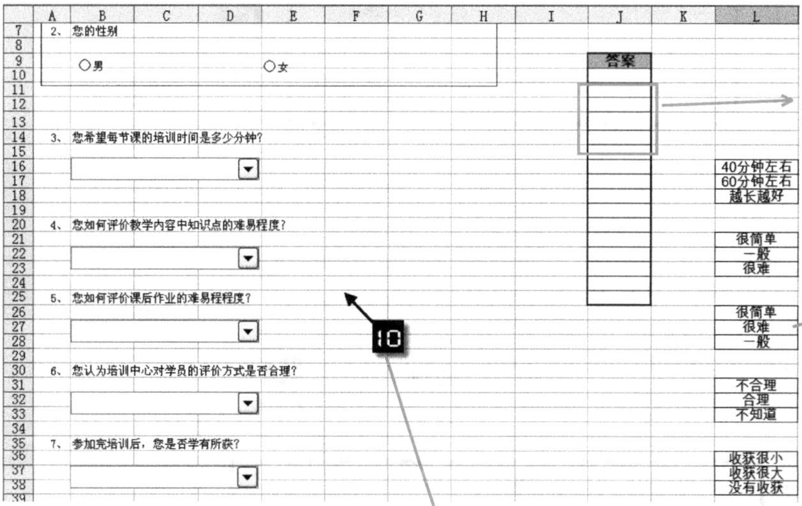

各小题控件链接的单元格。

各小题控件的数据源。

6. 按同样的方式继续向工作表中添加题目。

图6-63 设计单项选择部分

◆ 设计多项选择部分

设计多项选择部分的操作如图6-64所示。

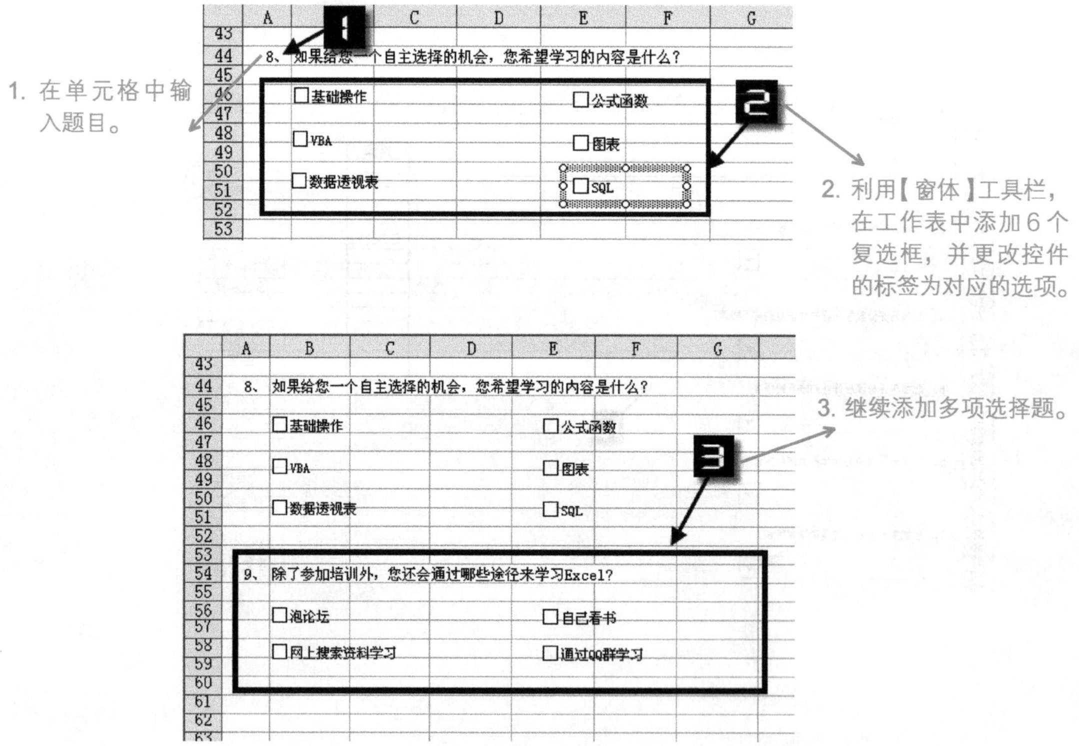

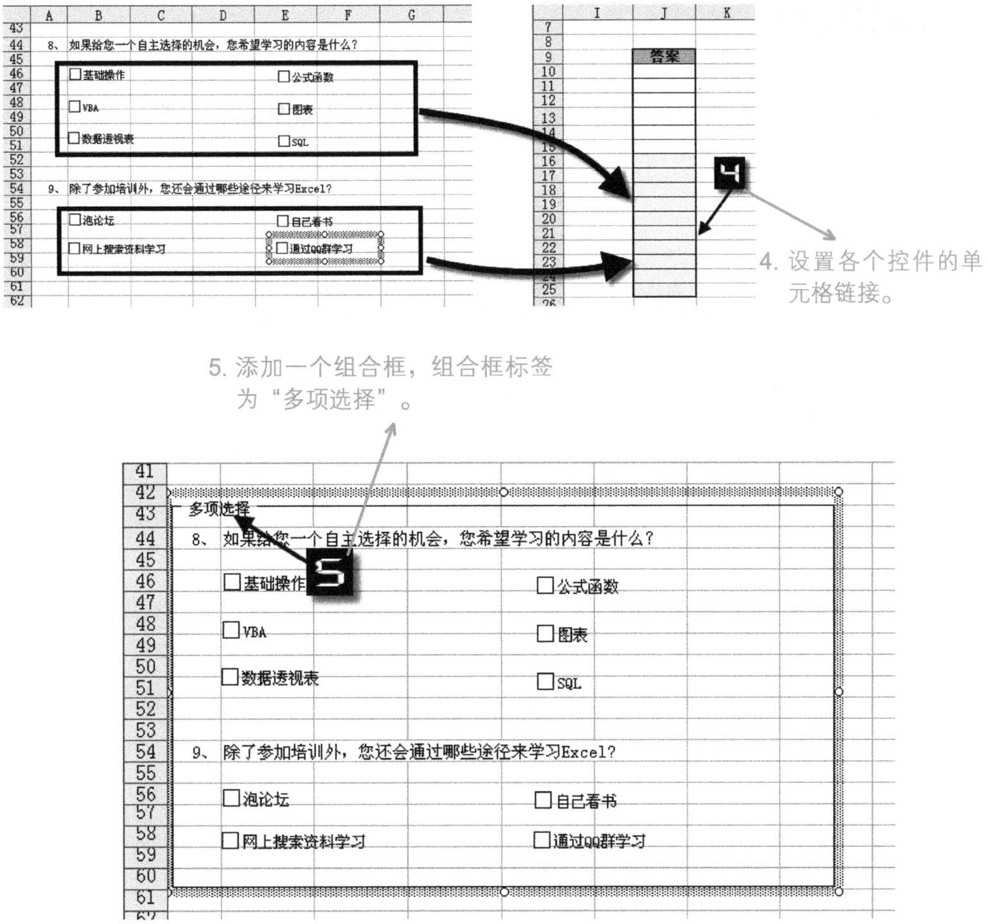

图6-64 设计多项选择部分

◇ 设计其他部分

其他部分的设计如图6-65所示。

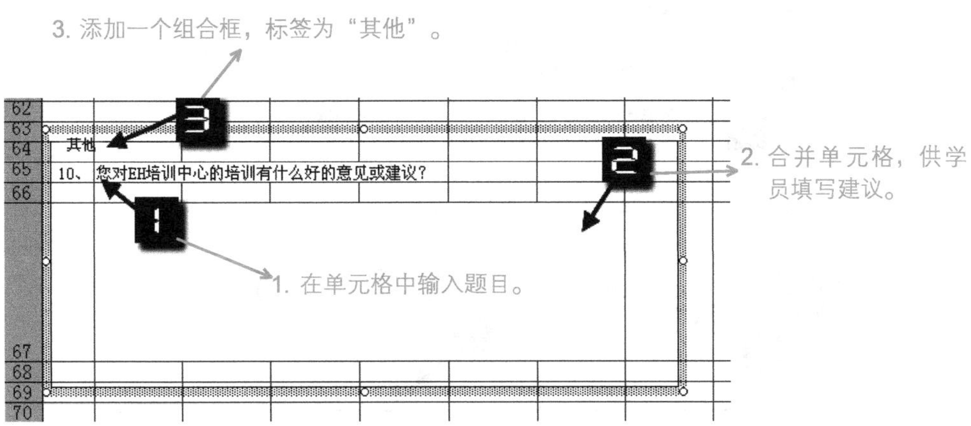

图6-65 其他部分的设计

◆ 装饰问卷界面

Step 1： 设置适合的背景或边框线、字体及其颜色，如图6-66所示。

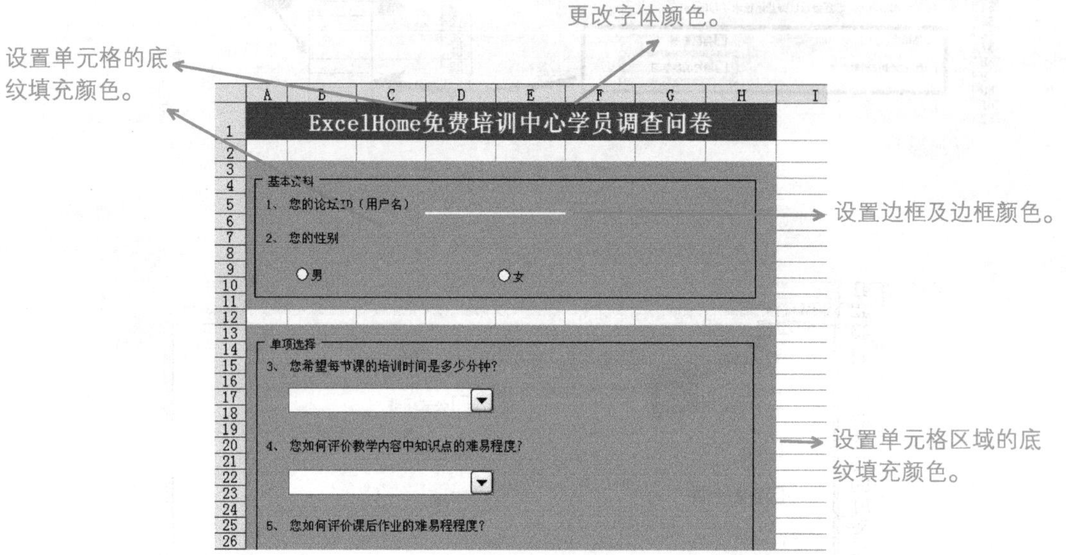

图6-66　修饰界面

Step 2： 取消显示网格线，如图6-67所示。

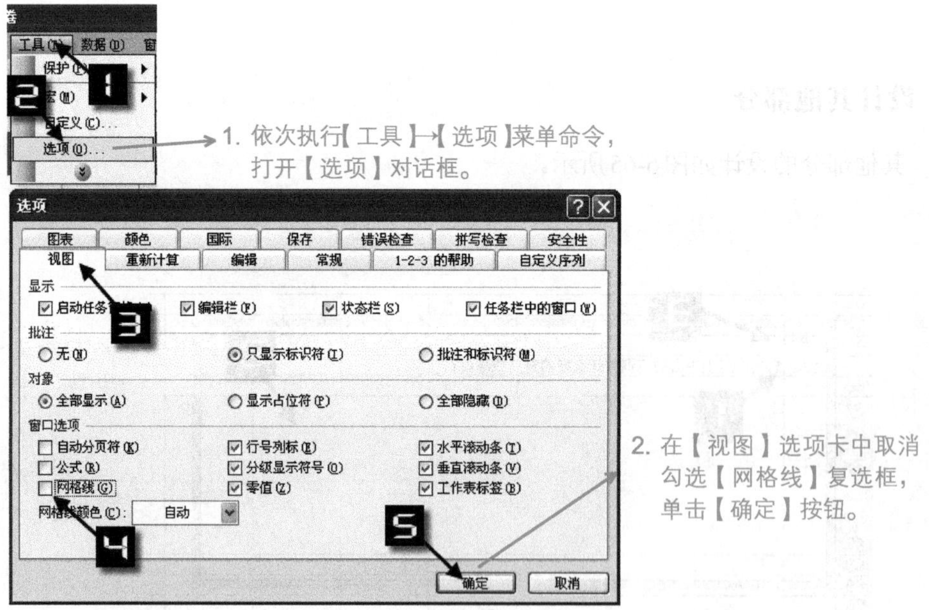

图6-67　取消显示网格线

Step 3：隐藏多余的行和列区域。

◇ 自动登记调查结果

为方便统计分析，学员填写完问卷后，要将结果保存到工作簿中的“调查结果”工作表里，如图6-68所示，可以编写一个程序来实现这个目的。

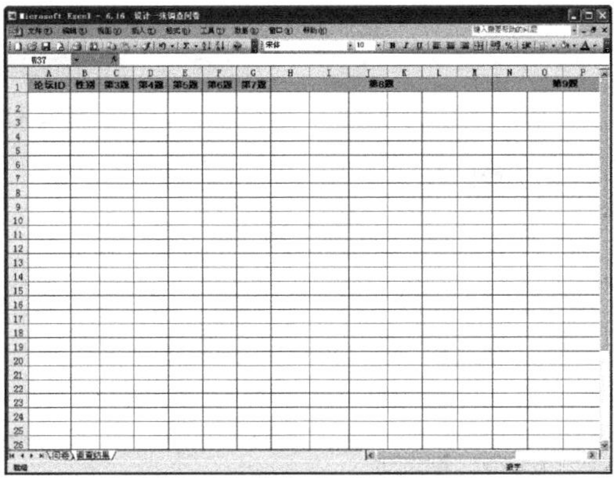

图6-68　保存结果的工作表

Step 1：插入一个标准模块，在模块中输入程序。

```
Sub dengji()
    Dim xrow As Integer
    With Worksheets("调查结果")
        xrow = .[A1].CurrentRegion.Rows.Count + 1        '取得第一条空行行号
        .Cells(xrow, "A") = [d5]                         '写入学员 ID
        '写入 2 到 9 题选择结果
        .Cells(xrow, "B").Resize(1, 16).Value = Application.WorksheetFunction._
             Transpose([J10:J25].Value)
        .Cells(xrow, "R").Value = [B67].Value            '写入学员对培训中心的建议
    End With
    Union([D5:E5], [J10:J25], [B67:G67]).ClearContents '清除调查问卷中原有答案
    MsgBox "已保存到"调查结果"工作表中！", vbInformation, "提示"
End Sub
```

Step 2：在“问卷”工作表中添加一个按钮，更改标签为“提交问卷”，如图6-69所示，将编写的程序指定给按钮。

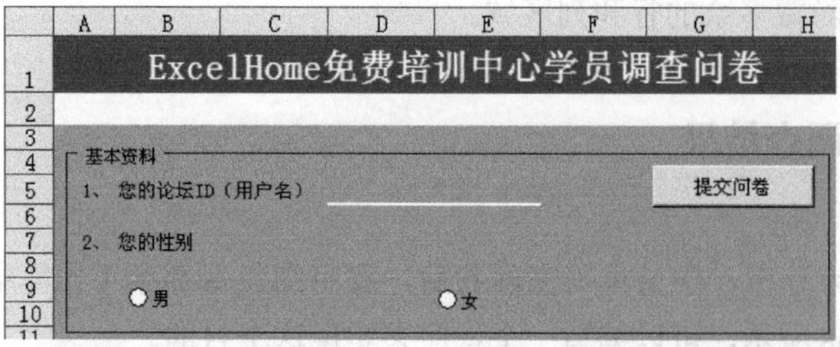

图6-69　添加按钮

Step 3：填写并保存问卷结果，如图6-70所示。

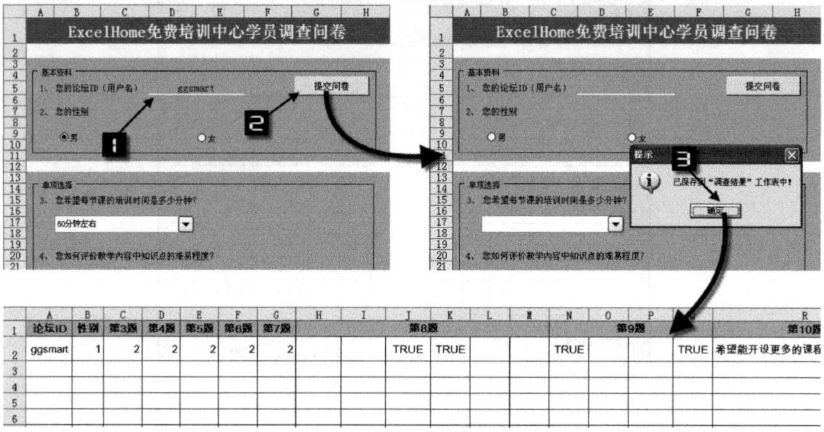

图6-70　使用问卷

◆ 保护问卷工作表

如果你担心设计好的表格会被别人修改，可以锁定该工作表。

Step 1：锁定单元格，如图6-71所示。

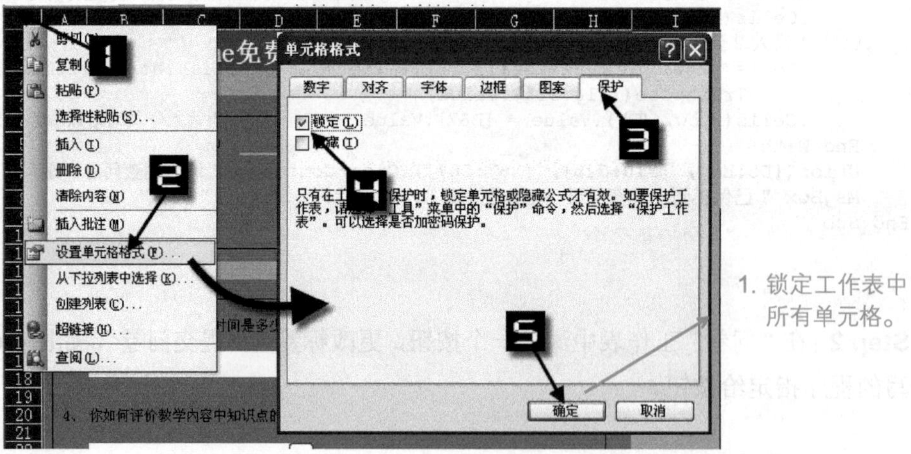

图6-71　锁定单元格

取消锁定要输入数据的单元格，如图6-72所示。

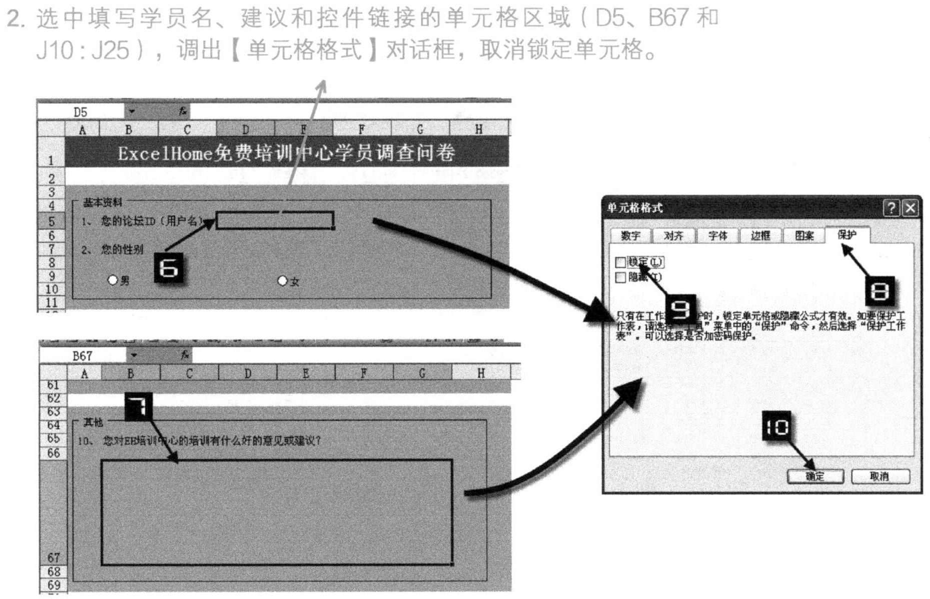

图6-72　取消锁定单元格

Step 2： 保护工作表，如图6-73所示。

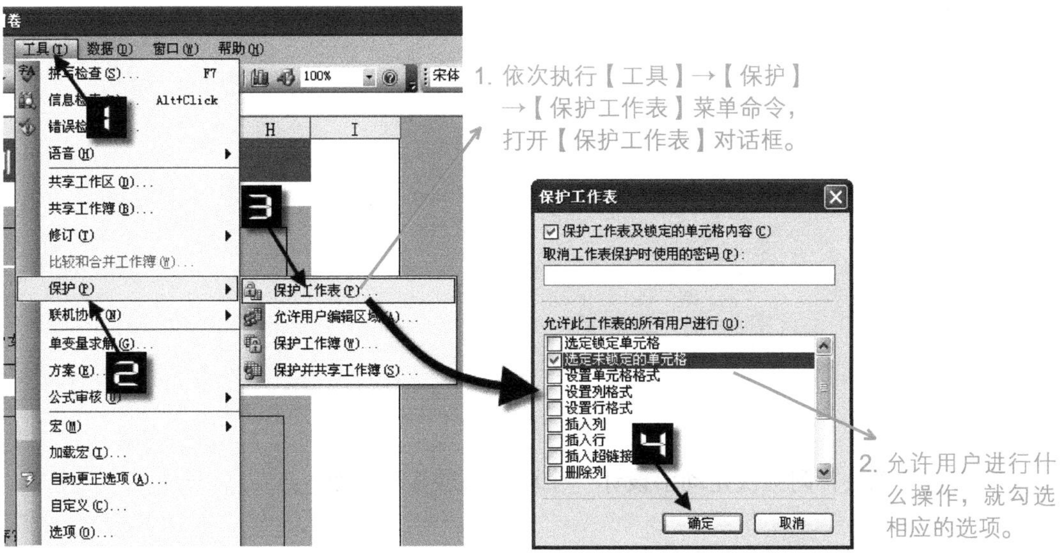

图6-73　保护工作表

6.6.2 职工信息管理界面

阿强是单位人事部的工作员，负责管理所有职工的档案，如图6-74所示。

	A	B	C	D	E	F	G	H	I	J	K	L
1	职工编号	姓名	性别	学历	出生年月	年龄	身份证号码	参加工作时间	部门	职务	联系电话	备注
2	A0001	杜康姬	女	博士	1970年2月	41	429006197002261747	1995年7月	人力资源部	总监	139587806282	
3	A0002	吕兰	女	博士	1981年10月	59	422322198110072829	2002年10月	研发部	部长	139369409978	
4	A0003	翟梁	男	中专	1985年4月	59	452632198504234634	2011年6月	研发部	经理	131704301339	
5	A0004	武林	男	高中	1986年4月	59	320623198604196130	2015年1月	人力资源部	助理	1310328198953	
6	A0005	张雨飞	男	博士	1984年6月	59	310106198406082538	2010年2月	销售部	经理	133608353047	
7	A0006	崔冀	男	高中	1976年3月	31	522502197603153575	2008年8月	行政部	助理	131272144181	
8	A0007	廖咏	男	硕士	1970年10月	35	522502197010205535	2002年4月	产品开发部	总监	132712089397	
9	A0008	李开富	男	本科	1981年7月	41	440902198107143613	2012年10月	企划部	策划员	139509770275	
10	A0009	王志刚	男	硕士	1974年7月	36	130302197407163813	1997年7月	行政部	办事员	134937137170	
11	A0010	李宁	男	中专	1981年3月	43	522502198103265533	2006年7月	市场部	总监	1310655148845	
12	A0011	张仁松	男	中专	1980年6月	32	140811198006094250	2003年8月	研发部	助理	132555274442	
13	A0012	邓凝	女	硕士	1976年4月	59	140811197604162127	1998年8月	销售部	总监	136926739165	
14	A0013	凌美	女	本科	1969年2月	59	310106196902286161	2002年10月	文秘部	经理	133776616949	
15	A0014	邹润慧	女	大专	1983年5月	34	222403198305281429	2016年11月	市场部	主任	1310104197677	
16	A0015	丁文	男	中专	1981年11月	26	429006198111165158	2002年7月	行政部	总监	134795639013	
17	A0016	武炎	男	硕士	1972年2月	52	452632197202034052	2000年5月	销售部	助理	138260770247	
18	A0017	伊惠瑾	女	硕士	1973年3月	53	310106197303216047	2002年2月	研发部	研究员	139277259775	
19	A0018	于菲琳	女	中专	1970年9月	33	320623197009176448	1995年6月	文秘部	总监	133559021099	
20	A0019	张仪	女	博士	1974年4月	44	440902197404196329	1998年12月	广告部	办事员	134977870467	

图6-74 职工信息表

带着这个念头，阿强决定动手设计一个职工信息管理界面。

◇ 设计界面内容，添加 ActiveX 控件

添加ActiveX控件，如图6-75所示。

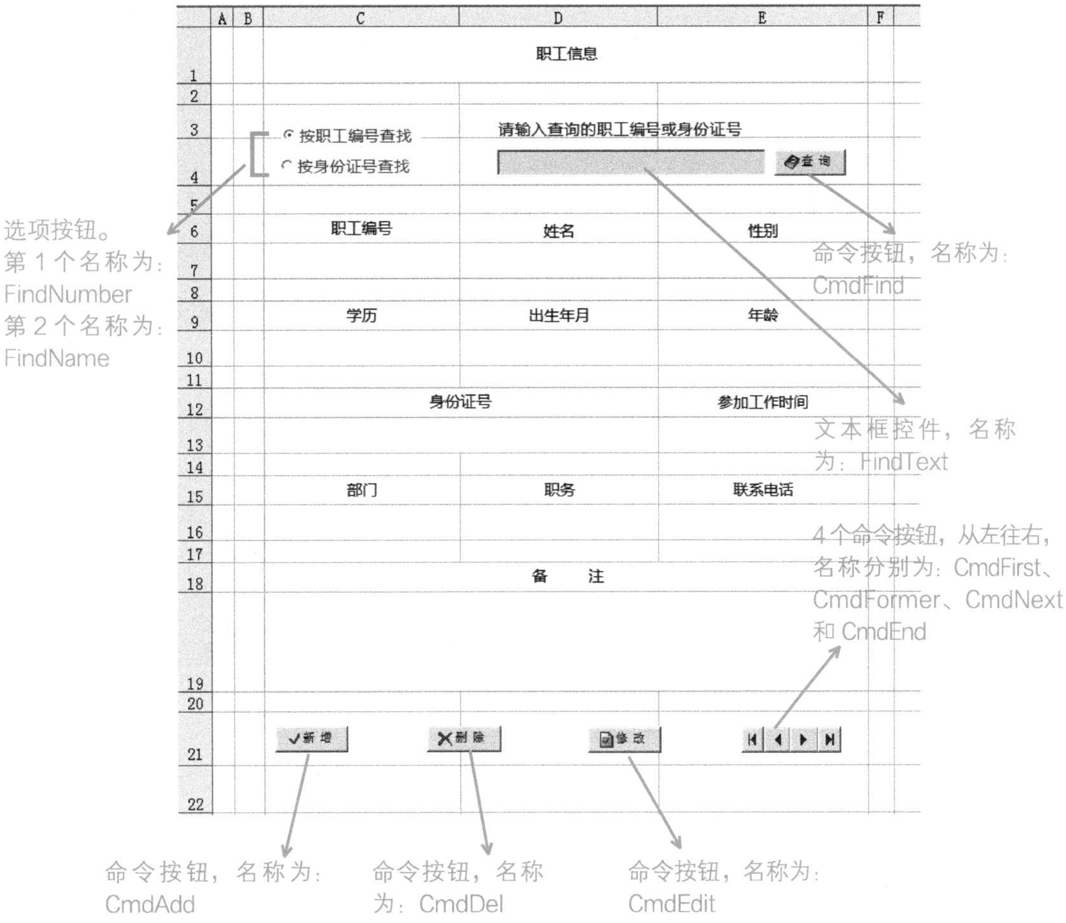

图6-75 添加ActiveX控件

◇ 美化界面

你可以根据需要随意对工作表进行装饰，如设置单元格的边框、底纹、字体、将多余的行和列隐藏，锁定不需要修改的单元格，设置工作表背景等，如图7-76所示。

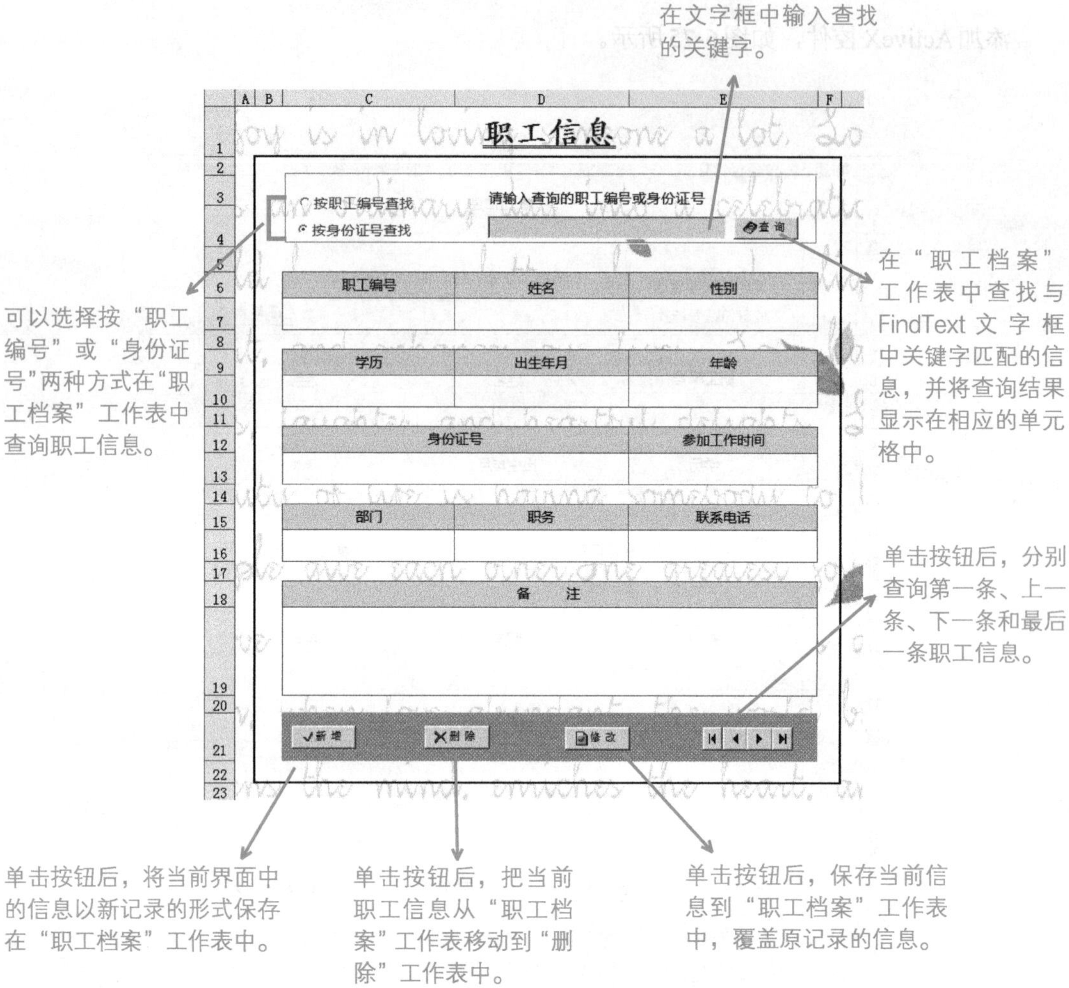
在文字框中输入查找的关键字。
职工信息
按职工编号查找
按身份证号查找
请输入查询的职工编号或身份证号
查询
职工编号
姓名
性别
学历
出生年月
年龄
身份证号
参加工作时间
部门
职务
联系电话
备　注
新增
删除
修改
可以选择按“职工编号”或“身份证号”两种方式在“职工档案”工作表中查询职工信息。
在“职工档案”工作表中查找与FindText文字框中关键字匹配的信息，并将查询结果显示在相应的单元格中。
单击按钮后，分别查询第一条、上一条、下一条和最后一条职工信息。
单击按钮后，将当前界面中的信息以新记录的形式保存在“职工档案”工作表中。
单击按钮后，把当前职工信息从“职工档案”工作表移动到“删除”工作表中。
单击按钮后，保存当前信息到“职工档案”工作表中，覆盖原记录的信息。

图6-76　美化后的界面及各个控件的功能

◆ 给控件添加代码

管理界面中每个按钮要达到的目的都可以通过编写不同的事件过程来实现。

因为所有的控件都绘制在工作表中，因此所有的事件过程都必须保存在控件所在的工作表对象里。

右键单击工作表标签，执行【查看代码】菜单命令，在【代码窗口】中输入代码：

```
Dim nrow As Long                          '定义一个模块级的变量，让该模块里的所有过程都能使用它
Private Sub CmdFind_Click()                               '单击"查询"按钮时运行程序
    '判断按什么方式进行查找
    Dim col As Integer
    If FindName.Value = True Then
        col = 7                                           '如果按身份证号查找，则查找第7列
    Else
        col = 1                                           '如果按职工编号查找，则查找第1列
    End If
    With Worksheets("职工档案")
        Dim rng As Range
        '在查找列查找输入的关键字
        Set rng = .Columns(col).find(FindText.Value, lookat:=xlWhole)
        If Not rng Is Nothing Then                        '判断是否找到内容匹配的单元格
            nrow = rng.Row                                '取得查找到的单元格的行号
            Call findi                                    '运行findi子过程
        Else
            MsgBox "没有找到符合条件的记录！"
        End If
        FindText.Value = ""                               '清除查找框中输入的数据
    End With
End Sub
```

```
Private Sub CmdAdd_Click()                  '单击"新增"按钮时运行程序
    '判断在对话框中按下哪个按钮
    If MsgBox("确定在"职工档案"中添加该员工的记录吗？", vbQuestion + vbYesNo, "询问")_
       = vbYes Then
        '取得第一条空行行号
        nrow = Worksheets("职工档案").Range("A1").Range("A1").CurrentRegion.Rows._
             Count + 1
        Call edit                           '运行edit过程
    End If
End Sub
```

```
Private Sub CmdDel_Click()                          '单击"删除"按钮时运行程序
    '判断在对话框中按下哪个按钮
    If MsgBox("确定将该员工信息移动到"删除"工作表中吗？", vbQuestion + vbYesNo, "询问")_
       = vbYes Then
        '取得当前"职工编号"所在的行号
        nrow = Worksheets("职工档案").Range("A1:A65536").find(Range("C7").Value,_
             lookat:=xlWhole).Row
        '把记录复制到"删除"工作表中
        Worksheets("职工档案").Rows(nrow).Copy Worksheets("删除").Range("A65536")._
             End(xlUp).Offset(1, 0)
        '删除该条记录
        Worksheets("职工档案").Cells(nrow, "A").EntireRow.Delete
    End If
End Sub
```

```
Private Sub CmdEdit_Click()        '单击"修改"按钮时运行程序
    '判断在对话框中按下哪个按钮
    If MsgBox("确定修改"职工档案"中该员工的信息吗？", vbQuestion + vbYesNo, "询问")_
       = vbYes Then
        '取得当前"职工编号"所在的行号
        nrow = Worksheets("职工档案").Range("A1:A65536").find(Range("C7").Value,_
             lookat:=xlWhole).Row
        Call edit                      '运行 edit 过程
    End If
End Sub
```

```
Private Sub CmdFirst_Click()       '单击"第一条"按钮时运行程序
    nrow = 2                       '行号等于 2
    Call findi                     '运行 findi 过程
End Sub
```

```
Private Sub CmdEnd_Click()         '单击"最后一条"按钮时运行程序
        '取得最后一条记录的行号
        nrow = Worksheets("职工档案").Range("A1").CurrentRegion.Rows.Count
        Call findi                 '运行 findi 过程
End Sub
```

```
Private Sub CmdFormer_Click()      '单击"上一条"按钮时运行程序
   '取得当前"职工编号"所在行的上一行行号
   nrow = Worksheets("职工档案").Range("A2:A65536").find(Range("C7").Value,_
        lookat:=xlWhole).Row - 1
   Call findi                      '运行 findi 过程
End Sub
```

```
Private Sub CmdNext_Click()        '单击"下一条"按钮时运行过程
    '取得当前"职工编号"所在行的下一行行号
    nrow = Worksheets("职工档案").Range("A1:A65536").find(Range("C7").Value,_
         lookat:=xlWhole).Row + 1
    Call findi      '运行 findi 过程
End Sub
```

```
Sub findi()         '子过程
'将"职工档案"中第 nrow 行的记录写入"查询"表中
    With Worksheets("职工档案")
        Range("C7:E7").Value = .Range(.Cells(nrow, 1), .Cells(nrow, 3)).Value
        Range("C10:E10").Value = .Range(.Cells(nrow, 4), .Cells(nrow, 6)).Value
        Range("C13").Value = .Cells(nrow, 7).Value
        Range("E13").Value = .Cells(nrow, 8).Value
        Range("C16:E16").Value = .Range(.Cells(nrow, 9), .Cells(nrow, 11)).Value
        Range("C19").Value = .Cells(nrow, 12).Value
    End With
End Sub
```

```
Sub edit()      '子过程
   '将查询表中的记录添加到第 nrow 行中
   With Worksheets("职工档案")
       .Cells(nrow, "A").Resize(1, 3) = Range("C7:E7").Value
       .Cells(nrow, "D").Resize(1, 3) = Range("C10:E10").Value
       .Cells(nrow, 7).Value = Range("C13").Value
       .Cells(nrow, 8).Value = Range("E13").Value
       .Cells(nrow, 9).Resize(1, 3).Value = Range("C16:E16").Value
       .Cells(nrow, 12).Value = Range("C19").Value
  End With
End Sub
```

完成后返回工作表区域，退出设计模式，就可以使用设计的界面了。

练习小课堂

利用工作表设计的界面很容易被人改动，试一试，能不能利用窗体来设计这个界面?

参考答案

参阅6.6.3小节中设置登录界面的方法。

6.6.3　一个简易的登录窗体

◇ 设计登录窗体界面

Step 1： 新插入一个窗体，用鼠标指针调整大小，直到满意为止，如图6-77所示。

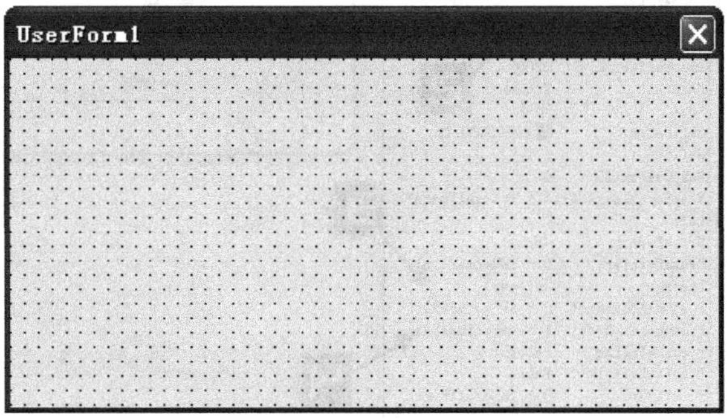

图6-77　新插入的窗体

Step 2： 在窗体上添加控件，如图6-78所示。

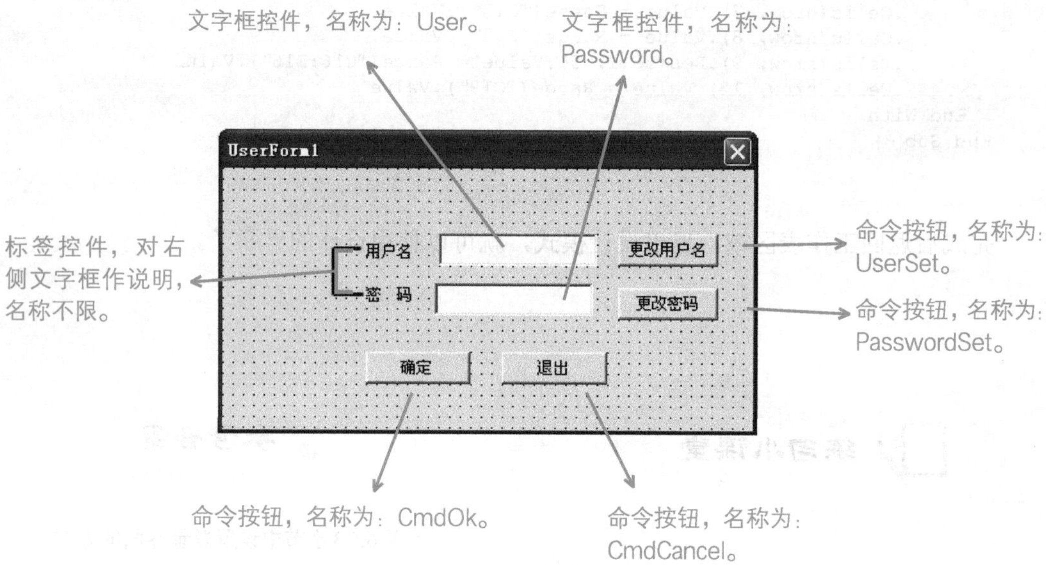

图6-78　登录窗体上的控件

Step 3：更改窗体的名称及标题栏显示的文本，并对窗体作适当装饰，如图6-79所示。

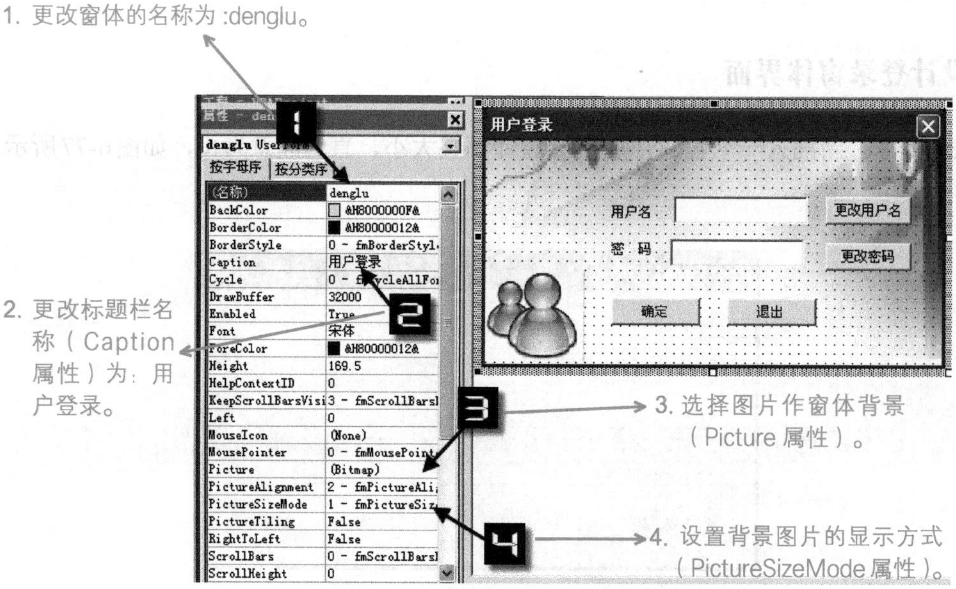

1. 更改窗体的名称为 :denglu。
2. 更改标题栏名称（Caption属性）为：用户登录。
3. 选择图片作窗体背景（Picture 属性）。
4. 设置背景图片的显示方式（PictureSizeMode 属性）。
用户登录
用户名
密 码
更改用户名
更改密码
确定
退出

图6-79　设置窗体属性

Step 4： 设置文字框的属性（如字体），特别设置输入密码的文字框的PasswordChar属性为"*"，如图6-80所示。

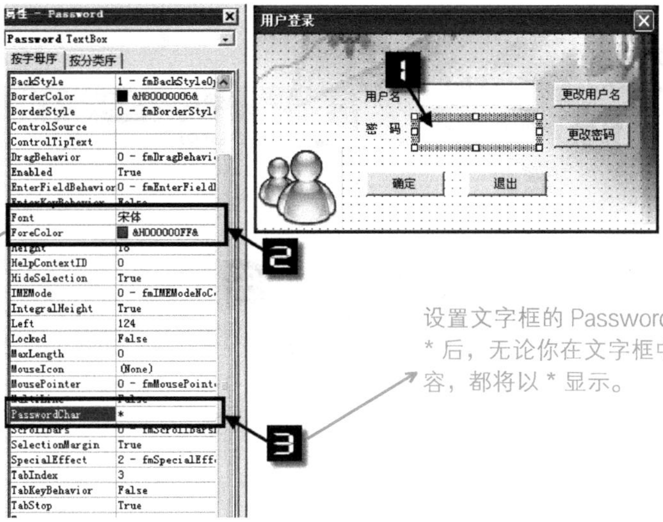

设置文字框中字体及字体颜色。
设置文字框的 PasswordChar 属性为 * 后，无论你在文字框中输入什么内容，都将以 * 显示。

图6-80 设置密码输入框

◇ 为控件指定功能

因为只有当用户名和密码都输入正确后，才显示Excel的编辑界面，所以在打开工作簿时，应先将Excel界面隐藏，同时显示设计的登录窗体。

Step 1： 在ThisWorkbook模块中写入程序：

```
Private Sub Workbook_Open()
    Application.Visible = False              '隐藏 Excel 程序界面
    denglu.Show                              '显示登录窗体界面
End Sub
```

Step 2： 设置初始用户名和密码。

新建名称来保存用户名，如图6-81所示。

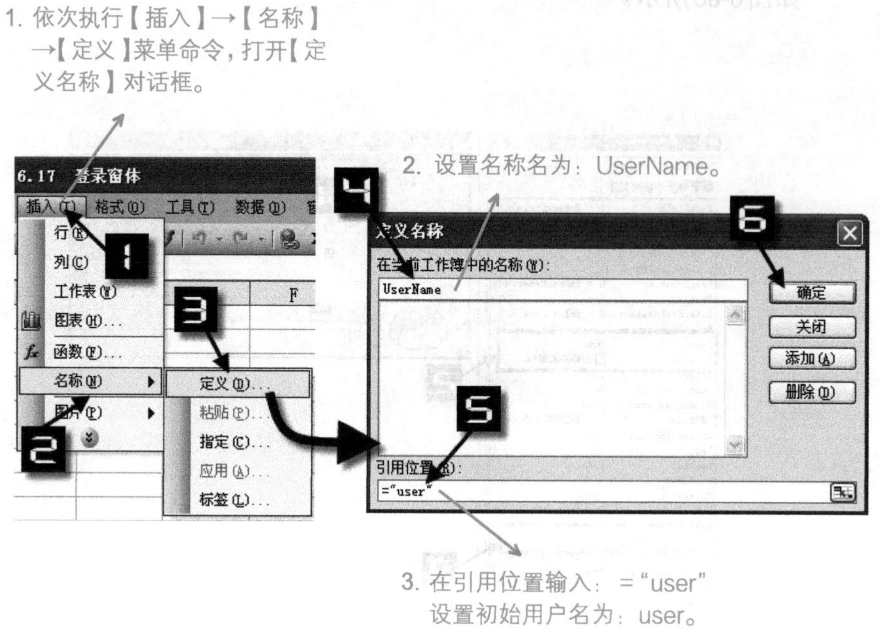

图6-81　新建名称保存用户名

再新建一个名称来保存登录密码，名称名为：UserWord，初始密码为：1234。

练习小课堂

为了不让别人在【定义名称】对话框中看到保存用户名和密码的名称，可以将定义的名称隐藏。怎样隐藏名称（参阅4.6.1小节），动手试一试。

参考答案

```
Sub NameVisible()
    Names("UserName").Visible = False
    Names("UserWord").Visible = False
End Sub
```

Step 3：为【确定】按钮添加代码。

双击【确定】按钮，在打开的【代码窗口】中输入程序：

```
Private Sub CmdOk_Click()                          '单击"确定"按钮的时候执行过程
    Application.ScreenUpdating = False             '关闭屏幕更新
    Static i As Integer                            '声明一个变量
    '判断用户名和密码是否输入正确
    If CStr(User.Value) = Right(Names("UserName").RefersTo, _
        Len(Names("UserName").RefersTo) - 1) And CStr(Password.Value) _
        = Right(Names("UserWord").RefersTo, Len(Names("UserWord").RefersTo) - 1) Then
        Unload Me                                  '关闭登录窗体
        Application.Visible = True                 '显示Excel界面
    Else
        i = i + 1                                  '密码或用户名输入错误一次，变量i加1
        If i = 3 Then                              '如果输错3次执行If到Else间的语句
            MsgBox "对不起，你无权打开工作簿！", vbInformation, "提示"-
                   ThisWorkbook.Close savechanges:=False '关闭当前工作簿，不保存更改
        Else                              '如果输错不满3次，执行Else与End IF间的语句
            MsgBox "输入错误，你还有"&(3-i)&"次输入机会。", vbExclamation, "提示" _
                   User.Value = ""                 '清除文字框中的用户名
            Password.Value = ""                    '清除文字框中的密码
        End If
    End If
    Application.ScreenUpdating = True              '开启屏幕更新
End Sub
```

Step 4： 为【退出】按钮添加代码。

双击【退出】按钮，在【代码窗口】中输入程序：

```
Private Sub CmdCancel_Click()                           '当单击"退出"按钮时执行过程
    Unload Me                                           '关闭登录窗体
    ThisWorkbook.Close savechanges:=False               '关闭当前工作簿，不保存修改
End Sub
```

Step 5： 为【更改用户名】按钮添加代码。

双击【更改用户名】按钮，在【代码窗口】中输入程序：

```
Private Sub UserSet_Click()            '单击"更改用户名"按钮时运行过程
    Dim old As String, new1 As String, new2 As String
    old = InputBox("请输入原用户名：", "提示")
    new1 = InputBox("请输入新用户名：", "提示")
    new2 = InputBox("请再次输入新用户名：", "提示")
    If old <> "" And new1 <> "" Then                  '判断输入的用户名是否为空
        '判断新旧用户名是否输入正确
        If old = Right(Names("UserName").RefersTo, _
            Len(Names("UserName").RefersTo) - 1) And new1 = new2 Then
            Names("UserName").RefersTo = "=" & new1   '修改名称值
            ThisWorkbook.Save                          '保存更改
            MsgBox "用户名修改完成，下次登录请使用新用户名！", vbInformation, "提示"
        Else
            MsgBox "输入错误，修改没有完成！", vbCritical, "错误"
        End If
    Else
        MsgBox "用户名不能为空！", vbCritical, "错误"
    End If
End Sub
```

Step 6： 为【更改密码】按钮添加代码。

双击【更改密码】按钮，在【代码窗口】中输入程序：

```
Private Sub PasswwordSet_Click()      '当单击"更改密码"按钮时运行过程
    Dim old As String, new1 As String, new2 As String
    old = InputBox("请输入原密码：","提示")
    new1 = InputBox("请输入新密码：","提示")
    new2 = InputBox("请再次输入新密码：","提示")
    If old <> "" And new1 <> "" Then                          '判断输入的密码是否为空
        '判断新旧密码是否输入正确
        If old = Right(Names("UserWord").RefersTo, _
                   Len(Names("UserWord").RefersTo) - 1) And new1 = new2 Then
            Names("UserWord").RefersTo = "=" & new1      '修改名称值
            ThisWorkbook.Save                            '保存更改
            MsgBox "密码修改完成，下次登录请使用新密码！", vbInformation, "提示"
        Else
            MsgBox "输入错误，修改没有完成！", vbCritical, "错误"
        End If
    Else
        MsgBox "密码不能为空！", vbCritical, "错误"
    End If
End Sub
```

Step 7： 设置单击窗体关闭按钮失效，如图6-82所示。

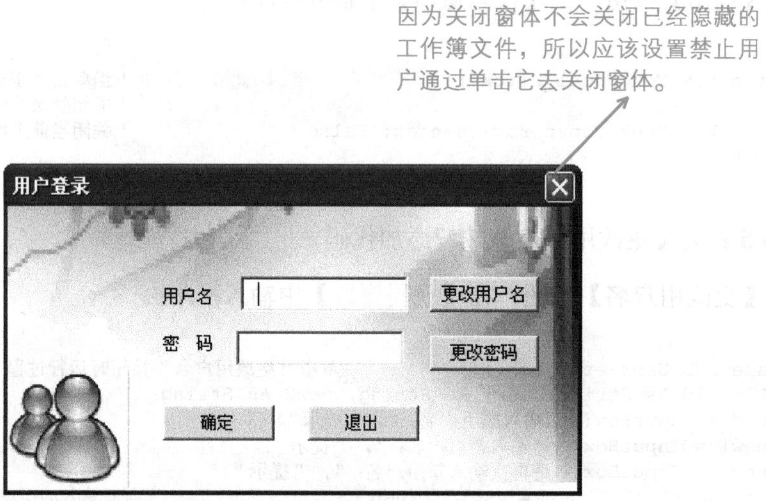
因为关闭窗体不会关闭已经隐藏的工作簿文件，所以应该设置禁止用户通过单击它去关闭窗体。
用户登录
用户名
密 码
更改用户名
更改密码
确定
退出

图6-82 设置单击窗体关闭按钮失效

双击登录窗体的空白处，在【代码窗体】中输入程序：

```
Private Sub UserForm_QueryClose(Cancel As Integer, CloseMode As Integer)
        '当单击窗体右上角关闭按钮时运行程序
        If CloseMode <> 1 Then Cancel = 1
End Sub
```

设置完成后保存并关闭工作簿，重新打开它，就可以使用登录窗体了。

第7章 代码调试与优化

在Word里写一篇讲话稿，无论多么认真仔细，都会出现一些失误。如不小心打上几个错别字或写下几个病句等，要想一次性完成一篇优秀的文章而不出现任何错误是极少见的。

编写程序也是如此，在编写过程中，总会有一些问题被自己忽略。

文章需要修改，代码也需要调试。

7.1 VBA中可能会发生的错误

想把程序中的错误修正过来，首先得知道错在哪里，为什么会出错。
所以，先一起来看看VBA中都会发生哪些错误。

7.1.1 编译错误

如果编写代码时不遵循VBA的语法规则，如未定义变量、函数或属性名称拼写错误、语句不配对（如有If没有End If，有For没有Next）等都会引起编译错误，如图7-1所示。

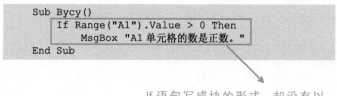

```
Sub Bycy()
    If Range("A1").Value > 0 Then
        MsgBox "A1单元格的数是正数。"
End Sub
```

If 语句写成块的形式，却没有以End If 结尾。

存在编译错误的程序，运行时系统会显示一个提示对话框，程序不会被执行，如图7-1所示。

图7-1　运行存在编译错误的程序

7.1.2　运行时错误

如果程序在运行过程中试图完成一个不可能完成的操作，如除以0、打开一个不存在的文件、删除一个打开的文件等都会发生运行时错误。

删除已经打开的文件，这个操作是不可能完成的。

```
Sub Yxscw()
    Kill ThisWorkbook.FullName        '删除代码所在的工作簿文件
End Sub
```

运行存在运行时错误的程序，执行到错误代码所在行时，Excel会显示一个错误提示对话框，如图7-2所示。

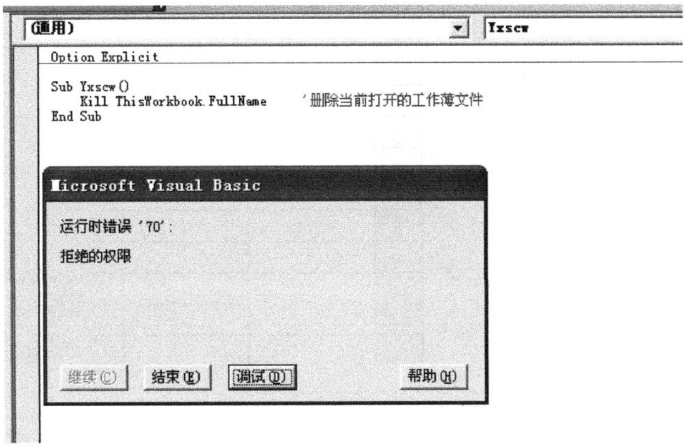

图7-2　运行存在运行时错误的程序

7.1.3 逻辑错误

当程序中的代码没有语法问题，程序运行时，也没有不能完成的操作，但程序运行结束后，却不能得到预期的结果，这样的错误称为逻辑错误。

把1到10的自然数依次写进A1:A10单元格，如果程序写成这样：

事实上，数据永远都被写入A1单元格里。

```
Sub Ljcy()
    Dim i As Integer
    For i = 1 To 10
        Cells(1, 1).Value = i
    Next
End Sub
```

这个程序里的每句代码都没有语法错误，也没有不能完成的操作，但运行后却不能得到预期的效果，如图7-3所示。

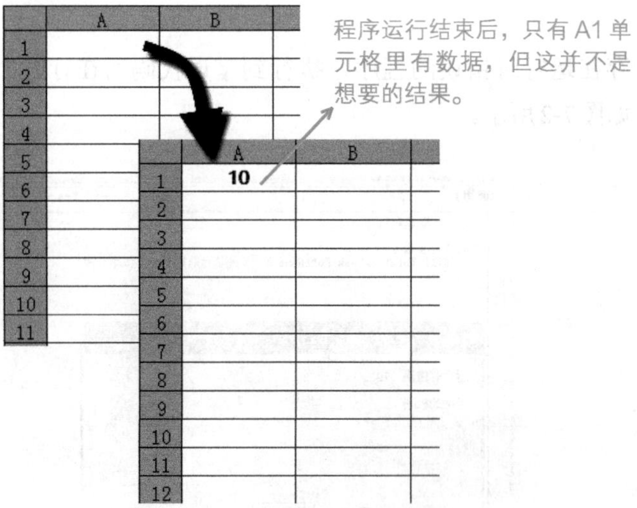

程序运行结束后，只有A1单元格里有数据，但这并不是想要的结果。
10

图7-3　程序运行前后

编写程序时，很多原因都会引起逻辑错误。如：循环变量的初值和终值设置错误，变量类型不正确，代码顺序不正确等，而这些代码单独存在并没有任何问题。

同其他两种错误不同，存在逻辑错误的程序，运行后程序会正常执行，Excel并不会给出任何提示。所以，逻辑错误最难被发现，但在所有错误类型中占的比例却最大。

因此，调试代码时，多数时间都是在修改程序中存在的逻辑错误。

7.2 VBA程序的3种状态

7.2.1 设计模式

设计模式是用户设计和编写VBA程序时程序所处的模式。当程序处于设计模式时，用户可以对程序进行任意修改。

7.2.2 运行模式

程序正在运行时的模式称为运行模式。

在运行模式下，用户可以通过输入输出对话框与程序“对话”，也可以查看程序的代码，但不能修改程序。

7.2.3 中断模式

中断模式是程序被临时中断执行（暂停执行）时所处的模式。

在中断模式下，用户可以检查程序存在的错误或修改程序的代码，可以逐句执行程序，一边发现错误，一边更正错误。

7.3 Excel已经准备好的调试工具

对于不太复杂的程序，寻找错误并不太难。当程序过长时，从满堆的代码中查找和修正错误就要伤神得多。

幸运的是，Excel已经准备好了一套方便有效的代码调试工具，善用它，可以使调试代码的工作变得更简单、更快捷。

7.3.1 让程序进入中断模式

正因为在中断模式下可以一边运行程序，一边发现错误并修正错误，所以调试代码多数时间都选择在中断模式下进行。

◆ 出现编译错误时

如果程序存在编译错误，运行时系统会自动显示错误提示对话框，如图7-1所示。

对话框上有两个按钮，单击【帮助】按钮可以查看该错误的帮助信息；单击【确定】按钮即可进入中断模式，如图7-4所示。

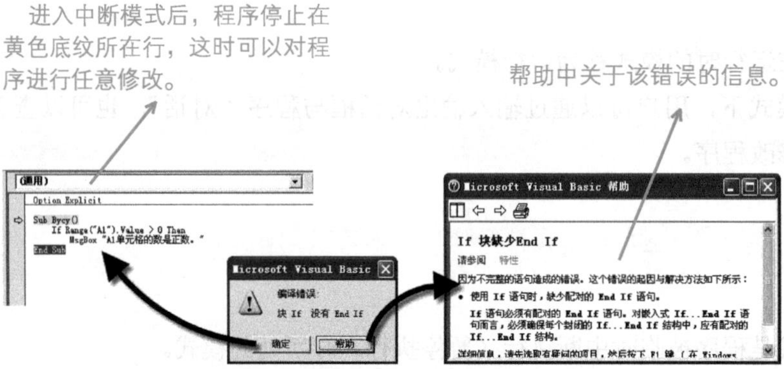

图7-4 出现编译错误时

◆ 出现运行时错误

如果程序存在运行时错误，运行后会停止在发生错误的代码所在行，自动显示错误提示对话框，如图7-2所示。

这时可以单击对话框上的【调试】按钮让程序进入中断模式，如图7-5所示。

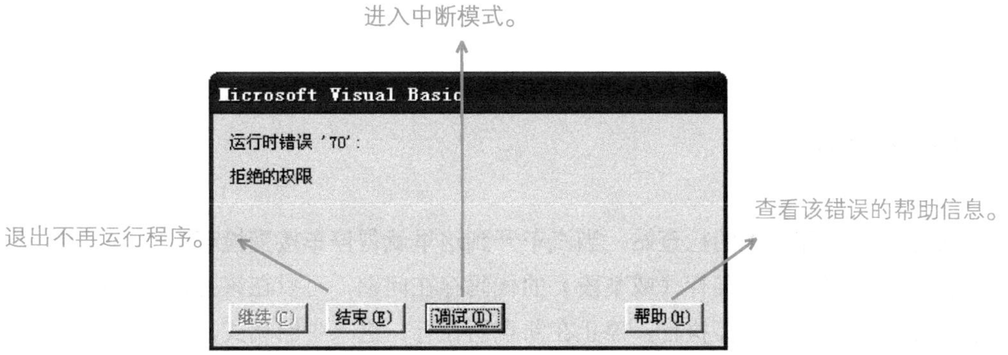

图7-5　出现运行时错误

◇ 中断一个正在执行的程序

如果程序中没有出现编译错误和运行时错误，程序会一直执行，直到结束。如果出现死循环，会一直执行下去，不会中止。如：

```
Sub StopTest()
    Dim i As Long
    i = 1
    Do Until i < 1
        i = i + 1
    Loop
End Sub
```

如果一个程序正在运行，当按下 <Esc> 键或 <Ctrl+Break> 组合键后，系统会中断执行它，并弹出提示对话框，如图 7-6 所示，单击对话框上的【调试】按钮即可让程序进入中断模式。

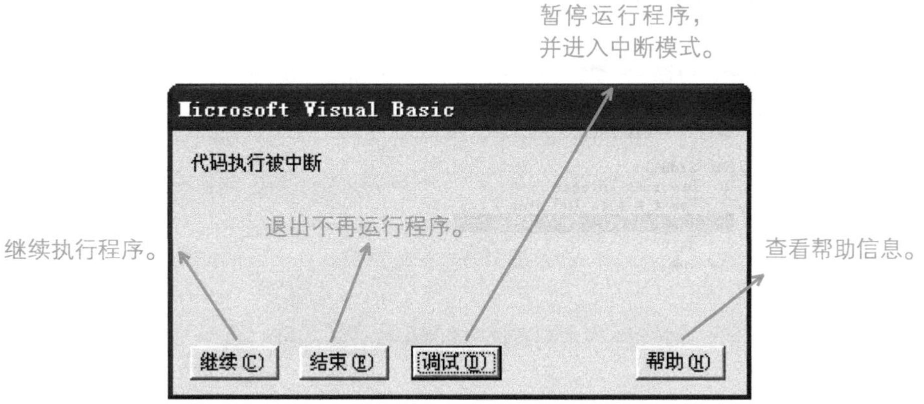

图7-6　中断一个正在运行的程序

7.3.2 为程序设置断点

◆ 什么是断点

断点就像公路中途的检查站，当汽车开到这里就得停车接受检查。

如果你怀疑程序中某行（或某段）的代码存在问题，可以在该处设置断点。当程序运行到断点所在行时会暂停执行，停止在断点所在行，进入中断模式，如图7-7所示。

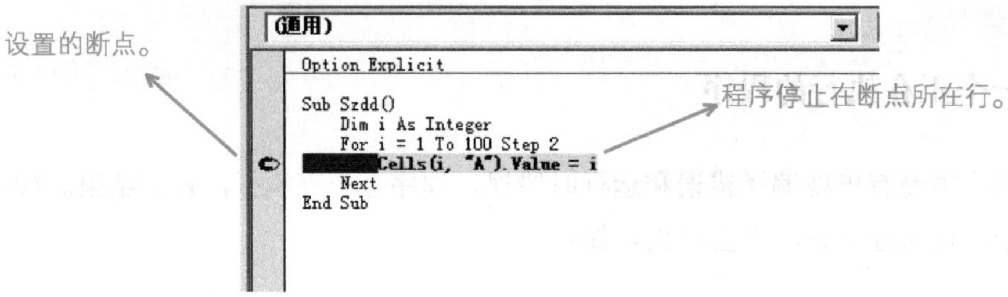

图7-7　程序停止在断点所在行

进入中断模式后，可以按<F8>键逐句执行程序，观察运行情况，从而发现并修正存在的错误。

◆ 给程序设置断点

方法一：

设置断点的方法一，如图7-8所示。

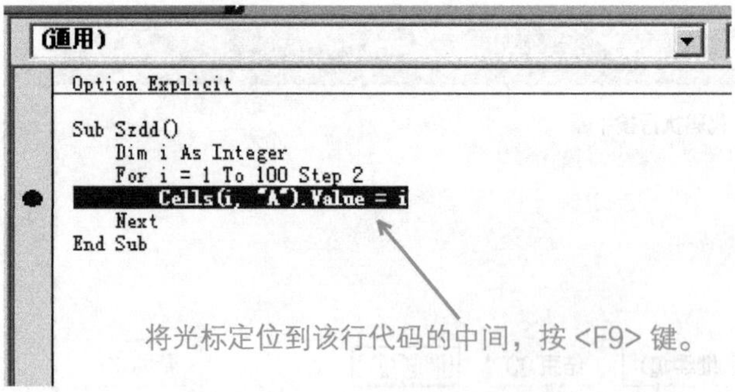

图7-8　利用<F9>键设置或清除断点

方法二：

设置断点的方法二，如图7-9所示。

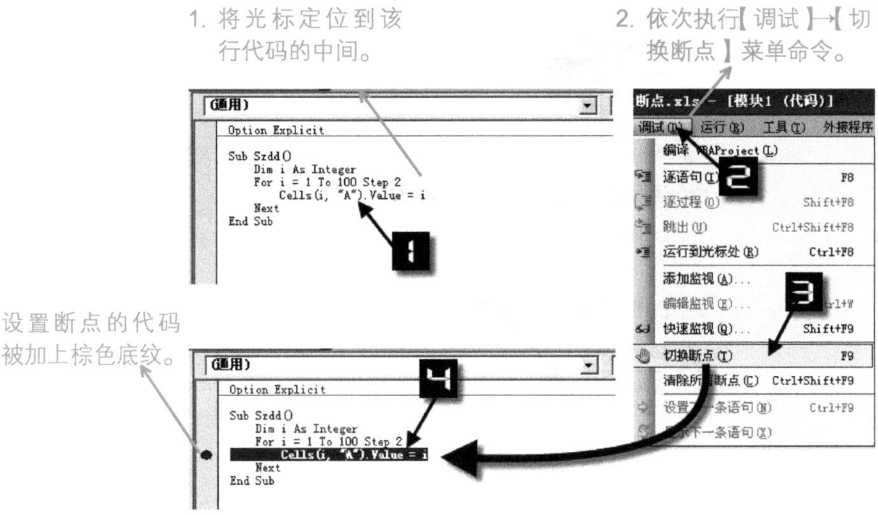

图7-9　利用菜单命令设置或清除断点

方法三：

设置断点的方法三，如图7-10所示。

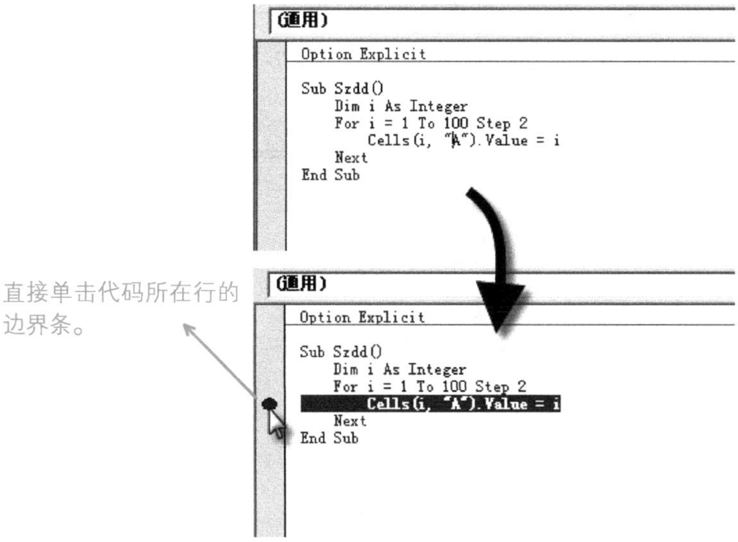

图7-10　单击边界条设置或清除断点

如果想清除程序中的所有断点，可以依次执行【调试】→【清除所有断点】菜单命令（或按<Ctrl+Shift+F9>组合键），如图 7-11 所示。

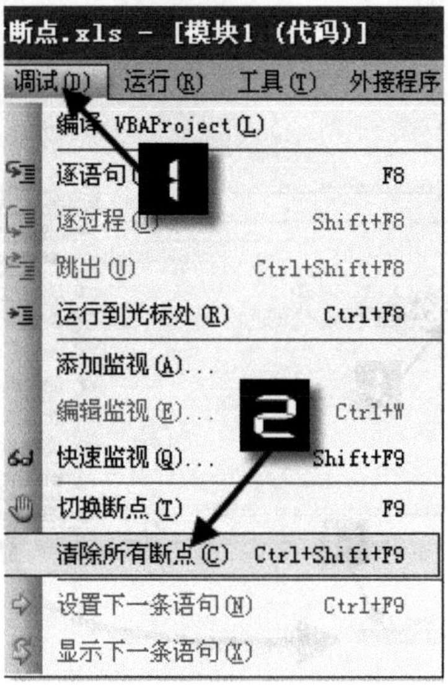

图 7-11　清除程序中的所有断点

7.3.3　使用 Stop 语句

给程序设置的断点会在关闭文件的同时自动取消，如果你需要重新打开工作簿后继续使用设置的断点，可以使用 Stop 语句。

在程序里加入一个 Stop 语句，就像给程序设置了一个断点，当程序运行到 Stop 语句时，会停止在 Stop 语句所在行，进入中断模式，如图 7-12 所示。

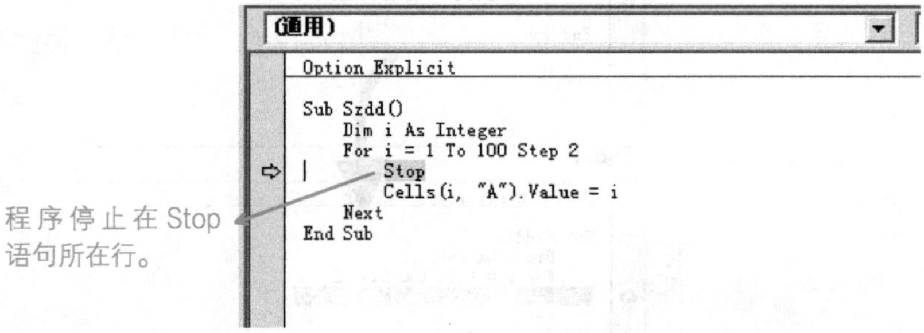

图 7-12　使用 Stop 语句中断程序

Stop 语句在重新打开文件后依然存在，当不再需要 Stop 语句时，需要手动清除它。

7.3.4 使用立即窗口

如果你怀疑程序中的错误是因为变量设置错误引起的，可以在程序中使用Debug.Print语句将程序运行中变量或表达式的值输出到【立即窗口】中，程序运行结束后，在【立即窗口】中查看变量值的变化情况，如图7-13所示。

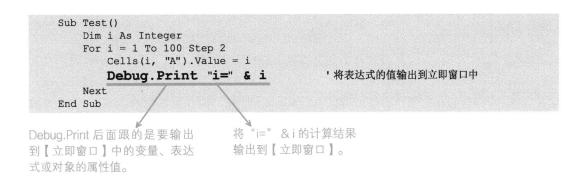

```
Sub Test()
    Dim i As Integer
    For i = 1 To 100 Step 2
        Cells(i, "A").Value = i
        Debug.Print "i=" & i            '将表达式的值输出到立即窗口中
    Next
End Sub
```

Debug.Print 后面跟的是要输出到【立即窗口】中的变量、表达式或对象的属性值。

将"i=" & i 的计算结果输出到【立即窗口】。

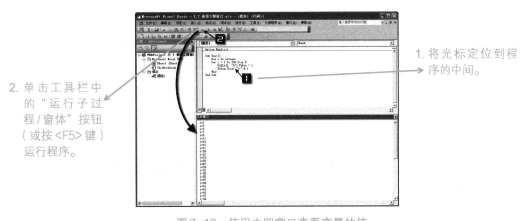

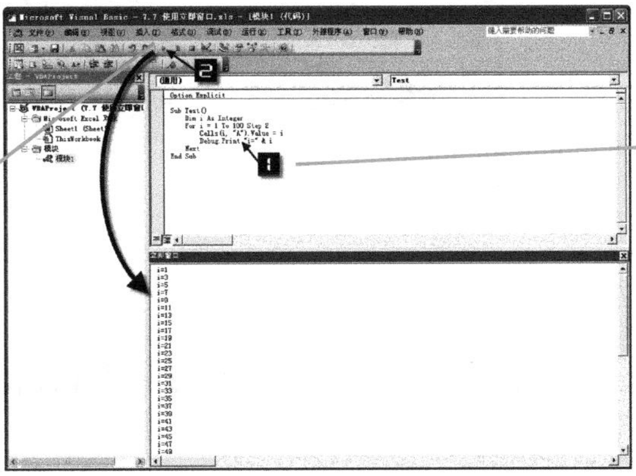
1. 将光标定位到程序的中间。
2. 单击工具栏中的"运行子过程/窗体"按钮（或按<F5>键）运行程序。

图7-13　使用立即窗口查看变量的值

如果程序处于中断模式下，也可以将光标移到变量名称上，直接查看变量的值，如图7-14所示。

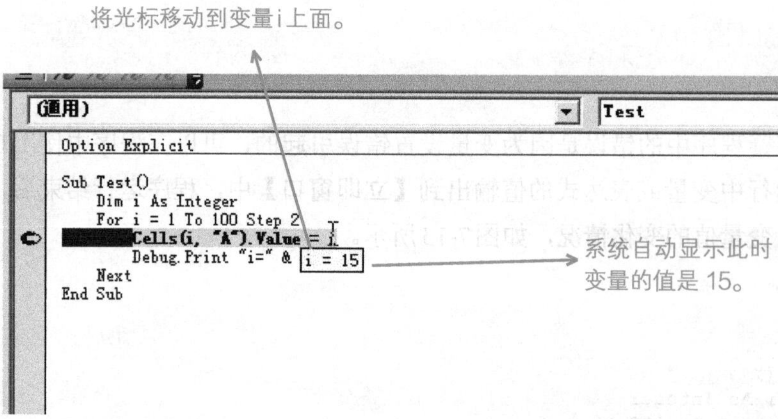

图7-14　在中断模式下查看变量的值

7.3.5　使用本地窗口

在中断模式下，还可以利用【本地窗口】查看变量的数据类型和当前值，如图7-15所示。

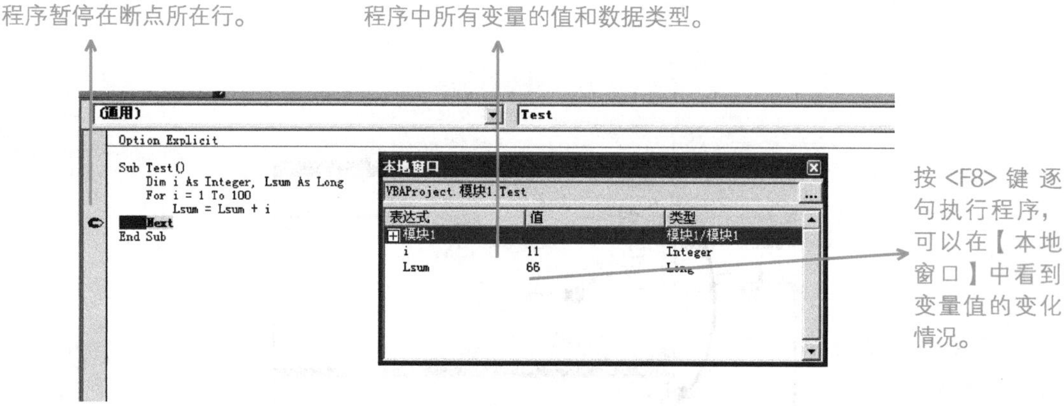

图7-15　使用本地窗口查看变量的值和数据类型

如果【本地窗口】没有打开，可以依次执行【视图】→【本地窗口】菜单命令打开它，如图7-16所示。

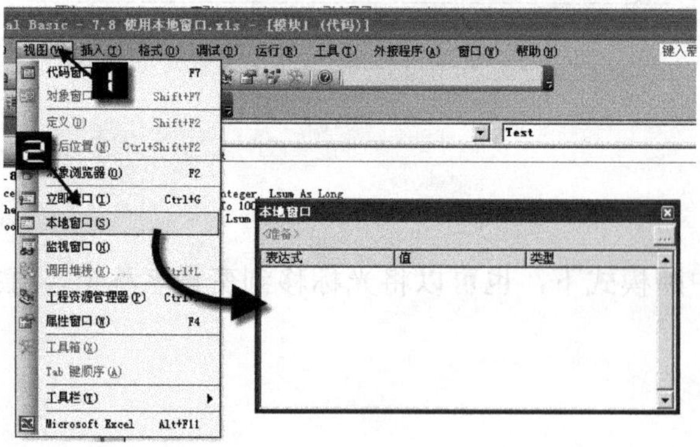

图7-16　调出本地窗口

7.3.6 使用监视窗口

在中断模式下还可以使用【监视窗口】观察程序中变量或表达式的值。

使用【监视窗口】来监视变量或表达式前，必须先定义要监视的变量或表达式，监视表达式可以在设计模式或中断模式下定义。

◇ 使用快速监视

使用快速监视如图 7-17 所示。

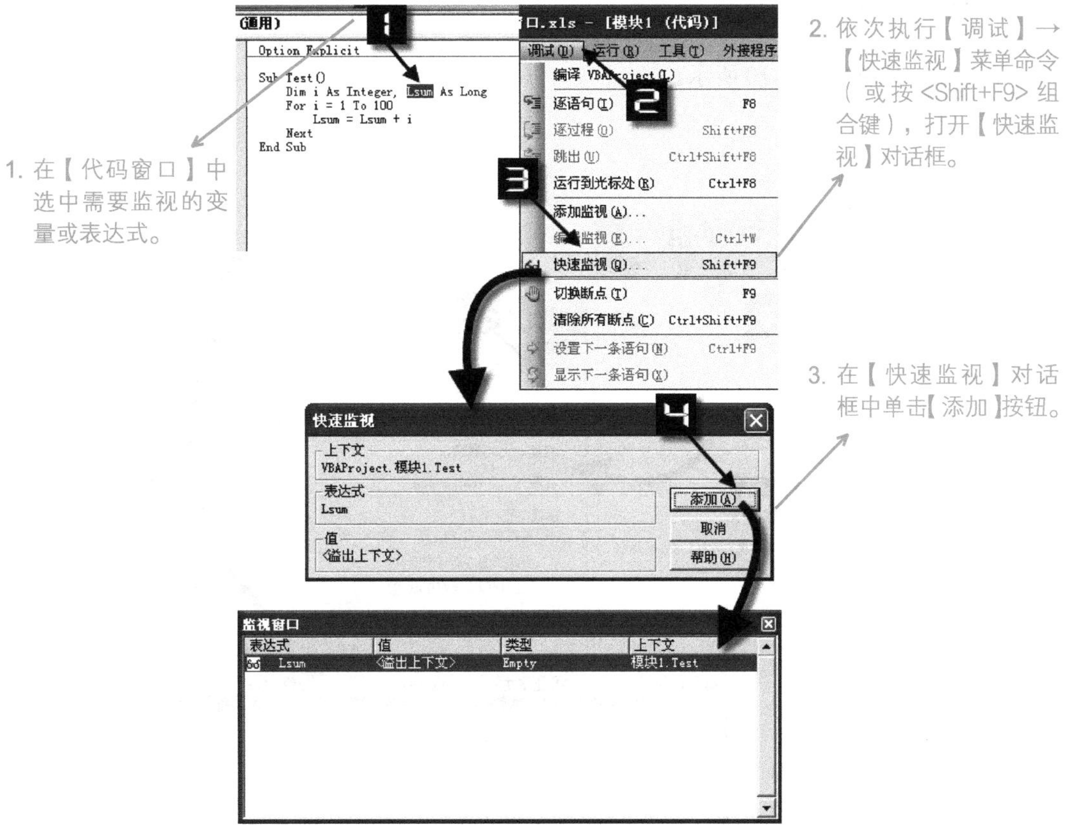

图 7-17　快速监视

完成后为程序设置断点，运行程序，就可以在【监视窗口】中看到相应的信息了，如图 7-18 所示。

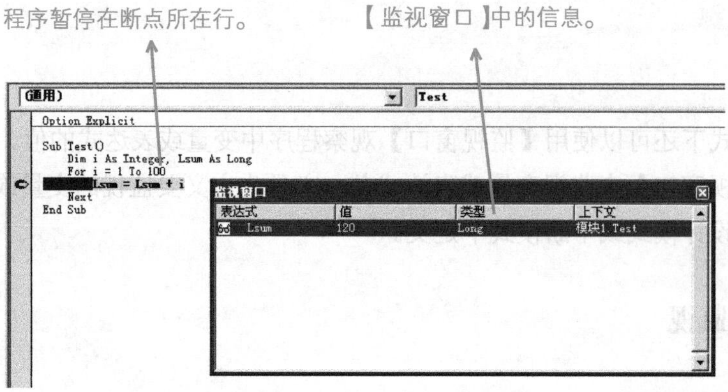

图7-18　使用监视窗口

◆ 手动添加监视

手动添加监视如图7-19所示。

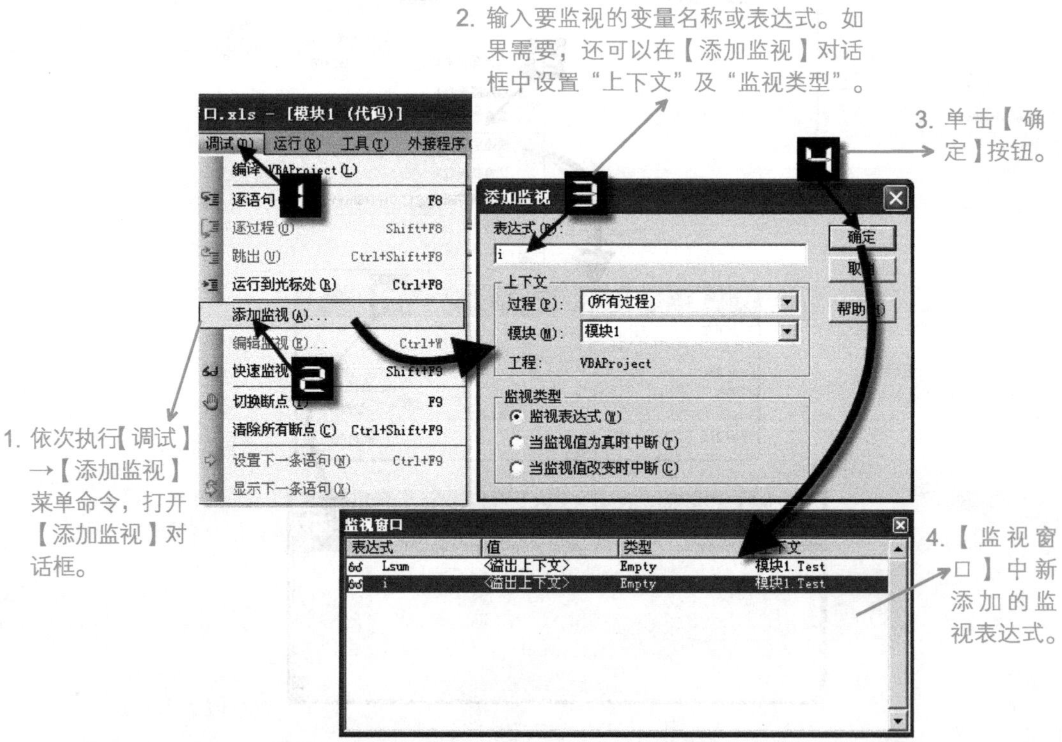

图7-19　手动添加监视

只有当程序处于中断模式时才能使用【监视窗口】，所以只有将程序切换到中断模式，【监视窗口】才能正常工作。

◇ 编辑或删除监视表达式

编辑或删除监视表达式如图 7-20 所示。

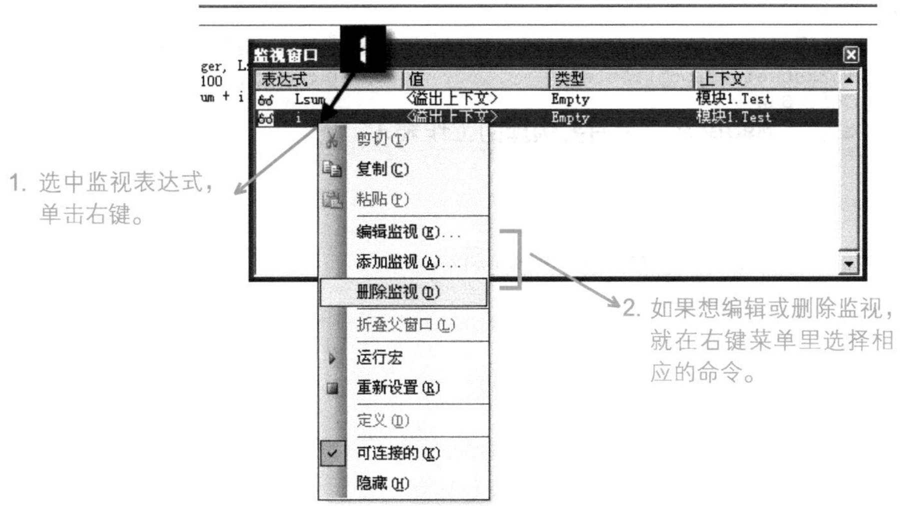

图 7-20　编辑或删除监视

7.4　错误处理的艺术

因为总会有许多意想不到的错误发生，如激活一个不存在的工作表，删除一个已经打开的文件，所以无论多么认真和仔细，都不能避免程序在运行时发生错误。

但有些错误是可以预先知道的，所以可以在程序中加入一些错误处理的代码，保证程序正常运行。

VBA 通过 On Error 语句捕获运行时错误，该语句告诉 VBA，如果运行程序时出现错误应该怎么做。

On Error 语句有 3 种形式。

7.4.1　On Error GoTo 标签

On Error GoTo 告诉 VBA，当发生错误时，跳转到标签所在行，继续执行标签所在行及之后的代码。

如果工作簿中没有abc工作表，程序会出错。如果程序出错，就跳转到标签a所在行的代码继续执行程序。

```
Sub Test()
    On Error GoTo a                      '如果发生错误，则转到标签 a 的语句行
    Worksheets("abc").Select             '如果工作表中没有 abc 工作表，程序会发生错误
    Exit Sub
    a:    MsgBox "没有要选择的工作表！"
End Sub
```

没有出现错误的提示对话框，如图7-21所示。

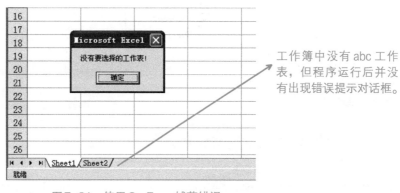

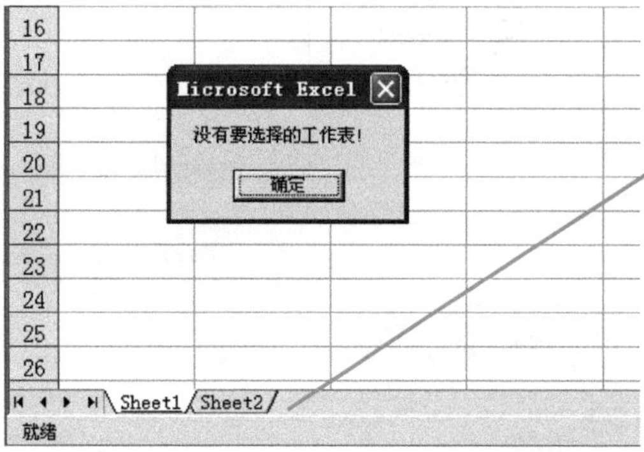
Microsoft Excel
没有要选择的工作表!
确定
Sheet1
Sheet2
就绪
工作簿中没有abc工作表，但程序运行后并没有出现错误提示对话框。

图7-21 使用On Error捕获错误

关于标签的设置，请参阅3.7.7小节中对GoTo语句的介绍。

7.4.2 On Error Resume Next

该语句告诉VBA：如果程序发生错误，继续执行错误行后面的代码。

如果在程序中加入On Error Resume Next语句，运行程序时，即使程序中存在运行时错误，也不会中断程序，显示错误信息，并且会继续执行错误语句之后的代码。

如果工作簿中没有abc工作表，则忽略选中abc工作表发生的错误，继续执行之后的代码。

```
Sub Test()
    On Error Resume Next                    '忽略该行代码之后出现的运行时错误
    Worksheets("abc").Select
    Exit Sub                                '退出程序
    MsgBox "没有要选择的工作表!"
End Sub
```

运行这个程序后，无论当前活动工作簿中是否存在abc工作表，都不会出现错误信息，也不会出现最后Msgbox函数的对话框。

发现了吗?

在程序中，总是把“On Error GoTo标签”或“On Error Resume Next”放在可能出错的代码之前，这是因为只有On Error语句之后出现的运行时错误才能被捕捉到，所以通常把捕捉错误的语句放在程序开始处。

7.4.3 On Error GoTo 0

使用On Error GoTo 0语句后，将关闭对程序中运行时错误的捕捉。如果在On Error GoTo 0语句后，代码再出现运行时错误，尽管在程序一开始已经写入“On Error GoTo标签”或“On Error Resume Next”，运行时错误都不会被捕捉到，如图7-22所示。

在程序开始时设置忽略该行代码之后发生的运行时错误。

```
Sub Test()
    On Error Resume Next                    '忽略该行代码之后的运行时错误
    Worksheets("abc").Select                '如果工作簿中没有abc工作表，程序会出错
    On Error GoTo 0                         '关闭错误捕捉
    Worksheets("def").Select                '如果工作簿中没有def工作表，程序会出错
    Exit Sub                                '退出程序
    a:      MsgBox "没有要选择的工作表!"
End Sub
```

尽管程序开始时已经设置忽略程序中的运行时错误，但因为关闭了错误捕捉，所以该行代码后发生的错误将不会被忽略。

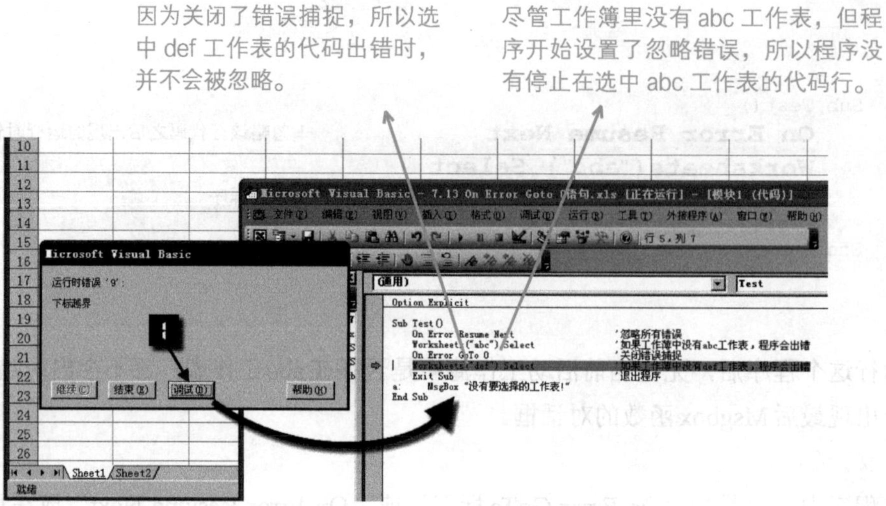

尽管工作簿里没有 abc 工作表，但程序开始设置了忽略错误，所以程序没有停止在选中 abc 工作表的代码行。

图7-22　关闭错误捕捉

7.5　让代码跑得更快一些

如果你想让自己的程序从“拖拉机”变成“高档跑车”，必须养成一些良好的编程习惯。

7.5.1 合理地使用变量

◆ 声明变量为合适的数据类型

不同的数据类型占据不同大小的内存空间，如表3-1所示，数据所占内存空间的大小直接影响计算机处理数据的速度。因此，为了提高程序的效率，在声明变量时，在满足需求的前提下，应该尽量选择占用字节少的数据类型。

◆ 尽量不使用Variant型数据

Variant是VBA中一种特殊的数据类型，所有没有声明数据类型的变量都默认为Variant型。但Variant型所占据的存储空间远远大于其他数据类型，所以除非必须需要，否则应避免声明变量为Variant型。

◆ 不要让变量一直待在内存里

如果一个变量只在一个过程里使用，请不要声明它为公共变量，尽量减少变量的作用域，这是一个好习惯。

如果你不再需要使用某个变量（尤其是对象变量）了，请记得释放它，不要让它一直呆在内存里。

```
Sub test()
    Dim rng As Range
    Set rng = Worksheets(1).Range("A1:D100")
    rng = 200
    Set rng = Nothing    '将rng变量与Worksheets(1).Range("A1:D100")分离开
End Sub
```

Nothing 被赋值给一个对象变量后，该变量不再引用任何对象。语句为：Set 对象变量名称 = Nothing

7.5.2 避免反复引用相同的对象

无论是引用对象，还是调用对象的方法或属性，都会用到点（.）运算符，每次运行程序，计算机都会对这些点（.）运算符进行解析，当点（.）运算符过多时，会花去不少的时间。

```
Sub test()
    ThisWorkbook.Worksheets(1).Range("A1").Clear
    ThisWorkbook.Worksheets(1).Range("A1").Value = "Excel Home"
    ThisWorkbook.Worksheets(1).Range("A1").Font.Name = "宋体"
    ThisWorkbook.Worksheets(1).Range("A1").Font.Size = 16
    ThisWorkbook.Worksheets(1).Range("A1").Font.Bold = True
    ThisWorkbook.Worksheets(1).Range("A1").Font.ColorIndex = 3
End Sub
```

在这个程序中，ThisWorkbook.Worksheets(1).Range("A1")是每一句代码都反复引用的对象。

引用对象不可避免，但当反复引用同一个对象时，可以用一些方法来简化它，从而减少点（.）运算符。

◆ 使用With语句简化引用对象

With 和 End With 语句间的所有操作都是在 ThisWorkbook.Worksheets(1).Range("A1") 这个对象上进行的。

```
Sub WithTest()
    With ThisWorkbook.Worksheets(1).Range("A1")
        .Clear
        .Value = "Excel Home"
        .Font.Name = "宋体"
        .Font.Size = 16
        .Font.Bold = True
        .Font.ColorIndex = 3
    End With
End Sub
```

还可以使用嵌套的With语句进一步简化程序：

```
Sub WithTest2()
    With ThisWorkbook.Worksheets(1).Range("A1")
        .Clear
        .Value = "Excel Home"
        With .Font
            .Name = "宋体"
            .Size = 16
            .Bold = True
            .ColorIndex = 3
        End With
    End With
End Sub
```

关于With语句，请参阅3.7.7小节的内容。

◇ 使用变量简化引用对象

除了With语句，还可以使用变量来简化对相同对象的引用。如：

```
Sub ObjectTest()
    Dim rng As Range
    Set rng = ThisWorkbook.Worksheets(1).Range("A1")
    rng.Clear
    rng.Value = "Excel Home"
    rng.Font.Name = "宋体"
    rng.Font.Size = 16
    rng.Font.Bold = True
    rng.Font.ColorIndex = 3
End Sub
```

还可以借助With语句进一步简化输入：

```
Sub ObjectTest_2()
    Dim rng As Range
    Set rng = ThisWorkbook.Worksheets(1).Range("A1")
    With rng
        .Clear
        .Value = "Excel Home"
        .Font.Name = "宋体"
        .Font.Size = 16
        .Font.Bold = True
        .Font.ColorIndex = 3
    End With
End Sub
```

7.5.3 尽量使用函数完成计算

Excel已经准备了很多现成的函数（工作表函数和VBA内置函数），尽管你可以通过编写程序去实现相同的目的，但对于相同的计算，使用函数比编写程序解决效率要高很多。

7.5.4 去掉多余的激活和选择

如果你的程序是通过录制宏得到的，那里面一定有很多的激活和选择操作，即Activate方法和Select方法。如：

```
Sub Macro1()
    Range("A1").Select
    Selection.Copy
    Sheets("Sheet2").Select
    Range("B1").Select
    ActiveSheet.Paste
    Sheets("Sheet1").Select
End Sub
```

这是一个复制单元格的程序，调用了4次Select方法。但事实上并不需要激活工作表，选中单元格后才能执行复制、粘贴操作，所以这些选中工作表和单元格的代码都是多余的，程序可以简化为：

```
Sub Macro2()
    Range("A1").Copy Sheets("Sheet2").Range("B1")
End Sub
```

去掉多余的操作，不仅可以让程序更简洁，降低阅读和调试的难度，还能提高程序运行的速度。

7.5.5 合理使用数组

下面的程序把1到65536的自然数写入A1:A65536中。

```
Sub InputTxt()
    Dim start As Double
    start = Timer                      '取得从午夜开始到程序运行时经过的秒数
    Dim i As Long
    For i = 1 To 65536
        Cells(i, "A").Value = i
    Next
    MsgBox "程序运行的时间约是 " & Format(Timer - start, "0.00") & " 秒。"
End Sub
```

利用循环语句,逐个将数据写入单元格。

逐个将数据写入单元格，在笔者的电脑上，程序运行的时间是2.52秒，如图7-23所示。

运行时间会因电脑配置的不同而有所差异。

图7-23　逐个将数据写入单元格需要的时间

很明显，这样的操作是比较费时的。

如果想提高运行速度，可以先把数据写入数组，再通过数组批量写入单元格，如：

利用循环语句，将数据保存在数组arr里。

```
Sub InputArr()
    Dim start As Double
    start = Timer                      '取得从午夜开始到程序运行时经过的秒数
    Dim i As Long, arr(1 To 65536) As Long
    For i = 1 To 65536
        arr(i) = i
    Next
    Range("A1:A65536").Value = Application.WorksheetFunction.Transpose(arr)
    MsgBox "程序运行的时间约是 " & Format(Timer - start, "0.00") & " 秒。"
End Sub
```

将数组里保存的数据批量写入指定单元格区域。

使用数组后的程序只需要0.09秒的时间，速度提高了28.1倍，如图7-24所示，差距显而易见。

图7-24 数组批量写入单元格所需的时间

将一维数组写入A列单元格前，必须先使用工作表的TRANSPOSE函数将数组进行转置。如果想省去转置的计算步骤，可以直接将数组定义为一个多行一列的二维数组，如：

```
Sub InputArr_2()
    Dim start As Double
    start = Timer                        '取得从午夜开始到程序运行时经过的秒数
    Dim i As Long, arr(1 To 65536, 1 To 1) As Long
    For i = 1 To 65536
        arr(i, 1) = i
    Next
    Range("A1:A65536").Value = arr
    MsgBox "程序运行的时间约是  " & Format(Timer - start, "0.00") & "  秒。"
End Sub
```

7.5.6 关闭屏幕更新

设置Application对象的ScreenUpdating属性为False（参阅4.2.1小节），在程序运行过程中关闭屏幕更新，可以在一定程度上缩短程序运行的时间。

如果你的程序很短，需要做的操作很少，那代码是否优化，也许差别并不大。但如果要处理的数据很多，进行的操作很复杂，编写的程序很长时，优化程序代码是很有必要的。

无论你现在是否接触到这些复杂的问题，但请相信我，养成一个良好的习惯，编写简洁、高效的代码会给你学习和使用VBA，最终成为一个VBA高手带来很大的帮助。